살림의 책

살림의 책

255가지 영감과 아이디어

이지영
정두미
강동혁
강효진
이혜림
장석현

The
Book
of
Living

삶을 돌보는 가장 구체적인 방법에 관하여

> "잘 먹지 못하면, 잘 생각할 수도,
> 잘 사랑할 수도, 잘 잘 수도 없습니다."
> ―
> 버지니아 울프, 『자기만의 방』 중에서

살림은 자신의 삶을 돌보는 가장 구체적인 방법입니다. 집 한 구석에 먼지가 쌓이고 물건들이 제자리를 잃기 시작했다면, 현재 나의 생활이 어딘가 균형을 놓치고 있다는 뜻입니다. 살림은 단지 깨끗함을 위한 노동이 아닙니다. 나의 리듬을 되찾는 회복의 습관입니다. 걸레질을 하다 보면 문득 어지러웠던 생각이 가라앉고, 손끝 하나 까딱하기 힘든 날에도 마른 화분 하나를 씻어내면 무뎌졌던 감각이 살아나곤 했습니다.

  조금 거창하게 말하자면, 살림은 가장 작은 차원의 세계관이기도 합니다. 내 공간을 어떻게 가꾸느냐는, 결국 내 삶을 어떻게 구성하고 싶은가에 대한 질문이기 때문이지요. 욕실을 청소하는 방식, 수세미를 고르는 기준, 시금치를 다듬는 손길 속에는 삶의 가치관과 태도가 고스란히 담깁니다. 살림은 삶의 본질에 가장 가까운 곳에 자리하고 있습니다.

그래서 살림에는 단 하나의 정답이 있지 않습니다. 천 명의 사람이 있다면 천 가지의 살림이 있고, 꼭 그만큼의 이유가 있습니다. 저는 "더 이상 살림을 걱정하지 않기 위해서" 살림을 합니다. 하고 싶은 일에 온전히 몰두할 수 있도록, 어질러진 방에 생각이 붙잡히지 않도록 깔끔하게 정리합니다. 좋아하는 일에 집중하기 위해, 그 무엇에도 걸리지 않고 방해받지 않는 마음과 공간을 갖고 싶어 쓸고 닦고, 조리하고 치우고, 널고 걷습니다. 제게 살림은 내가 진짜 좋아하는 삶을 살기 위한 최선의 준비입니다.

신혼 초 '보기 좋은 살림'에 몰두했던 적이 있습니다. 예쁜 수납함을 고르고, 비슷한 색으로 물건을 맞춰 정리했습니다. 우리집에 오는 손님에게 잘 보이고 싶었고, "살림 좀 하시네요"라는 말을 듣고 싶었던 거죠. TV나 SNS에서 본 대로 정리 정돈을 하며 스스로 뿌듯해했지만, 어느 순간 이런 생각이 들었습니다. "예쁜데, 왜 이렇게 불편하지?" 그때부터 살림의 방향을 완전히 바꾸기로 했습니다. 이제는 '보이는 살림'보다 '사는 살림'을 생각합니다.

예를 들어, 저는 지금 침대 옆 협탁에 잠들기 전에 꼭 사용하는 물건들을 모아두고 있습니다. 안대, 메모지, 책, 돋보기,

손톱 영양제, 립밤, 각종 연고…. 종류도 모양도 쓰임도 제각각이라 다른 사람의 눈엔 어수선하게 보일지도 모릅니다. 하지만 이 물건들은 모두 제 잠자리 루틴에 따라 자연스럽게 모인 것들입니다. 하루를 마무리하며 생각을 정리하고, 책을 읽고, 갈라진 손끝을 돌보며 잠드는 그 시간을 위해서.

정리를 아무리 멋지게 해도 생활이 불편하면 오래가지 않습니다. 어떤 물건을 서랍에 넣어두었는데 자꾸 다른 곳에서 발견된다면, 그 서랍은 '제자리'가 아닌 겁니다. 그래서 저는 항상 이렇게 말합니다. "정리의 끝은 '예쁨'이 아니라 '편안함'입니다. 살림의 핵심은 '보이는 상태'가 아니라 '지속 가능한 생활방식'을 만드는 것입니다." 살림은 내가 나답게 살아가기 위해 생활을 체계적으로 설계하는 일입니다.

그래서 살림을 잘 사는 사람에게는 멋이 있습니다. 그들의 집은 향기롭고 그들의 가족의 얼굴에는 빛이 흐르고 여유가 넘칩니다. 무엇을 좋아하고, 무엇을 싫어하는지 정확히 알고 구별해 선택하는 사람들이기 때문입니다. 살림은 내가 좋아하는 빛, 향기, 감촉, 맛, 분위기를 곁에 두는 일 아니던가요. 돌보고, 다듬고, 채우고, 비우는 그 모든 행위 속에는 자신의 기준과 취향이 담깁니다.

바로 그런 멋진 사람들과 함께 이 책을 썼습니다. 그리고 함께 배웠습니다. 저만 그런 건 아닐 거예요. 지난밤 주방 일을 마감하고 쓴 글을 서로에게 보여주고, 만나서 회의를 하고, 집에 초대해 밥을 먹고 차를 마시며 우리는 조금씩 서로를 더 알게 되었습니다.

이 책은 '살림'이라는 세계를 천천히 정성껏 들여다본 기록입니다. "이렇게 하니까 수월했어요" "이러면 조금 더 멋지더라고요"라고 말할 수 있는 경험들을 차곡차곡 모았습니다. 하루를 가볍게 만들고, 생활의 중심이 되어준 루틴과 습관들이 담겨 있습니다. 나와 내 가족을 더 잘 돌보고 싶은 사람에게 이 책이 조용한 응원이 되기를 바랍니다. 우리의 생활이 나아지는 길은, 언제나 아주 작고 사적인 일들에서 시작되니까요.

2025년 가을
존경과 사랑을 담아
이지영

1부	매일 조금씩, 루틴으로 완성하는 집과 나	이지영

2부	도구 하나 고를 때도 기준은 언제나 감각과 쓰임	정두미

3부	예쁘게 산다는 것은 —센스와 애티튜드에 관하여	강동혁

| 4부 | 가족이라는 이름 아래
지키는 것들 | 강효진 |

5부	정돈된 생활이 선물하는 자유의 리듬	이혜림

6부	살림하면서 기쁜 순간을 오늘도 발견하는 중입니다	장석현

매일 조금씩
루틴으로
완성하는
집과 나

이지영

The

Book

of

Living

"살림을 잘 살아놓지 않고는 그 무엇을 해도 개운하지 않다.
가만히 누워서 아무것도 안 하고 싶을 때에도
내 공간이 엉망이라면 제대로 쉴 수 없다.
내가 하고 싶은 것을 몰입해서 하기 위해서,
좋아하는 것을 더 멋지게 누리기 위해서 나는 살림을 한다."

살림의 8할은 루틴이다

신혼 시절 너무 오랫동안 씻고 있는 내가 뭐하나 싶었는지 남편이 불쑥 문을 열고 들어왔다. 나는 샤워 후 머리에 트리트먼트를 바르고 샤워캡을 쓴 채로 쪼그리고 앉아 변기 뒤쪽을 모가 망가진 칫솔로 닦고 있었다. 매주 수요일은 변기 뒤쪽을 닦는 날이기 때문이다. 결혼한 지 20년이 다 되어가는 지금도 수요일은 변기 뒤쪽과 그 주변을 닦는다. 날을 잡고 청소하게 되면 해야 할 일이 너무나 많고, 묵혀두면 손대기 어려워지는 곳이 세면대와 변기라 나는 매일 샤워 후 특정한 곳을 청소한다.

월요일은 세면대와 비눗갑 / 화요일은 거울 /

수요일은 변기 뒤쪽 / 목요일은 욕조 / 금요일은 배수구

물론 20년간 요일도 바뀌고 지나치는 날도 무수히 많았다. 하지만 매일 하면 적은 힘으로 세제 없이 간편하게 청소할 수 있는 방법이기에 이 습관을 지키고 있다.

많은 분들이 나에게 묻는다. 어떻게 하면 힘 들이지 않고 청소할 수 있을까요? 어떤 세제가 효과적일까요? 청소하지 않아도 깨끗할 수 있는 방법은 정녕 없을까요? 오직 매일 꾸준히 가볍게 하는 것만큼 좋은 방법은 없다. 최근 들어 어느 날인가, 남편이 불쑥 문을 열고 나에게 말했다. "이봐 이봐, 또 혼자 실실 웃으며 후비 파미 청소하고 있네. 고마 나와서 과일 묵자."

좋아하는 것을 더 누리기 위하여

솔직히 살림은 하기 싫은 일인 것 같다. 살림이 주는 행복도 소소하게 있긴 하지만, 세상에 살림보다 더 재미난 일들이 얼마나 많은가. 살림 할래? 여행 갈래? 나는 여행을 간다. 살림 할래? 돈 벌래? 나는 돈을 번다. 살림 할래? 가만히 누워 있을래? 난 진짜 가만히 누워 있을 것이다.

해도 해도 끝이 나지 않고, 해도 해도 표가 나지 않는 살림. 그럼에도 하는 이유는 살림을 잘 살아놓지 않고는 그 무엇을 해도 개운하지 않기 때문이다.

여행 가서 즐겁게 놀았지만 돌아갈 집이 엉망이라면, 하루 종일 바쁘게 일했지만 돌아갈 집이 너저분하다면, 가만히 누워서 아무것도 안 하고 싶지만 내 공간이 엉망이라면 제대로 즐길 수 없다.

좋아하는 것을 더 누리기 위해 반드시 해야 하는 일이 살림이다. 내가 하고 싶은 것을 하기 위해 해 두어야 할 것이 살림이다.

식탁 위부터 깨끗하게 정리합시다

식탁 위에 물건이 많은 이유는 식탁이 보통 가족 모두가 드나드는 거실과 주방 사이에 놓여 있어 오다가다 무언가를 올려두기에 편하기 때문이다. 게다가 물건들을 제자리에 가져다놓지 않기 때문에 이것저것 순식간에 쌓이기 쉽다.

트레이 활용

트레이를 사용해 식탁 위 물건을 그룹화하자. 간식 트레이에는 커피, 차, 스낵, 젤리 등을 모아두고, 문구 트레이에는 펜, 메모지, 가위 등을 모아두는 식이다. 필요할 때 쉽게 꺼내 쓸 수 있고 트레이째로 이동할 수 있어 편리하다. 눈에 다 보이는 형태라 넘치지 않게 정기적으로 물건을 점검하고 비워야 한다.

트롤리 사용

트롤리는 이동이 편리하다. 공동 물품(물티슈, 칼, 오프너 외 간단한 문구) 전용 트롤리는 식탁 근처에 두고, 개인 물품 전용 트롤리는 각자의 방에 두고 필요할 때만 이동해 사용한다. 미용실을 떠올려보자. 거울 쪽은 물건을 두지 않고 단정하게, 디자이너들은 트롤리를 활용해 이동하고 효율적으로 일한다.

벽면 수납

식탁 근처 벽면에 벽걸이 수납장, 선반, 후크를 설치해 자주 사용하는 물건들을 보관하자. 냉장고 벽면에 자석으로 부착되는

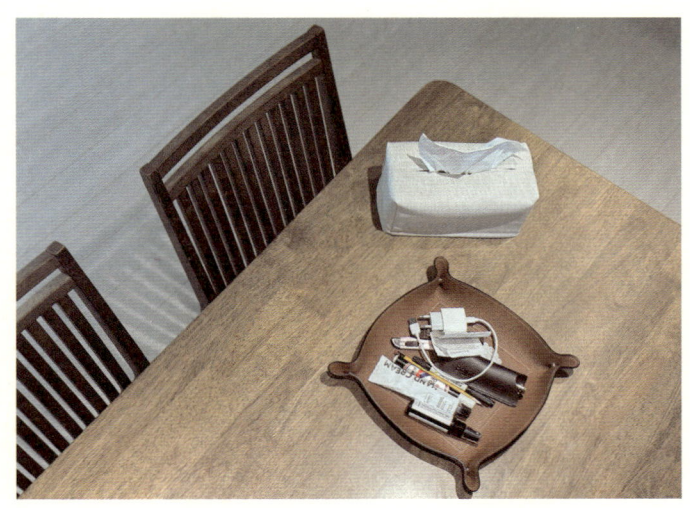

수납함이나 후크를 이용하면 식탁 위 공간을 최대한 활용하면서도 필요한 물건들을 쉽게 꺼낼 수 있다.

부착식 서랍

식탁 아래에 부착해 사용할 수 있는 서랍으로, 자주 사용하는 작은 물건들을 보관할 수 있다. 펜, 메모지, 리모컨 등의 물건들을 보관하기에 적합하며 물티슈나 티슈를 서랍처럼 거꾸로 붙여두면 식탁 공간을 넓게 사용할 수 있다.

정기적으로 식탁 위 물건들을 점검하고 정리하자. 식탁 주변에서 필요 없는 물건들은 제자리에 가져다놓고 사용하지 않는 물건들은 빠르게 처분하자. 그래야 식탁 위가 항상 깔끔하게 유지되며, 필요할 때 물건들을 쉽게 찾아 쓸 수 있다.

수건에 진심입니다만

수건은 정말 중요하다. 샤워 후 몸과 얼굴에 가장 먼저 닿는 것이 수건이기 때문이다. 수건과 속옷은 비슷하게 쓰이는데, 왜 수건은 가족이 함께 쓰는 걸까? 심지어 손님도 같은 수건을 사용한다. 그래서 나는 샤워용품보다 화장품보다 수건에 더 신경을 쓴다. 가족 각자의 수건을 따로 준비하는데, 사람별로 수건 색깔을 달리하는 것이다. 나는 화이트, 남편은 그레이, 딸은 민트, 아들은 블루. 각자가 좋아하는 색을 선택했고, 2년 정도 사용하면 수건을 바꾼다. 수건의 교체 기간이 2년인 이유는 면의 특성상 2년이 지나면 그 기능을 다한다고 한다. 먼지가 많이 날 수 있고 흡수율이 떨어진다. 그리고 한국 사람들은 대부분 수건 한 장으로 샤워 후 머리부터 발끝까지 온몸을 다 닦는다. 그러니 속옷처럼 해지지 않더라도 일정 기간이 지나면 교체하는 것이 바람직하다. 그때쯤이면 취향도 바뀌어 각자 선호하는 색깔도 달라진다. "이번에는 무슨 색을 사용해볼까?" "나랑 색깔 한번 바꿔볼래?" 2년마다 즐거운 고민도 해본다.

보통 욕실에 있는 수건걸이에는 수건 하나만 걸 수 있다. 그 아래나 옆 여유 공간에 흡착식 수건걸이를 설치하면 불편함 없이 사용 가능하다. 그리고 손님이 오셨을 때는 호텔이나 고급 레스토랑에서 사용했던 것처럼 작은 핸드타월을 곱게 접어 세면대 옆쪽에 둔다. 질 좋고 향 좋은 핸드워시와 핸드크림으로 '소확행'한다는 기사를 본 적이 있다. 핸드타월까지 더해주면 우리집이 호텔이 되니 꼭 한번 경험해보시길.

고정관념을 깨는 공간 재배치

침실로 쓰는 큰방에 버려지는 공간이 많다고 생각이 들면 작은
방에 침실을 마련해보자. 침실은 심플하고 아늑해야 하기 때문
에, 작은방이 더 나을 때가 많다. 침대 하나, 협탁 하나, 분위기
있는 조명 그리고 암막커튼으로 수면의 질을 높여보자.

보통 작은방을 서재나 옷방으로 사용하는데 큰방으로 옮기면
생활이 더 편해진다. 책장을 넣어 가족의 책을 모두 수납하고 중
간에 큰 테이블을 두면 가족 모두가 온전히 누릴 수 있는 가족
서재가 된다.

아이들이 어리다면 큰방에 모든 책과 장난감을 두고 매트를 깔
아 놀이방으로 재구성해보자. 키즈 카페가 부럽지 않다. 큰방에
는 화장실까지 붙어 있으니 더할 나위 없이 편하다.

큰방을 옷방으로 만들면 동선이 짧아져 좋다. 욕실에서 샤워 후
파우더룸에서 화장하고 머리 말리고 바로 드레스룸에서 옷을
해결할 수 있다. 보통 먼지가 가장 많이 나는 곳이 파우더룸과
드레스룸인데 한 공간에 이 기능을 다 넣고 청소기를 배치하면
집안일이 훨씬 수월해진다.

나는 침실에 서재의 기능을 더했다. 침대 옆에 책장을 두기도 하
고, 침대 아래쪽에 책장을 두기도 했다. 누워 책 보는 것이 편한
내겐 제격이다. 공간+공간, 두 기능이 합해지면 생활이 편리해
지기도 하지만, 침실과 홈짐, 침실과 놀이방처럼 쓰임이 확연히
다른 두 공간이 더해지면 불편해질 수 있다는 걸 유의하자.

집에서 내가 가장 좋아하는 자리

거실과 주방 사이 식탁에 앉아 있으면 '행복하다'라는 말이 저절로 나온다. 보통의 대한민국 아파트 구조상 거실과 주방 사이 식탁은 집 안의 중심이라고 볼 수 있는 바로 그곳에 자리한다.

회사를 운영하고 또 유튜브 기획과 편집을 직접 하다 보니, 집에 있을 때는 늘 노트북 두 대와 많은 자료들을 펼쳐놓아야 하는데, 이때 넓은 식탁 테이블이 제격이다. 게다가 주방과 가까워 커피, 물, 간식을 챙겨 먹기에도 편리하다.

거실을 바라보는 쪽에 자리를 잡으면 시야도 탁 트인다. 거실 창밖으로 시간이 흐르는 풍경을 볼 수도 있다. 고개를 살짝 오른쪽으로 돌리면 현관이다. 가족들이 들어올 때 바로 맞이할 수도 있다. 각자의 방에서 오랜 시간을 보내는 사춘기 아이들이 화장실을 가고 물을 마시러 나올 때 눈인사라도 하고, 배고프다고 엄마를 찾기에도 딱 좋다. 남편은 보통 거실의 소파에 앉아 있는데 내가 앉은 식탁 자리와 마주 보고 있어서, 이 또한 좋다. 서로 다른 일을 하고는 있지만 누군가 책이나 핸드폰을 보고 웃으면 뭐가 그리 재미있냐며 말도 건넨다. 그러다 보면 "맥주 한 잔 할까?" 하며 치킨을 주문하고 아이들을 다 불러내기에도 좋다.

식탁 위 흩어놓은 자료들과 노트북을 한쪽으로 치우고 나면, 이제부터는 손님 맞이용 테이블로 변한다. 지금까지 나만의 공간이었던 이곳에 가족들을 초대해 함께 앉아 두런두런 이야기를 나누다 보면 어느새 행복이 깃든다.

집 안에서 4계절을 즐기는 법

봄은 생동감 넘치는 빛과 상쾌한 꽃향기로 세상을 가득 채운다. 봄에는 밝고 따뜻한 자연광을 최대한 활용하는 것이 중요하다. 얇은 커튼을 달아 햇빛이 은은하게 들어오도록 한다. 자연광이 부족한 공간에서는 플로어 스탠드나 벽등을 활용해 빛을 부드럽게 퍼뜨린다. 봄을 상징하는 꽃향기로 상쾌한 기운을 불어넣는다. 라벤더, 재스민, 튤립 또는 장미 같은 꽃 향초나 디퓨저를 선택해 상큼한 분위기를 연출해보자. 스트레스를 줄이고 활력을 높여줄 것이다. 가장 좋은 건 생화다. 달콤하면서도 싱그러운 프리지어 한 단을 사서 내가 가장 좋아하는 공간에 놓아보자. 바로 기분이 좋아진다.

여름은 청량한 빛과 상쾌한 시트러스 향기로 채운다. 시원하고 청량한 느낌을 주는 쿨톤의 조명을 사용한다. 청색 또는 LED 조명을 활용하면 시각적으로도 시원해진다. 자연광을 효과적으로 활용하기 위해 암막커튼과 발을 설치해 뜨거운 햇빛을 조절하는 것도 현명하다. 시트러스 계열의 향을 사용해 상쾌함을 더한다. 레몬, 라임, 자몽, 유칼립투스 같은 향은 집 안을 청량하고 깨끗하게 만들어준다. 민트나 대나무 향도 시원하다. 장마로 세탁물이 꿉꿉할 때 세탁세제나 섬유유연제 향을 바꿔만 줘도 옷에 여름향이 묻어나 기분이 달라진다.

가을은 따뜻한 빛과 깊고 풍부한 스파이시 향기로 채운다. 따뜻한 조명을 활용해 공간을 아늑하게 만든다. 오렌지빛 또는 노란빛의 전구를 추천한다. 테이블 램프. 스탠드 조명, 캔들 같은 간

접 조명도 추가해 은은한 빛을 연출하자. 시나몬, 바닐라, 머스크, 우드 향처럼 따뜻하고 깊은 향이 잘 어울린다. 포근하게 감싸주는 느낌을 주는 향들이다. 특히 시나몬과 스파이시한 향은 가을의 정취를 한껏 높여준다. 그런데 가을의 향은 누가 뭐래도 풍부한 먹거리 향이 최고가 아닐까. 무르익어가는 가을밤 고구마나 밤을 구워보자. 가을을 제대로 느낄 수 있다.

겨울은 부드럽고 따뜻한 빛과 우드 향기로 채운다. 따뜻한 색 조명이 필수다. 캔들을 활용해도 좋다. 겨울에는 소나무, 전나무, 시더우드, 바닐라 향 같은 우드 향이 잘 어울린다. 특히 파인 향이나 따뜻한 우드 향은 겨울의 차가운 날씨와 대조되어 포근함을 선사한다. 바닐라나 마시멜로 향을 추가해 따뜻하고 달콤한 기운을 더할 수도 있다. 앗, 겨울의 최고 향으로는 가족이 함께 모여 까 먹는 귤향도 있다.

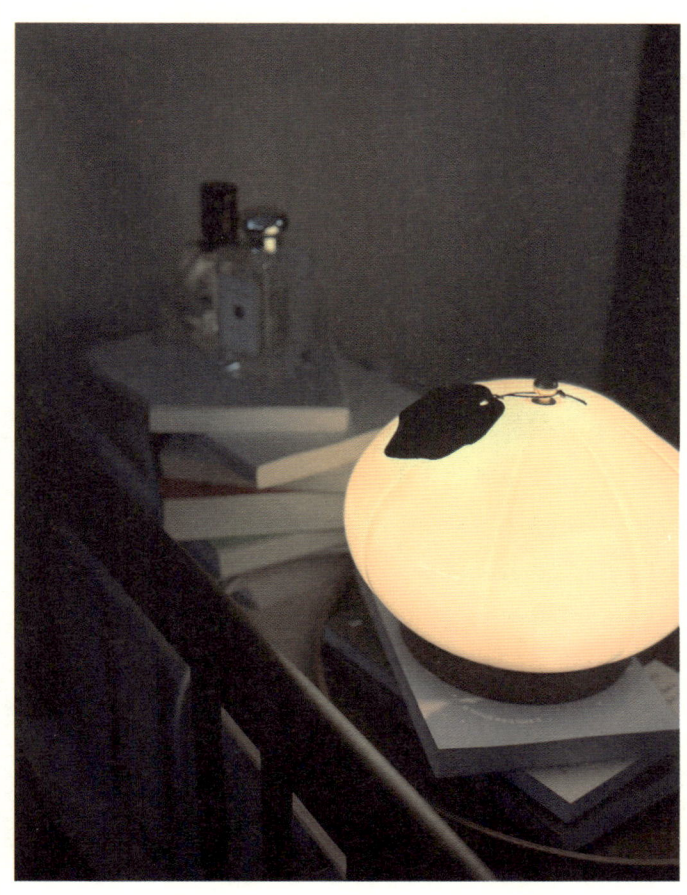

온 가족이 함께 참여하는 살림 시스템

나는 〈신박한 정리〉(tvN)라는 프로그램을 맡게 되면서 예정에
도 없는 서울생활을 혼자 하게 되었다. 몇 달 걸리겠지 했던 것
이 4년이 되었고 우리 가족에게 많은 변화가 생겼다. 워낙 바쁘
게 지내기도 했고, 서울에는 볼거리와 즐길 거리가 많아 주말
이면 주로 가족들이 올라오고 내가 대구 집으로 내려가는 일은
1년에 몇 번 되지 않았다.

상황이 이렇다 보니 많은 분들이 대구 집 살림을 걱정해주셨다.
물론 가까이에 시어머님이 계셔서 음식 걱정은 없었다. 나머지
는 남편과 중학생이 된 딸, 초등학생 아들이 나눠 했기에 집안일
은 흐트러짐이 없었다.

아이들에게 바른 자세로 밥 먹기, 골고루 꼭꼭 씹어 먹기, 밥 먹
고 양치 3분 하기, 화장실 볼일 보고 바로 손 씻기 등 건강과 위
생에 관한 생활습관은 알려주지만, 가족이 함께 살아가는 공동
체에서 구성원으로서 해야 할 일과 구성원의 부재로 인한 역할
분담에 대한 교육은 간과하기 쉽다. 그래서 나는 아이들의 성향
과 상황에 맞는 역할 분담에 신경을 썼다.

가령 배달 음식이 오면 딸은 수저와 컵을 식탁에 놓고 아들은 음
식을 현관에서 받아서 식탁 위에 정갈하게 올린다. 다 먹고 나면
쓰레기 분리수거는 딸이 하고 남은 음식 처리와 보관은 아빠가
하며 아들이 설거지를 한다. 금요일에는 하교를 하면 아이들은
세탁실 큰 대야에 물을 받아놓고 세제를 푼 다음 실내화를 담그
고 세제통으로 눌러둔다. 아빠가 모아둔 실내화를 세탁한다. 빨

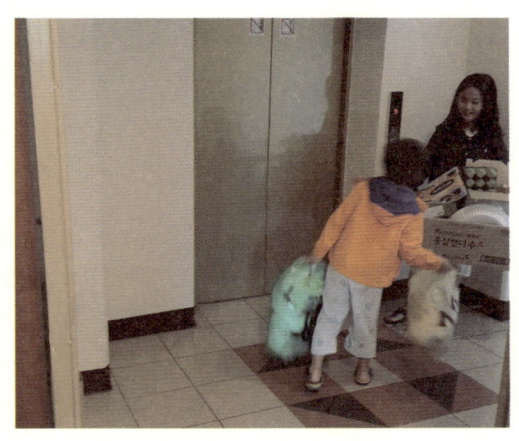

래는 짙은색과 흰색으로 분류하고 젖은 수건은 세탁실 곳곳에 걸어둔다. 퇴근 후 아빠가 세탁하고 건조된 옷을 개어놓으면 바로 아이들이 제자리에 가져다놓는다.

이렇게 가족 공동체를 위한 역할 분담을 정확하게 제시했고, 주어진 역할을 일정한 주기마다 혹은 아이들의 요청에 따라 바꾸기도 했다. 같은 일만 하면 지루할 수 있고, 역할을 바꾸면 다양한 일을 고루 경험할 수 있다는 장점이 있기 때문이다. 이때 가장 중요한 건 상벌의 규칙을 정하는 것이다. 맡은 역할을 수행했을 때는 반드시 칭찬을 하되 과도하게는 하지 않도록 하고, 대신 해야 할 일을 하지 않았을 때는 벌을 주었다. 실내화를 꺼내놓지 않은 이가 세탁까지 한다는 정도의 벌이다.

4계절 옷 정리 빨리 끝내는 법

옷장을 정리하는 것은 단순한 물리적 정리에 그치지 않는다. 시간과 에너지를 절약하고 스트레스를 줄여 삶의 질을 높이는 중요한 일이다. 빠르고 효율적으로 할 수 있는 방법이 있다.

내게 주어진 공간에 맞는 옷만 갖는다

옷을 계절별로 나누어 보관하는 방식은 과거에는 유용했지만 지금 라이프 스타일에는 맞지 않는 듯하다. 진공 압축팩이나 수납상자에 보관하면 옷이 상하거나 잊혀져 결국 불필요한 소비로 이어질 수 있다. 주어진 공간에 맞게 필요한 옷만 갖추는 것이 가장 중요하다. 옷장의 용량을 초과하지 않는 범위 내에서 옷을 갖추면 불필요한 스트레스와 에너지 소모를 줄일 수 있다.

1년 동안 입지 않은 옷은 과감하게 정리한다

옷장 정리의 핵심은 입지 않는 옷은 과감히 정리하는 것이다. 1년 이상 입지 않은 옷은 대부분 다시 입을 가능성이 현저히 낮다. 정기적으로 기부하여 옷장의 여유 공간을 확보하고, 옷 정리 시간을 대폭 줄이자. 이렇게 하면 남은 옷들은 실제로 자주 입는 옷들로 채워지며 관리도 훨씬 수월해진다. 기부된 옷을 판매해 장애인과 취약 계층의 일자리 창출을 돕고 그 수입을 사회에 환원하는 굿윌스토어(Goodwill Store), 기부된 옷을 재판매하고 그 수익금은 다양한 사회 활동에 사용하는 아름다운 가게 등을 추천한다.

계절별 구분 대신 빈도와 용도에 따라 정리한다

4계절의 구분이 뚜렷하지 않은 지금은 옷을 계절별로 나누기보다 입는 빈도와 용도에 맞춰 정리하는 것이 더 실용적이다. 자주입는 청바지는 옷장 앞쪽에, 청반바지는 뒤쪽에 두는 식으로, 한겨울에도 레이어드하여 입을 수 있는 반팔 티셔츠는 앞쪽에, 한정된 계절에만 입는 캐시미어 니트는 뒤쪽에 두는 방식이다. 또한 옷의 용도에 따라 구분하는 것도 유용하다. 예를 들어 바지, 티셔츠, 코트, 양말, 액세서리 등을 따로 구분해두면 옷을 고르는 시간이 줄어들고 일상이 간편해진다.

옷을 덜 사는 것도 방법이다

옷장 정리를 피하고 싶다면 옷을 사지 않는 것이 가장 확실한 해결책 중 하나가 될 수 있다. 이건 내가 실천하고자 하는 방법으로 단순한 미니멀리즘 철학이 아니라 환경적 경제적 이유에서도 큰 이점이 있다. 일단 물건이 많아지면 정리할 일이 많아진다. 옷을 계속 사다 보면 어느 순간 같은 디자인, 스타일을 반복적으로 구입하고 있는 자신을 발견하게 되고, 때로는 자괴감이 밀려들기도 한다. 그야말로 소비를 위한 소비랄까. 쇼핑, 스트레스, 정리, 쇼핑… 나는 이 반복의 고리를 끊기로 했다. 과감히 쇼핑을 줄였더니 뜻밖에 마음이 평안해지는 것을 느꼈다. 새로운 옷을 사지 않음으로써 의류 폐기물을 줄이고 의류 산업이 일으키는 탄소 배출과 환경오염 감소에도 기여할 수 있다. 지구에 사는 사람으로 작은 에티켓을 지킬 수 있어 뿌듯함을 느끼고 있다.

귀한 나를 위한 일

내가 사용하는 물건이 제대로 된 것이었으면 좋겠어서 물건을 살 때는 신중을 기한다. 6년 전 내 생일에 정말 제대로 된 코트를 사고 싶었다. 여기저기 알아보고 입어본 후 막스마라 카멜색 코트를 하나 장만했는데 얼마나 가볍고 따뜻한지 오래 품을 판 보람이 있었다. 입으면 입을수록 내 몸에 딱 맞는 듯 요술망토처럼 기분까지 좋아졌다. 그 이후로 코트는 산 적이 없고 원래 있던 코트들은 입지 않아 3년 뒤에 모두 비우고 나눔을 했다. 하나밖에 없다고 생각하니 더 가꾸게 되어 어깨에 앉은 먼지를 털어내고 어디 주름이 가진 않을까 착착 매만져준다. 오늘도 우리집 옷장에 하나뿐인 나만의 코트가 나를 위해 겨울을 기다리고 있다.

내가 오랫동안 머무는 곳, 그래서 이부자리도 가꾼다. 이불은 때에 따라 바꾸지만 베개 커버는 일주일에 한 번씩 꼭 세탁하고 시간이 있을 때는 다림질도 한다. 샤워 후 누웠을 때 부드럽고 반듯한 베개 커버가 내 얼굴을 받혀주면 그렇게 기분이 좋을 수가 없다. 오늘도 수고했다며 나를 칭찬해주고 잠이 들면 자신이 귀해진다. 아침에 일어나서 나를 위해 포근한 잠자리를 제공했던 이불에 먼지를 툭툭 털어내고 향 좋은 탈취제를 뿌리고 가장자리를 반듯하게 정리한다. 오늘도 수고할 내가 돌아와 쉴 곳이 여기 있다 싶어 바깥에 나설 기운이 난다.

물건을 신중하게 고르고 공들여 가꾸는 일, 내가 머무는 공간이 단정하도록 정성을 들이는 일, 모두 세상에서 가장 귀한 나를 위한 것이다.

지금 현관으로 가자

정리정돈은 "현재 내게 필요 없는 것을 비워내고 필요한 물건을
잘 쓸 수 있도록 적정한 자리를 마련하는 것"이다. 정리정돈된
상태를 오래 유지하려면 필요 없는 물건이 쌓이지 않도록 지속
적으로 비우고 사용한 물건을 제자리에 가져다놓으면 된다. 쉬
운 것 같지만 어려운 일이다. 외부에서 많은 사람을 만나고 다양
한 활동으로 지치고 힘든데, 쉬려고 돌아온 집에서는 아무것도
하기 싫은 게 당연하다. 하지만 우리는 알고 있다. 정리정돈 잘
되어 있는 집이 얼마나 좋은지…. 당장 하기 귀찮을 뿐이지 하고
나면 나의 휴식의 질이 한층 높아진다는 것을.

그렇다면 하는 게 맞다. 해야겠다고 마음먹었다면 지금 현관으
로 가자. 신발장 문을 열고 신발을 다 바닥에 꺼내자. 선반을 깨
끗이 닦자. 이것만으로도 속이 시원해진다. 신박한 수납법을 고
민할 필요도 없다. 내가 잘 신는 신발을 우선으로 적당한 자리를
잡는다. 그러다 보면 알게 된다. 현관 바닥에 남겨진 신발이 내
가 정리해야 할 신발이구나!

정리는 버리려고 하는 작업이 아니라 제대로 남기기 위한 작업
이다. 이후 현관 바닥을 깨끗이 닦고 향 좋은 디퓨저를 두고 이
상태를 만끽하면 된다.

앞으로 신발을 사려고 마음을 먹었다면 여기 있는 신발 중 하나
를 비우고 그 자리에 채우면 된다. 그래야 물건이 쌓이지 않는다.

설거지는 최대한 나중에

오늘 할 살림을 거르지 않는 편이다. 그런데 유일하게 미루는 것이 있었다. 놀랍게도 설거지다.

살림을 좋아하는 분들도 있겠지만 나는 좋아하는 편은 아닌 것 같다. 강박이라고 할 정도로 어수선한 상태가 싫어 물건을 적게 두려고 노력하고, 밸런스가 똑 떨어지는 공간에서 편안함을 느끼기에 흐트러진 물건을 바로잡고 균형을 맞춰 배열하는 것을 좋아할 뿐이다. 게다가 코가 예민해 냄새가 섞여 있는 것이 싫다. 그런 곳에는 여러 물건들이 한데 섞여 있는 경우가 많은데, 그래서 나는 분류를 하고 제자리를 찾아 정리하는 데 시간을 쏟는다.

애주가로서 종종 친구들을 집으로 초대해 술자리를 갖는데 그때마다 지인들이 놀란다. 술의 종류가 바뀌거나 안주가 새로 나오면 앞접시도 바뀌고 술잔도 바꾼다. 다 마신 술병은 한자리에 고이 줄을 세우고, 친구들이 벗어놓은 옷이나 가방을 가지런히 정리한다. 이렇게 깔끔을 떨면서도 설거지만은 바로 하지 않는다. 음식물 쓰레기만 분리한 다음 그릇을 물에 헹구고 개수대 안에 담아놓는다. 왜 설거지를 안 하냐고 물으면 나는 멀리서 보면 개수대 안이 보이지 않고, 애벌설거지를 했기에 냄새도 나지 않아 괜찮다고 대답한다.

하지만 이것도 과거형이다. 식기세척기를 구입했기 때문이다. 살림을 안 하면 안 한 만큼 생활이 불편하다. 그래서 안 하고 싶어도 안 할 수가 없다. 피할 수 없을 땐 '꾀'가 필요하다.

너무 좋아 잠들지 못한 그 순간

아침에 일어나면 가장 먼저 커피를 내린다. 30분 정도 소파나 침대에 누워 커피향과 음악에 취해 잠시 빈둥대다 이내 벌떡 일어나 환기시키고 침대의 이불과 베개 커버를 벗겨 세탁기를 돌린다. 그사이 아이들 방 이불과 베개 커버, 욕실 수건을 가져와 세탁실에 두고 다음 세탁을 준비한다.

요란하게 제 일을 하는 세탁기를 뒤로하고 로봇청소기를 작동시키고 제자리를 벗어나 여기저기 어수선하게 있는 물건들을 정돈한다. 그러다 보면 서랍장이나 수납장 속에 쌓인 물건들을 확인하게 되고 필요 없는 물건들이 눈에 띈다. 물건을 비우다 보면 꼭 추억이 담긴 물건들을 뜻하지 않게 만나게 된다. 흠. 기쁨과 아련함으로 들여다보다가 10초 정도 버릴지 간직할지 고민한 다음 얼른 일어나 바삐 또 움직인다. 이 시간을 지체하면 하루가 그냥 지나가버린다.

아이들 방 쓰레기통을 가져와 분리수거를 한다. 바쁘게 지내는 시간 속에서 놓쳐버린 아이들의 흔적도 보게 되어 좋다. 얼굴이 너무 창피한 정도가 아닌지 확인하고 쓰레기를 들고 밖으로 나온다. 햇살도 좋고 바람도 좋아 벤치에 오래 머물고 싶지만 더 큰 자유를 위해 또 바삐 움직인다. 주방으로 가 설거지하고 축축해진 티셔츠를 벗고 샤워하러 간다.

물을 틀고 머리를 감은 뒤 트리트먼트를 바르고 샤워캡을 쓴 뒤 욕실 이곳저곳을 청소한다. 3분 정도 욕실 청소를 끝내고 샤워를 마저 끝낸 다음, 냉장고에 넣어둔 마스크팩을 얼굴에 올리고 세탁기에서 꺼낸 이불을 건조기에 넣은 다음 대기하고 있던 나머지 이불을 세탁기에 넣어 돌린다.

로봇청소기가 제 일을 다 하고 스테이션으로 돌아간 것을 확인하고 인센스 향을 피운다. 이런저런 냄새로 뒤덮였던 집이 인센스 향으로 물들 즈음 마스크팩을 얼굴에서 떼내고 냉장고에서 맥주를 한 캔 꺼낸다. 건조기와 세탁기가 동시에 돌아가는 소리를 배경음악 삼아 맥주 한 잔 하며 소파에 앉아 책을 펼친다. 분명 책을 읽고 있었는데 건조기가 할 일을 마쳤다는 신호음에 깜빡 잠이 들었다는 걸 알아챈다. 건조기에서 막 꺼내 뽀송해진 베개 커버를 씌우고 좋은 냄새가 나는 이불을 덮고 본격적으로 잠을 청하려 하지만, 책이 없어서인지 아까의 낮잠이 꽤나 깊어서였는지 이어 잘 수가 없다.

지금! 바로 이때가 너무 좋다. 너무 좋아 이불 속에서 동동 발을 구르며 점심은 뭐 먹을지 배달앱을 켠다. 설거짓거리가 가장 적은 음식을 주문하고 맛있게 먹으면 해야 할 일이 비로소 끝이 난다. 이후 무얼 할지는 그때그때 다르다.

디퓨저를 오래 쓰는 노하우

후각이 예민하고 알레르기가 있어서, 화학 성분이 많이 함유된 디퓨저를 사용하면 코가 붓고, 또 심하면 얼굴 전체가 퉁퉁 붓는다. 괜찮은 제품을 고르다 보면 가격이 부담스럽고, 자연스레 내게 맞는 디퓨저를 오래 사용하는 노하우를 찾게 되었다.

첫째, 리드스틱이 너무 짧으면 전체의 형태가 보기 좋지 않아 긴 것을 사용하게 된다. 하지만 스틱이 길면 스며든 아래 오일이 끝까지 올라가지 않는다. 그래서 일주일에 한 번씩 위아래를 바꿔 준다. 그럼 리드스틱 전체에 고루 스며들어 향이 오래간다.

둘째, 리드스틱을 자주 위아래로 바꾸면 입구 부분에 오일이 묻고 먼지가 쌓인다. 반드시 그때그때 먼지를 제거해야 한다.

셋째, 오일이 10퍼센트 정도 남았을 때는 디퓨저로서의 기능이 다했다고 봐야 한다. 그때 나는 키친타월, 화장솜 등에 용액을 떨어뜨려 다음 계절에나 신을 신발 속, 옷가지 등을 넣어둔 서랍장 안쪽에 두어 향을 끝까지 즐긴다.

넷째, 디퓨저의 위치도 중요하다. 빛이 바로 들어 열기가 있는 곳에 두면 오일이 빠르게 증발하니 그늘진 곳에 두면 좋다.

다섯째, 디퓨저의 용기는 유리병이 좋다. 플라스틱이면 열에 의해 또는 그 자체로도 오일의 성분을 변형시킬 수 있다.

이렇게 번거로운 디퓨저를 왜 굳이 사용하냐고 묻는다면? 좋으니까! 거실, 안방, 아이 방 등 각 공간마다 다른 향을 두면 은근히 생활에 활력이 생긴다. 계절이 바뀔 때 향을 바꾸면 멀리 가지 않아도 집의 느낌이 색달라져 기분도 좋아진다.

매일의 습관

살림은 귀찮고 어렵기만 한 것이 맞다. 그러니 자책하지 말고 누군가에게 미안해할 필요도 없다. 살림은 운동과 같다. 귀찮고 어렵지만 하고 나면 좋다. 남에게 보여주기식이 아니라 조금씩 나를 위해 움직이면 오늘의 기분이 달라지고 내일 또 하면 뿌듯하다. 매일의 습관이 되면 내가 달라지고 인생이 달라질 수밖에 없다. 그러니 귀찮더라도 해보길 권한다. 결국 나를 위한 아주 작고 손쉬운 일이 될 테니까.

양말 짝을 찾는 시간이 아까워서

세탁 후 양말 짝을 찾아 헤맨 경험이 한 번쯤 있을 것이다. 분명 세탁을 할 때는 두 짝을 넣었는데, 어떻게 된 일일까? 이 방법을 따라 하면 양말 짝을 찾는 시간이 반드시 줄어든다. 양말의 수가 많아져도 상관없다. 나의 양말 색은 흰색과 검은색 두 가지뿐이다. 형태는 한 가지다. 짝을 잃은 한 짝을 발견하면 줄지어 놓은 양말의 가장 뒤에 둔다. 이제 기다리면 된다. 언젠가 짝이 나타난다.

내가 살고 싶은 동네

사람마다 기운이 다르고 취향이 다르기에 "평창동이 대한민국 최고다"라고 할 수는 없지만, 대한민국 방방곡곡 여러 형태의 집을 경험한 내 기준에는 평창동이 최고였다.

아름드리나무가 두 그루 있고 야외 테이블이 있는 마당을 지나면 높은 현관문이 있다. 열고 집 안으로 들어가는 순간 우드 향이 맞이해주면 더 좋겠다. 높은 천장 덕분에 집 내외부가 단절되지 않고 정원에서 방까지 연결되어 있으면 더 바랄 것이 없다. 1층에 들어서면 바로 거실이 보이는데 4인용 소파가 집으로 들어오는 사람을 바라보고 있고, 그 앞으로 다양한 디자인과 색의 1인용 의자가 두어 개가 있어 가족이 다 모여도 손님이 많이 와도 함께 둘러앉을 수 있으면 좋다.

창이 커야 한다. 그래야 나무가 보이고 하늘도 보이니까. 가까운 동네로 마실 나온 기분으로 창밖을 보며 소파에서 늘어지기도 하고, 바람이 불거나 눈비가 오는 날이면 한 번도 가본 적이 없는 여행지에 도착한 것마냥 들떠 소리를 지르고도 싶다. 주방은 크지 않아도 된다. 대신 다이닝룸은 컸으면 좋겠다. 친구나 지인을 초대할 때, 정말 난 요리를 못하니, 포트럭 파티를 할 것이기 때문이다.

2층에 올라가면 작은 거실 공간(문이 없는 방)에 서재를 만들어 조용히 책을 읽고 싶다. 가리모쿠 1인 체어가 있다면 더 좋을 것이다. 색은 아직 정하지 못했다. 이사하고 전체 분위기에 어울리는 색을 결정할 것이다. 침실은 그리 크지 않아도 된다. 침실에는 온화한 색이 가득했으면 한다. 침실 테라스에 서서 밖을 내려다보면 동네가 한눈에 들어온다. 남편은 환하고 하얀 등을 좋아하기에 LED로 조명을 설치하고, 내가 좋아하는 노란색 전구의 브래킷과 펜던트, 곳곳에 스탠드를 두어 혼자 있을 때 기분을 만끽하고 싶다.

외갓집에서 지내던 아홉 살 시절, 어른들이 잘해주셨지만 막연하게 부모님을 기다리는 날들이 참 외로웠다. 눈치가 빠른 아이라 어른들에게 언제 집에 갈 수 있는지 물어보지는 못하고 혼자 재미나게 지내려고 노력했다. "저는 지금 서울에 있습니다. 많은 사람들이 바쁘게 출퇴근을 하고 있군요. 아 지금 지나가는 한 분과 잠깐 이야기 나눠보도록 하겠습니다." 샐비어 꽃을 길게 마이크처럼 들고 혼자 리포터가 되었다, 시민이 되었다 하며 외로움을, 때로는 그리움을 달랬다. 뒷마당에 있는 경운기 위에서 노래를 부르던 그 어린아이가 지금은 유튜브에서 평창동 살이를 꿈꾸며 살림 이야기를 전하고 있다.

열 살의 나는 그렇게 우리집을 돌보았다

외갓집은 그 시절에 꽤나 큰 주택이었다. 냉장고에는 먹을 것이 가득했고 외할아버지, 외할머니, 외삼촌 그리고 시집 온 지 얼마 되지 않은 좋은 냄새가 나는 외숙모가 계셨기에 내가 우리집 다음으로 좋아하는 곳이었다.

아홉 살 때 어떠한 설명도 없이 나는 부모님과 떨어져 혼자 외갓집에 살게 되었다. 등 따시고 배 부른 곳, 외갓집 식구들의 따뜻한 보살핌 덕분에 나는 언제나 밝고 씩씩했다. 전학 간 학교에서 친구들과 금방 사귀지는 못했지만 수업시간이면 손을 번쩍번쩍 들며 나의 존재감을 알렸다. 하교 후 외갓집으로 돌아가는 길이 참 멀었지만 있는 힘껏 노래를 부르며 그 시간을 즐겼다. 우리집에는 여동생이 있었지만 외갓집에는 또래가 없었다. 늘 혼자 다역을 하며 소꿉놀이를 했다. 유난히 냄새에 예민한 나는 계란의 비린 향이 싫었지만 외숙모가 아침마다 준비해준 계란밥은 숨을 참고 먹었다. 그렇게 밝고 씩씩하게 1년을 보내고 드디어 우리집으로 돌아왔다.

낯설었다. 이전 집에서는 특별한 냄새가 나지 않았었는데, 처음 온 우리집에선 익숙하지 않은 냄새가 났다. 동네 사람들은 엄마를 "지영이 엄마"라고 부르지 않고 "지민이 엄마"라고 불렀다. 네 식구가 함께 쓰는 작은 방이었지만 손톱깎이 하나 찾는 것도 어려워 동생에게 물어야 했다. 우리집이었지만 낯설고 불편했다. 화가 났다. 언제나 밝고 씩씩했던 내가 화가 나서 달려간 곳은 동네 철물점. 외삼촌이 집에 간다고 두둑하게 챙겨준 용돈으

로 그 시절 연탄 아궁이의 불 세기를 조절할 수 있는 공기 조절
기를 샀다. 우리집으로 돌아와 꾸역꾸역 구멍을 막고 있던 양말
을 꺼내고 공기조절기를 꽂아 넣었다. 내가 우리집을 돌본 첫 기
억이다.

살림살이를 장만하는 첫 번째 기준

결혼할 때 스테인리스가 좋다고 어른들이 말씀하셔서 아주 비싼 걸로 백화점에서 구입했는데 정말 사용하기가 어려웠다. 그때만 해도 어떻게 관리하고 사용해야 하는지 알 길이 별로 없었다. 지금은 인터넷에 제품별로 사용법은 물론이고 장단점, 관리법까지 세세하게 나와 있어 무리 없이 이용할 수 있다. 그렇다면 나는 이제 그때 산 스테인리스 제품을 잘 사용하고 있을까? 이게 참 습관이라는 게 무섭다. 나는 코팅팬을 사용한다. 다만 냄비는 스테인리스 사용! 아무리 좋은 살림살이라도 내가 잘 사용하고 잘 관리할 수 있는지 체크하는 것이 먼저다.

믹서가 필요할 것 같아 엄청 알아보고 구입했던 적이 있다. 수많은 믹서 중 몇 가지를 추리고 또다시 장단점을 비교해 구입했지만 요리를 자주 하지 않는 내겐 짐 덩어리가 되었다. 요리를 자주 하시는 어머님께 드렸지만 사용하기 불편하고 기능이 쓸데없이 너무 많다며, 결국 자리만 차지한다고 다시 돌려보내셨다. 당근 마켓을 통해 필요한 댁으로 잘 가긴 했지만 쇼핑한다고, 이집 저 집 보낸다고 소비한 시간과 에너지를 생각하면 너무 아깝다. 물건을 사기 전에 그 물건이 얼마나 사용될지 나를 돌아봐야 한다. 있으면 좋겠다가 아니라 지금 꼭 필요한지를 따져야 한다.

로봇청소기를 사용해보니 너무 좋았다. 낮 시간 가족들이 집에 없을 때 밖에서 핸드폰 앱으로 작동이 가능하고 캠으로 실시간 확인도 가능하니 정말 청소 스트레스가 없어졌다. 매일 가족들이 청소가 잘된 기분 좋은 집으로 귀가할 수 있겠다 싶어 운영하는 유튜브에서 '공구'를 한 적이 있는데 구입한 후 한 분이 불만 사항을 올렸다. "우리집에는 가구와 물건이 많아 그런지 로봇청소기가 청소를 하는 곳이 얼마 없어요. 괜히 구입했네요." 살림살이는 남의 집이 아니라 우리집에 필요할지를 고민하고 장만해야 한다.

1+1 혹은 대량구매 하지 마세요

대략 마흔이 넘으면 경험이 쌓여서 내가 무엇을 좋아하고 즐겨하는지 어느 정도 알지만(아직도 모르는 종목이 많아요) 처음 살림을 장만하시는 분들은 아직 자신의 취향을 모를 수 있다. 젊어서 나이들 때까지 취향이 확고한 분들도 있지만 대부분은 바뀐다. 애초에 너무 많은 것을 사는 데 귀한 시간을 보내지 않았으면 한다. 이것저것 사용해보면서 내가 오래 잘 쓸 물건을 선택하는 신나는 경험을 하면 좋겠다. "1+1", "대량구매"에 혹하지 말자.

청소기는 어디에 두면 좋을까?

예전에는 덩치 큰 유선청소기를 사용했기에 집 어딘가 잘 보이지 않는 곳에 숨겨두는 경우가 많았다. 요즘에는 로봇청소기, 무선청소기, 핸디청소기 등 종류뿐 아니라 디자인도 정말 다양해졌다. 용도뿐 아니라 공간과의 어울림을 고려한 청소기 자리 찾기가 필요하다.

로봇청소기는 집 안 곳곳을 돌아다니며 청소를 하기 때문에 집의 중심이 되는 거실이나 복도에 두어야 효율적이다. 벽면 근처에 충전 스테이션을 두고 주변에 장애물이 없도록 공간을 확보해두면 로봇청소기가 자유롭게 이동할 수 있다.

호스를 연결해야 하는 물걸레 로봇청소기의 경우, 세탁실, 화장실, 주방 등에 설치하는 것이 적합하다. 호스가 너무 길거나 복잡하면 로봇청소기의 원활한 이동을 방해할 수 있다. 냉장고 옆또는 주방 싱크대 하부장이 최적의 장소다.

무선청소기는 이동이 쉽고 충전이 필요하기 때문에 자주 사용하는 공간에 두면 된다. 벽에 거치형 충전기를 설치하거나 스탠드를 사용해 거실이나 현관 근처에 두면 언제든지 쉽게 꺼내 사용할 수 있다.

핸디청소기는 사용 빈도가 잦고 바로 청소할 수 있는 장소에 두는 것이 좋다. 주방이나 아이 방은 부스러기나 먼지가 자주 발생하는 공간이기 때문에 가까운 곳에 핸디청소기를 두면 빠르게 청소할 수 있다. 침대 아랫부분 청소나 파우더룸 바닥에 떨어진 머리카락을 치우는 데도 유용하다.

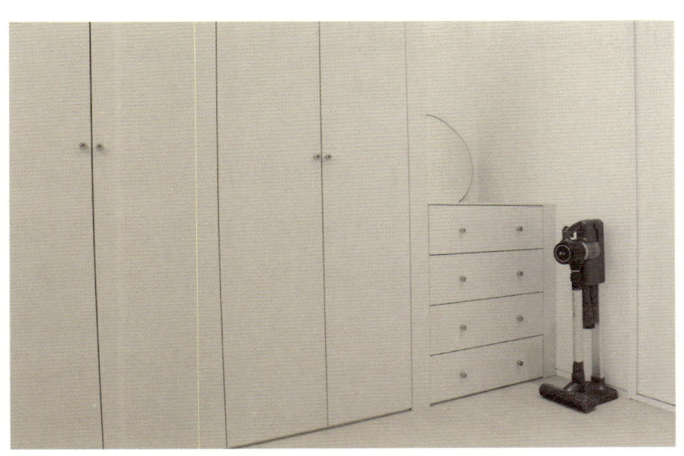

아침을 잘 보내는 나만의 팁

나는 아직도 아침에 일어나는 것이 가장 힘들다. 아침 시간을 효율적으로 보내는 분들이 부럽다. 어떻게 나의 아침 시간을 바꿀수 있을까 고민하다가 생각해낸 것이 약속을 잡는 것이다. 평생약속 시간을 어긴 적이 열 손가락 안에 들 정도로 시간을 잘 지킨다. 가장 못하는 것을 가장 잘하는 방법으로 해결하는 셈이다. 운동은 꼭 해야 하지만 자꾸 미루게 된다. 그래서 변수가 많은저녁 시간보다 아침 시간에 PT나 수영 강습을 받는다. 어쨌든돈을 지불했고 강사와 약속을 했기 때문에 누군가의 시간과 내돈이 허비된다는 생각으로 일어나게 된다.

2023년 여름 번아웃이 와서 엄청 괴로웠다. 아무것도 할 수 없고 일이 손에 잡히지 않았다. 뭐라도 하지 않으면 안 될 것 같아나 혼자 '미라클 모닝'을 시작했다. 새벽 5시마다 라이브 방송을켰다. 그 이른 시간에도 함께해주는 분들이 하나둘 많아지면서나는 그 시간을 어떻게든 지키고 싶어졌다. 자연스럽게 전날 일찍 잠들기 시작했고, 아침 일찍 일어나는 생활이 습관이 되었다. 불특정 다수에게 속내를 털어놓기 시작하면서 마음이 한결 가벼워지고 건강도 훨씬 좋아졌다.

정리와 정돈만은 내 손으로

연필이 열 개 있다. 세 개 정도면 될 것 같은데 그 나머지는 받거나 사둔 것이다. 비워야 하는 정리를 해야 한다면 고민이 많아진다.

이 연필은 그립감이 너무 좋아서 둬야겠어. 이 연필은 서걱서걱 쓰는 느낌이 좋아. 이 연필은 선물 받은 것이지만 잘 사용하지 않았으니 비워야겠어. 이 연필은 꽤나 비싼 브랜드인데 버리는 건 아까워 나눔 해야겠어.

이처럼 남겨둘지 필요한 이에게 나눌지, 이도저도 아니라 버릴 것인지 심사숙고가 필요하다. 정돈도 같은 이유로 힘들다.

이 연필은 문구지만 침대 옆 협탁에 두어 자기 전에 메모할 때 써야겠어. 이 디퓨저는 밝은 기운이 나게 하는 것 같으니 딸아이 방에 두면 좋아하겠네. 우리 강아지는 주로 복도 끝에 머무르니 이쪽에 방석을 둬야겠는데. 새로 산 탈취제가 효과가 좋으니 아들 방 잘 보이는 곳에 둬야겠다. 남편이 이 티셔츠를 좋아하니 손이 잘 닿는 곳에 걸어둬야겠어.

나와 내 가족의 라이프 스타일을 제일 잘 아는 사람은 나다. 사용하는 데 편하고 효율적인 자리를 가장 잘 아는 사람도 나다. 물론 우리집에 한해서 말이다. 그래서 우리집에서 정리정돈은

내가 한다.

나는 사람의 취향과 성향을 잘 파악해 비우고 채우는 것을 잘한다. 누군가가 "뭘 비워야 할지 고민이 많았는데 명쾌하게 답을 줘서 고마웠다" "어쩜 이리 내가 편할 수 있도록 자리를 마련했어" "너무 편하고 삶의 질이 높아졌다"라고 말하면 그리 좋을 수가 없다. 그래서 정리정돈 전문가로 활약하는지도 모른다.

제자리에 가져다놓기

가정에서 가장 흔하게 오가는 말 중 하나가 있다.

"리모컨 어디 갔어?"

"사용하고 제자리에 두라고 했잖아."

이 짧은 대화는 우리집만의 이야기가 아니다. 수많은 가정에서 하루에도 몇 번씩 반복된다.

가벼운 투정일 때도 있지만, 때로는 목소리가 높아지고 분위기가 싸늘해지기도 한다. 그 이유는 단순하다. 공동으로 사용하는 물건이 제자리에 있지 않기 때문이다.

개인의 물건은 각자가 알아서 관리하면 된다. 그러나 가족이 함께 쓰는 물건은 정해진 위치가 있어야 하고, 사용 후 반드시 제자리에 두어야 한다. 그렇지 않으면, 찾는 사람은 매번 불편을 겪고, 그 불편은 결국 서로에 대한 불만으로 번진다.

그래서 나는 집 안의 모든 '공동 물건'에 자리를 철저히 지정해 두었다. 리모컨은 소파 옆 테이블 위 검은색 리모컨함 속에. 손톱깎이는 거실장 첫 번째 서랍 오른쪽 파란색 쿠키통 안에. 구급상자는 팬트리 세 번째 선반, 그 안의 약들은 사용 후 반드시 다시 넣어둔다. 바느질 도구는 아들이 초등학교 1학년 때 쓰던 과학상자 안에 넣어두고, 그 상자는 안방 드레스룸에 둔다.

이때 중요한 점!

한번 정해둔 물건의 자리는 웬만하면 오래 유지하는 것이 좋다. 물건의 자리나 수납함을 자주 바꾸면, 가족들이 헷갈려서 다시 찾기 어려워지고, 습관도 무너진다. 부득이하게 자리를 바꿔야

한다면, 가족 모두에게 그 변화를 알려야 한다. 그래야 새로운 위치가 다시 '공동의 약속'으로 자리 잡을 수 있다.

사람마다 물건을 두는 기준은 다르다. 그래서 '애매한 자리'는 금방 헷갈리게 된다. 이런 헷갈림이 반복되면, 정해둔 규칙도 금세 흐트러진다. 결국, 제자리를 명확하게 정하고, 그 자리를 가족 모두가 자연스럽게 지키도록 만드는 것이 생활 속 정리의 핵심이다.

요리를 배우고 싶다

친정어머니는 음식이 아주 맛있다 할 정도는 아니고 그냥 밥반
찬을 가족들이 좋아하게끔 하시는 정도였다. 어릴 때 아주 특별
한 날에는 치킨을 주로 사주셨고 엄마가 해준 특별식은 잡채, 떡
볶이 정도였던 것 같다. 하지만 입덧이 심할 때 엄마가 해준 오
이무침과 잡채가 그리 먹고 싶었던 것을 보면 엄마의 솜씨와는
별개로 엄마만의 맛이 있었던 것만은 분명한 듯하다. 익숙하고
다정한 그 맛을 어디에 비할까. 결혼하고 가까이에 시어머님이
사시면서 밑반찬을 엄청 많이 해주셨다. 어머님은 팔보채, 스테
이크, 갈비찜 등 특별식까지 거침없이 뚝딱 만드시고 요리 자체
를 즐기셨다. 시어머님께라도 배웠으면 참 좋았을 텐데. 결혼하
기 전부터 지금까지 회사를 다닌다는 이유로 어머님이 해주시
는 밑반찬으로 여태 살고 있다. 특히나 사업을 시작하고 서울로
혼자 오게 되면서 요리랑은 더 멀어지게 되었다. 내 요리 실력
은, 흠… 된장찌개를 끓이면서 소금을 넣을 것인가 간장을 넣을
것인가 진지하게 고민하는 수준이라면 짐작이 갈까.

인덕션 vs. 가스레인지

인덕션은 안전성이 높다. 불꽃이 없어 화재의 위험이 적고, 조리면이 직접 뜨거워지지 않아서 화상 위험이 낮다. 어린아이들이 있는 집에서 안전하게 사용할 수 있다. 조리면이 평평해 음식물이 떨어져도 쉽게 닦아낼 수 있다. 청소가 간편해서 깨끗한 주방을 유지하기 쉽고, 디지털 설정으로 정확한 온도 조절이 가능해 요리의 정밀도를 높일 수 있다. 단, 인덕션에 적합한 조리 기구로 교체해야 한다.

가스레인지는 대부분의 조리 기구를 사용할 수 있다. 불꽃을 눈으로 보고 조절할 수 있어 온도 조절이 직관적이다. 사람들에게 익숙한 방식이고 화력을 자유롭게 조절할 수 있어 볶음이나 구이 요리를 자주 하는 가정에 적합하다. 흔히 말하는 불맛을 제대로 느낄 수 있다. 가장 큰 단점은 불꽃을 사용하기에 위험할 수도 있다는 점이다.

인덕션과 가스레인지 중 어떤 것을 선택할지는 개인의 생활 방식과 요리 습관에 따라 다를 수 있는데, 나는 무조건 인덕션을 추천하는 편이다.

그림을 삽니다

우리집은 여백이 많다. 크기가 조금 차이가 날 뿐 대부분의 가정에서 소유하고 있는 가구와 가전은 차이가 없다. 그렇다면 줄곧여백을 누릴 수 있었던 건 현재 사용하는 물건의 개수가 적고 양이 적었기 때문일 것이다. 그렇다고 그냥 비워두는 것은 재미없고 멋이 없다. 새하얀 집이 나의 이상은 아니다. 그래서 그림에투자했고 조명과 향을 더해 여백을 충만하게 즐기고 있다.

작품을 몇 점 소장하고 있는데 계절에 따라 기분에 따라 바꿔 걸어주면 아주 색다른 집을 경험할 수 있다. 그림에 따라 조명의색, 톤, 밝기를 달리 해주면 같은 공간이 더 아름다워진다. 마지막, 향으로 품격을 더한다.

내가 그린 달항아리는 값으로 평가가 되지는 않겠지만 성인이되어 배우고 싶었던 그림을 배우러 가 그곳에서 오랜 시간과 정성을 들여 그린 그림이다. 나의 소망과 시간과 열정이 합쳐졌기에 나만의 계산법으로는 가장 큰돈을 투자한 것이라 볼 수 있다.

빨래가 즐거워지는 방법?

세탁기와 건조기가 있는 세탁 공간은 협소하기도 하지만 외부로 여겨져 잘 꾸미지 않게 된다. 이 작은 공간에 과감하게 색을 칠해보자. BTS를 좋아하는 아미라서 보라색을 칠해보았는데, 이 공간에 들어갈 때마다 웃음이 새어 나왔다. 그러고 나니 이 공간에 냄새가 나는 것이 싫어 세탁을 미루지 않고, 보라색 벽이 좋아 무언가를 쌓아놓지 않게 되었다.

가족의 사진을 걸어두거나, 좋아하는 누군가의 사진을 세탁실 벽면에 붙여보는 것도 좋다. 빨래를 하는 마음가짐이 달라질 테니까.

세탁세제

나는 한 가지 세제를 한꺼번에 많이 사서 쟁여두지 않는다. 세제가 떨어지면 그때마다 늘 새로운 제품을 사본다. 캡슐도 사용해보고 네모난 용기의 세제도 구매해보고, 봄까지 코튼 향을 쓰다가도 여름이 되면 상큼한 애플 향으로 바꿔 지루한 공간을 매번 색다르게 만든다. 향이 바뀔 때마다 옷도 마치 새옷으로 바뀌는 것마냥 설렌다. 가족들의 후기를 듣는 것도 즐거운 일이다.

집안일을 세분화해보면 가짓수가 엄청나다. 빨래라는 종목 하나에도 색깔 분류하기, 세탁하기, 건조하기, 개기, 옷장에 가져다놓기 등 여러 과정이 있다. 나는 세탁물에 따라 분류하고 세탁, 건조하는 것까지는 즐겁게 잘할 수 있는데 앉아서 개고 옷장에 넣는 건 도무지 즐겁지가 않다. 빨래 개는 일은 남편이, 개고

난 후 소파 쪽에 두면 아이들이 제자리에 가져다놓는다. 이렇듯 가족이 분업하면 능률도 오르고 이야깃거리가 생긴다. 예를 들면, "엄마 팬티 바뀌었네. 이번 색깔 예쁘다."

이렇듯 공간을 바꾸면 기분이 달라지고 태도가 바뀐다.

화초 키우기

세상에 죽지 않는 화초란 없다. 누군가 그랬다. 식물은 옆집 아들처럼 키워야 한다고. 한 번씩 마주치면 "잘 지냈니? 아줌마가 맛있는 거 사줄게" 하며 무심한 듯 안부를 묻지만, 그 아이가 잘 크길 바라는 마음은 진심이듯이 말이다.

첫 번째, 생화로 시작해보기

생화는 당연히 시든다고 생각하기에 "죽이지 않고 끝까지"라는 책임감이 없어져 온전하게 꽃을 즐길 수 있다. 꽃시장에서 구입해서 오면 꼭 한두 송이 부딪혀 꺾여 있는데, 그럴 때 빨대를 이용해 줄기를 고정해주는 것도 방법이다. 줄기가 두꺼울 경우에는 빨대를 세로로 가른 뒤 끼우면 오래 즐길 수 있다.

두 번째, 수경식물 키우기

수경식물은 물 주기 스트레스에서 조금 자유로울 수 있다. 식물의 잎이 물에 잠기지 않도록 하고 간접광이 드는 선선한 곳에 넘어지지 않도록 입구가 넓은 물병에서 키우면 좋다. 물을 담아두는 것이 마음에 걸리면 하이드로볼로 수경화분을 만들어보자. 식물의 뿌리에 흙을 털어내고 물에 헹궈 흙을 다 제거한 뒤 유리병에 식물을 담고 하이드로볼로 채우면 된다. 통기성 좋고 수분 조절 잘되고 산소 공급도 원활하며 가루와 분진이 적어 깔끔하게 식물을 키우고 싶다면 추천한다.

세 번째, 나무젓가락 이용하기

식물에 물 주기는 각 식물의 특성과 환경에 따라 제각각이라 제일 어렵다. 속의 상태를 확인하지 않고 겉에 마른 흙을 보고 물을 주게 되면 과습이 되기 십상인데, 이때 나무젓가락을 화분에 꽂아두면 도움이 된다. 꺼냈을 때 흙이 묻어 나오면 아직 속은 촉촉하니 조금 더 기다리고, 흙이 묻어 나오지 않으면 목마르다는 신호이니 그때 물을 준다.

옆집 아줌마처럼 무심하게 돌보았는데도 여린 새잎을 내고 자라나는 걸 보면 얼마나 기특하고 이쁜지 모른다. 부담 갖지 말고 시작해보자.

업사이클링

내가 생각하는 업사이클링은 지금의 상태에서 말 그대로 한 단계만 '업'하여 물건에 새로운 가치를 만드는 것이다. 집 한구석에 오랫동안 있었지만 색상이 다소 촌스러워 제대로 사용하지 못하고 있는 빨간 플라스틱 통이 있었다. 쓰임에는 아무런 문제가 없기에 색을 바꾸기로 했다. 아이들과 함께 그레이 페인트로 칠했더니 몰라보게 '업'되었다.

처음에는 아이들 방에 두고 긴 장난감을 넣는 데 사용했고, 칠이 군데군데 벗겨진 후에는 우산꽂이로 알뜰하게 사용했다.

정말 자주 들고 다니는 토트백이 있는데 크기도 색깔도 재질도 마음에 들지만 손을 많이 쓰는 데다 활동량도 많은 나에게는 불편했다. 어깨에 걸 수 있는 크로스백을 새로 사야 되나 고민할 때 아이들이 더 이상 쓰지 않는 멜로디언의 끈이 눈에 들어와 토트백에 달았다. 세상에서 하나뿐인 나만의 크로스백이 되었다.

이제는 집을 선택할 때 바깥부터 봅니다

20평대 복도식 아파트에서 신혼 생활을 시작했다. 전세 계약을 하고 이사하는 데까지 한 달의 여유가 있었다. 엄청 공을 들여 집 내부를 꾸몄다. 큰돈을 들여 인테리어 공사를 할 수 있는 상황은 아니어서 나와 신랑이 매일같이 드나들며 쓸고 닦았다. 방문, 창문, 몰딩에 페인트칠을 하고 낡은 싱크대에 인테리어 필름을 입히고 손잡이를 바꿨다. 집에 색이 입히고 필요한 물건이 하나하나 채워지는 기쁨에 피곤은 끼어들 틈이 없었다. 신혼집이니만큼 우리는 최대한 예쁘게 꾸미는 데 집중했던 듯하다.

결혼 이후에는 재봉을 배워 커튼과 식탁보를 만들어 집을 꾸미고, 작은 발코니지만 화단을 만들어 방울토마토를 키우고 파를 두어 단 심어놓고 그때그때 잘라서 요리를 해서 먹기도 했다.

어느 하나 마음에 들지 않는 게 없을 정도로 완벽하다 싶었다. 하지만 딱 우리집 내부만 좋았다. 오래되고 관리가 잘 안 되는 아파트라 정문에 들어서 우리집 현관까지 가는 길엔 심란한 것투성이였다. 웅덩이가 움푹 파인 주차장, 방치된 낡은 자전거들, 음식물 쓰레기가 항상 묻어 있던 분리수거장, 전단지가 덕지덕지 붙은 엘리베이터, 그리고 복도에 나와 있는 이름 모를 물건들…. 후각이 매우 예민했던 나는 비가 오는 날이면 퇴근 후 아파트 정문에서 집에 들어오는 순간까지 숨을 쉬지 않고 달렸다.

그 이후부터 나는 집을 선택할 때 집 내부보다는 공용 공간을 더 신경 써서 살펴보게 되었다. 집 안은 얼마든지 내가 고치고 가꿀 수 있지만, 내 집 밖은 그럴 수 없으니 말이다.

멀티탭 숨기는 방법

케이블 관리 박스 사용

케이블 관리 박스는 멀티탭과 전선들을 깔끔하게 정리할 수 있는 좋은 아이템이다. 크기와 디자인도 다양해 각자 집의 인테리어에 따라 선택할 수 있다. 멀티탭과 연결된 케이블을 모두 박스안에 넣고 뚜껑을 닫으면 먼지와 오염으로부터 보호할 수 있고 아이들이나 반려동물이 만지는 것을 방지할 수 있다. 나는 여러형태 중 멀티탭 일체형을 추천한다. 컴퓨터 관련 용품이 많은 책상이나 주방 가전들을 연결해 사용하면 일일이 코드를 뽑지 않고서도 개별적으로 온오프가 가능해 편리하고 대기 전력도 아낄 수 있다.

가구, 가전 뒤에 숨기기

멀티탭을 숨기자. 멀티탭을 책상, 소파, 침대 뒤 바닥에 두거나움직이는 TV의 경우 네트망과 케이블타이를 사용해 숨기면 공간이 깔끔해진다.

테이블 아래 부착

멀티탭을 책상, 테이블 아래에 부착하면 바닥을 깔끔하게 유지할 수 있다. 투명 겔 타입 테이프를 사용해 멀티탭을 책상 아래에 부착한다. 케이블 클립을 사용해 케이블까지 깔끔하게 정리하면 책상 위나 바닥에 전선이 엉켜 있지 않아 작업 공간이 깔끔해지고 일의 능률도 오른다.

수납장 내부에 설치

멀티탭을 수납장 내부에 설치하여 외부에서 전혀 보이지 않게 할 수도 있다. 수납장 내부에 멀티탭을 고정하고 케이블을 통과시킬 작은 구멍을 뚫는다. 전선을 깔끔하게 정리해 수납장 문을 닫으면 완전히 보이지 않게 숨길 수 있다. 이는 보통의 TV 거실 장이나 주방 수납장의 전기밥솥 자리에 마련되어 있다.

액자로 가리기

바닥에 늘어져 있는 멀티탭 앞에 그림 액자를 두어 간단히 숨긴다. 방별로 다른 디자인의 액자를 선택하는 것도 좋다. 아이나 반려동물이 있으면 위험할 수 있으니 피하고, 고가의 액자나 유리가 있는 액자보다는 실용적인 것을 추천한다.

나만의 공간이 있다는 건 몹시 행복한 일

아들딸이 중·고등학생이다 보니 물리적으로 나만의 공간을 오롯이 가질 수 없어 안방의 침대 아랫부분, 그러니까 방문 옆으로 수납장 하나와 테이블을 두어 나만의 작은 서재를 만들었다. 수납장에는 책과 문구가 있고, 크지 않은 테이블은 노트북을 두고 사용하려 했는데 아직까지 이 공간에서 무언가를 한 적이 별로 없다. 막상 노트북을 꺼내고 보면 테이블이 작아 주방 식탁으로 가기 일쑤다. 책은 침대에 누워서 보거나 이 또한 식탁에서 자주 보기 때문이다.

그럼에도 내 공간이 존재한다는 것만으로도 나는 행복하다. 편집숍에서 예쁜 메모지를 구입했을 때 집으로 돌아와 서재 수납장에 넣을 생각에 하루가 설렌다. 나만의 공간에서 멍하니 있다 보면 커피 한 잔이 생각날 수 있고, 그렇다면 그 공간은 카페가 되고 차를 마시는 공간으로 변한다. 그러다 책이 손에 잡히고 글을 쓰게 된다면 서재가 되는 것이다.

신발을 좋아한다면, 매일 신는 신발은 신발장에 두고 가끔 기분 좋을 때, 특별한 곳에 갈 때 신는 신발은 나만의 공간에 전시해 보자. 그럼 세상에 하나뿐인 나만의 슈즈룸이 된다. 몸이 찌뿌둥한가? 매트를 깔고 스트레칭을 해보자. 그곳이 훌륭한 홈짐이다.

신발장 100퍼센트 활용법

신발장에는 집 안에서 사용하는 물건보다 외부에서 사용하는 물건을 보관하면 편하다. 구두약과 구둣솔, 여분의 신발 깔창과 운동화 끈은 크기도 작고 사용도 가끔 하니, 신발장 안 서랍에 넣어둔다.

운동용품도 신발장에 보관할 수 있다. 실내용품인 요가 매트나 작은 덤벨을 넣어두고 필요할 때마다 꺼내 사용한다. 글러브, 배드민턴채, 야구공, 골프용품 등 실외용품은 외출할 때 바로 꺼내 갈 수 있도록 현관 가까이에 두면 편리하다.

캠핑을 즐긴다면 캠핑용품을 보관하는 것도 좋다. 선반의 높낮이를 조절해 무거운 용품은 아래에 두고, 랜턴, 가스버너, 접이식 의자 같은 것들은 윗칸에 둔다. 둘 것들이 많다면 기존의 선반을 제거하고 그 자리에 철제 랙을 설치해 캠핑용품장으로 활용해도 좋다. 무엇을 넣을까 고민하기보다 무엇을 넣으면 내가 편할까에 집중하면 된다.

작은 핸드백이나 에코백, 장바구니 같은 가방도 신발장 문 안쪽에 걸어두면 외출할 때 편하게 꺼낼 수 있다. 나는 신발장에도 양말통을 두어 외출할 때 신발에 따라 어울리는 양말을 선택하는데 엄청 편하다. 양말은 의류이기보다 신발류(?)가 아닌가 싶기도 하다. 특히 여름철 샌들을 신을 생각으로 맨발로 나왔다 갑자기 운동화가 신고 싶어졌을 때 다시 옷방으로 돌아가지 않아도 된다.

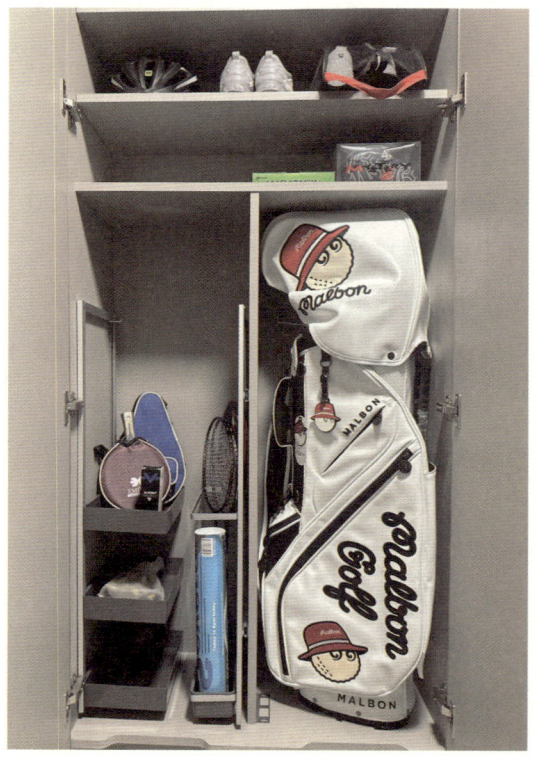

선반은 선반이고 서랍은 서랍이다

집 안을 정리하고 꾸미는 데 있어서 서랍과 선반은 중요한 역할을 한다. 일상에 필요한 자잘한 물건이 얼마나 많은데, 가구와 가전처럼 모두 밖에 나와 있다고 생각하면 아찔하다.

서랍은 정리정돈에 아주 유용하다. 여러 작은 물건을 한곳에 깔끔하게 보관할 수 있고, 먼지나 손상으로부터 보호할 수 있다. 중요한 문서나 섬세한 액세서리는 서랍 속에 넣으면 안전하게 보관된다. 무엇보다도 서랍은 안이 조금 흐트러져 있어도 밖에서 보이지 않기 때문에, 급할 때는 문만 닫아도 정돈된 인상을 줄 수 있다. 다만, 자주 사용하는 물건을 꺼내기 위해서는 서랍을 열어야 하는 번거로움이 있고, 깊이가 깊으면 공간이 낭비되거나 물건이 방치될 수도 있어 관리가 필요하다.

선반의 장점은 접근성이다. 자주 사용하는 물건을 쉽게 꺼내고 다시 놓을 수 있다. 자주 읽는 책이나 매일 사용하는 향초, 문구는 선반에 가지런히 올려두면 보기에도 좋고, 생활 동선에도 편리하다. 또 예쁜 물건을 진열하면 인테리어 효과도 높아진다. 가족사진이나 소품, 조명을 올려두면 분위기가 한층 화사해진다. 단, 선반은 물건이 외부에 노출되어 있어 먼지가 쉽게 쌓이고, 손이 잘 닿지 않는 높은 곳일수록 청소가 어렵다. 무엇보다 눈에 보이는 만큼 항상 가지런히 놓아야 깔끔함을 유지할 수 있다.

결국, 서랍과 선반은 각자의 장단점을 잘 이해하고 적절히 배치하는 것이 중요하다. 선반에는 보는 즐거움이 있는 물건을 가지런히 두고, 서랍에는 조금 흐트러져도 괜찮은 물건을 숨겨 넣으

면, 효율적이면서도 아름다운 공간을 만들 수 있다.

장소별 서랍, 선반 활용법

거실

　　　TV장 서랍: 리모컨, 배터리, 문구류

　　　벽면 선반: 가족사진, 소품, 작은 화분

주방

　　　싱크대 서랍: 식기류, 조리 도구

　　　선반: 자주 보는 요리책, 예쁜 머그컵

침실

　　　협탁 서랍: 안대 등 자기 전 사용 물품

　　　선반: 책, 조명

공부방

　　　책상 서랍: 문구류, 전자기기

　　　선반: 책, 장식품

건조기에 넣지 마세요

울, 캐시미어, 앙고라는 열과 회전에 약해 건조기에 넣으면 옷이 크게 줄어들어 입을 수 없게 된다. 자연건조 하거나 평평하게 눕혀 말리는 것이 좋다. 실크는 고온에 노출되면 섬유의 질감이 변형되고 광택을 잃을 수 있으니 피해야 한다. 레이스는 찢어지는 경우도 있으니 무조건 자연건조 해야 한다. 나일론과 스판덱스 등의 합성섬유는 고온에 녹거나 열에 의해 늘어난다. 고어텍스와 같은 방수 소재는 기능이 손상될 수 있으니 걸어서 자연건조 하는 게 좋다. 자수 및 장식이 많은 옷은 건조기의 회전이나 열에 의해 떨어지거나 장식물이 다른 옷에 엉키거나 실이 끊어지는 경우가 있고, 프린트가 있는 티셔츠는 고온에 의해 프린트가 녹거나 갈라질 수 있다. 자연건조 하거나 저온으로 건조하는 것이 좋다. 패딩은 건조기의 열로 인해 충전재가 뭉치거나 손상될 수 있어서 건조기에서 저온으로 짧게 돌린 후 손으로 두드려 고르게 펴준다. 란제리는 번거롭지만 손빨래 후 자연건조를 권장한다. 특히 브라의 와이어나 패드가 손상되기 쉽다.

수건은 건조기에 넣으면 푹신하고 부드럽게 마른다. 건조기의 열은 수건에 남아 있을 수 있는 세균이나 진드기를 제거하는 데도 효과적이다. 속옷과 양말은 건조기에서 빠르게 건조되고 살균 효과도 있다. 면 소재의 옷은 건조기에 넣어도 큰 손상 없이 부드럽게 마른다. 주름이 줄어들어 다림질이 더 쉬워지기도 한다. 내가 건조기에 넣는 옷과 넣지 않는 옷을 구분하는 간단한 기준은 손상되어도 아깝지 않은 것과 아까운 옷이다.

나는 커튼이 좋다!

커튼은 단열 효과를 제공한다. 창문으로 들어오는 찬 공기를 막아주고 실내의 따뜻한 공기가 밖으로 빠져나가는 것을 방지한다. 난방비 절약 효과도 얻을 수 있다. 반대로 여름철에는 강한 햇빛을 차단해 실내 온도를 유지하고 에어컨 사용량을 줄이는 데 도움을 준다. 단순한 패브릭 하나로 집 안의 에너지 효율을 높일 수 있다는 건 무척 매력적이다.

커튼은 빛을 조절할 수 있다. 커튼을 완전히 닫아 영화관 같은 어두운 분위기를 만들 수 있고 살짝 열어 부드럽게 빛을 필터링할 수도 있다. 아침에 커튼을 여는 행동 하나로 하루를 기분 좋게 시작할 수도 있다.

커튼은 프라이버시 보호에 탁월하다. 도심에 사는 사람들에게는 외부의 시선을 차단하는 것이 중요한 문제이다. 커튼은 외부 사람들의 시선을 막아주어 사적인 공간을 유지할 수 있도록 도와준다. 두꺼운 커튼은 소음 차단에도 도움을 준다.

커튼은 공간을 단정하게 만든다. 작은 방에 커튼을 활용하면 방이 넓어 보이기도 한다. 또 오픈형 구조의 집에서 커튼을 사용해 공간을 분리할 수도 있다. 세탁실, 싱크대, 옷걸이처럼 다소 어지러워 보이는 곳을 커튼으로 가리면 단정하고 깔끔하다.

무엇보다 커튼을 선호하는 가장 큰 이유는 '예쁘니까'이다. 그래서 커튼이냐 블라인드냐 질문했을 때, 난 언제나 '커튼'이라고 대답한다. 나는 침실 커튼을 와인색으로 바꾸면서 공간의 분위기가 완전히 달라졌음을 경험했다. 이전에 허전해 보이던 침실

이 와인색 커튼 덕분에 훨씬 따뜻하고 아늑한 공간이 되었다. 커튼 하나 바꿨을 뿐인데 낮에도 밤에도 그 변화가 너무나 만족스러웠다. 마치 슬플 때 매콤한 떡볶이를 먹는 것처럼, 기분이 다운될 때 빨간 립스틱을 사는 것처럼, 작은 변화가 큰 만족감을 가져다주었다. 결론적으로 커튼은 집 안의 분위기를 완성하고 우리의 생활을 더 편안하고 아름답게 만들어준다.

내 맘대로 공간 활용법—파우더룸의 변신

서재

파우더룸을 서재로 활용해보자. 편안한 의자만 있다면 간단한 문서 작업도 가능하고 보통의 파우더룸에는 콘센트가 있으니 노트북도 충분히 사용할 수 있다. 거울이 달린 수납장을 그대로 사용해도 되지만 경첩을 떼고 문을 제거한 후 선반을 이용하면 책도 꽂을 수 있어 서재의 역할을 제대로 한다. 서랍 속에는 메모지나 자잘한 문구를 두어 공간의 효율을 높인다. 한쪽 벽면에는 네트망이나 작은 칠판을 설치해 엽서나 사진을 붙이거나 메모를 해두면 분위기가 훨씬 서재다워진다.

슈즈룸

파우더룸은 보통 드레스룸과 연결되어 있기에 신발을 두면 동선이 짧아져 편리하다. 슈즈 케이스를 이용해 진열하면 볼 때마다 기분이 좋아질 것 같기도 하다. 파우더룸은 조명도 잘 되어 있다.

드레스룸

드레스룸과 화장실 사이에 파우더룸이 있으니 드레스룸의 연장으로 사용하는 것도 자연스럽다. 거는 옷이 많다면 위쪽에 봉을 설치하고 모자나 스카프, 양말, 가방과 같은 소품 위주로 수납하면 좋다. 거울을 활용해 옷을 입어보고 코디를 확인하는 공간으로 활용하길 추천한다.

홈 카페

침실 옆 공간이고 물을 쓸 수 있는 욕실과 가까우니 작은 카페처럼 활용해도 훌륭하다. 잠 자기 전 따뜻한 차 한 잔을 하기에도 좋으니 작은 냉장고 하나, 커피포트 하나, 좋아하는 찻잔과 차들을 갖춰두면 어떨까. 상상만 해도 좋은 향기가 나는 듯하다. 호텔처럼 파우더룸의 서랍을 열었더니 찻잔이 나오고 티백이 나온다? 괜찮다!

이렇듯 집이라는 공간은 내 라이프 스타일에 맞게 구성하면 된다. 지금이라도 늦지 않았다. 마음대로 구상하고 불편하면 또 바꿔보자. 은근 재미있다.

시간을 아껴주는 쇼핑몰과 리빙숍

나는 물건이 빽빽하게 진열된 쇼핑몰에 들어서면 금세 피로감이 몰려온다. 선택지는 많지만 시각적·청각적·후각적 자극이 한꺼번에 밀려오면, 집중해서 원하는 것을 고르기가 어렵다. 그래서 나는 물건의 양보다 '공간의 여유'를 중시하는 리빙숍을 선호한다.

제품 사이 간격이 충분하고, 배치가 깔끔하며, 색감이 차분한 매장에 들어서면 그 자체로 편안함이 느껴진다. 아래 세 곳은 각기 다른 성격을 지녔지만, 공통적으로 '쇼핑하는 공간이 주는 경험'에 가치를 두는 곳들이다. 단순히 물건을 사고파는 장소가 아니라, 생활에 대한 영감을 주기에 내가 자주 들르는 곳들이다.

무인양품(MUJI)

무인양품은 미니멀리즘을 대표하는 브랜드다. 단순한 디자인과 실용성을 갖춘 제품들이 중심을 이루며, 매장 전체가 '정돈된 일상'의 모델처럼 느껴진다. 이곳의 진짜 매력은 '변하지 않음'에 있다. 세상의 유행이 빠르게 바뀌어도, 무인양품의 수납 제품은 몇 년 전과 똑같은 디자인과 크기를 유지한다. 덕분에 시간이 지나 추가로 구입해도 기존 제품과 자연스럽게 어울린다. 색감은 대체로 반투명, 흰색, 목재 톤 등 차분한 계열로, 어떤 인테리어에도 무난하게 녹아든다. 견고함 또한 장점이며, 국내외 매장에서 동일한 제품을 구입할 수 있어 생활 환경이 변해도 이어서 사용할 수 있다. 또한, 매장에서는 단순히 제품만 파는 것이 아니라, 각 제품을 생활 속에서 어떻게 활용할지 구체적인 사용 예시와 팁을 세심하게 안내한다. 이런 '사용법 전시'는 집에 돌아가서도 매장에서 느낀 질서감을 유지하게 만든다.

더 콘란샵(The Conran Shop)

더 콘란샵은 고급스러운 라이프스타일을 제안하는 럭셔리 리빙 편집숍이다. 매장에 들어서는 순간, 마치 예술 갤러리에 온 듯한 느낌을 준다. 조명은 부드럽고, 동선은 여유롭다. 제품이 많아도 시야가 어수선하지 않은 이유다. 이곳은 '연출'에 강하다. 소파 옆에 놓인 조명, 식탁 위의 그릇, 책장 속의 오브제까지, 모든 것이 실제 생활 공간처럼 구성되어 있다. 덕분에 물건을 고를 때 단순히 '예쁘다'에서 그치지 않고, '우리 집에 두면 어떤 분위기가 될까'를 구체적으로 상상하게 된다. 더 콘란샵의 제품은 시간이 지나도 변하지 않는 디자인이 많다. 유행이 지나도 세련됨을 잃지 않으며, 오히려 시간이 흐를수록 가치가 깊어지는 물건들이 많다. 여기서의 쇼핑은 단순한 구매가 아니라, 오랜 시간을 함께할 '생활의 동반자'를 만나는 경험에 가깝다.

이케아(IKEA)

이케아는 세계 어디서나 동일한 브랜드 경험을 제공하는 글로벌 리빙숍이다. 가구와 소품을 한 번에 해결할 수 있는 '토털 쇼핑'이 가능하며, 동선이 계획적으로 설계되어 있어 처음 방문하는 사람도 효율적으로 매장을 둘러볼 수 있다. 이케아의 쇼룸은 특히 인상적이다. 원룸, 신혼부부 집, 어린 자녀가 있는 가족 공간 등 실제 주거 형태를 그대로 재현해둔다. 덕분에 단순히 제품을 보는 것이 아니라, '생활 장면'을 함께 체험할 수 있다. 수납 가구나 시스템 제품은 모듈 형태로 제작되어 있어, 필요에 따라 확장하거나 재구성할 수 있다. 이를 통해 집 구조나 생활 패턴 변화에 맞춰 유연하게 대응할 수 있다. 또한, 홈페이지를 통해 원하는 제품을 미리 파악하고 방문할 수 있어, 쇼핑 시간을 크게 단축할 수 있다.

MUJI, 더 콘란샵, 이케아는 각각 다른 개성과 가격대를 지녔지만, 한 가지 공통점이 있다. 바로 '공간의 질서와 경험'을 중요시한다는 점이다. 매장에서 느낀 차분함, 배치의 여유, 생활 속에서의 구체적 연출은 집으로 돌아와 인테리어를 계획할 때 강력한 참고 자료가 된다. 좋은 리빙숍은 단순히 물건을 파는 곳이 아니라, 우리의 생활을 더 나은 방향으로 이끌어주는 공간이다.

이불은 많은데, 이불장이 없어요!

요즘은 방 하나를 온전한 행거식 드레스룸으로 만드는 집이 많아 이불을 보관하는 데 어려움이 많다. 다음과 같은 방법으로 해결해보자.

첫째, 붙박이장을 이용한다

대부분의 아파트에는 작은 방에 붙박이장이 설치되어 있으니 이곳을 이불장으로 활용하자. 이불은 접어서 보이지 않게 수납하는 것이 가장 깔끔하다. 매트 커버, 패드, 이불, 베개 커버 세트별로 접어두면 사용할 때 편리하다.

둘째, 이불 걸이를 이용한다

드레스룸에 행거만 있다면 이불 전용 걸이를 활용하는 것도 좋은 방법이다. 요즘은 가벼운 차렵이불을 주로 사용하기 때문에 이불을 걸어놓으면 환기도 잘 되고 형태 유지에도 좋다. 특히 무겁지 않은 이불을 깔끔하게 보관할 수 있어 실용적이다. 단, 너무 많은 이불을 걸어두기에는 제한이 있으니 자주 사용하는 이불만 걸어두자.

셋째, 이불 파우치를 이용한다

이불 보관을 위한 파우치도 여러 옵션이 있다. 캠핑 이불처럼 돌돌 말아 넣고 입구를 복조리처럼 모으는 형태나 압축 파우치를 활용해 부피를 줄이는 방법도 있다. 공간을 덜 차지하면서도 편리하게 꺼내 쓸 수 있는 장점이 있다. 집의 수납 공간과 취향에 맞춰 적절한 파우치를 선택해 이불을 정리하자.

넷째, 셀프 스토리지를 이용한다

셀프 스토리지(self storage)는 점점 더 많은 사람들이 사용하는 도심 속 공유 창고이다. 계절별 이불을 정리하고 보관하는 데 아주 유용하다. 온습도 조절 및 24시간 원격 관리가 가능해 이불이 오염되거나 훼손될 걱정도 적다.

다섯째, 이불의 양을 줄인다

가장 중요한 것은 이불의 양을 줄이는 것이다. 옷장에 차곡차곡 쌓여 있는 이불 중에는 몇 년 동안 한 번도 쓰지 않는 것이 많다. 기후변화로 인해 계절 구분이 점점 희미해지고 냉난방 기능도 좋아져 이전처럼 여러 종류의 이불이 필요하지 않다. 또 손님이 자고 가는 경우도 드물어져 여분의 이불을 굳이 갖출 필요가 없는 경우가 대부분이다.

추억을 보관하는 지혜

나에게 특별한 순간을 꼽으라면 2002년 월드컵과 2005년 호주로 떠난 신혼여행이 떠오른다.

그 시절, 나는 다른 사람들의 시선에 얽매이지 않고 그저 나답게 마음껏 즐겼다. 그만큼 소중한 시간이었지만, 그 순간을 증명할 물건은 남아 있지 않다. 2002년 당시 입었던 붉은 악마 티셔츠나 응원 도구도 없고, 신혼여행 사진은 외장 하드에 저장되어 있지만 한 번도 열어본 적이 없다. 돌이켜보면 내게 추억은 물건이 아니라, 마음속에서 자연스럽게 피어오르는 기억이다. 누군가와 대화를 나누다 그 시절의 감정이 불현듯 떠오르고, 그 순간 미소가 지어지는 것. 내가 추억을 되새기는 방법이다.

이러한 사고방식은 원래 나의 성향이기도 하지만 정리 전문가로 많은 사람을 만나면서 더욱 확고해졌다. 많은 이들이 '추억이 담겼다'는 이유로 물건을 버리지 못하고, 집 안 곳곳에 쌓아둔다. 심지어 생활을 방해할 정도로 가득 쌓아두어 가족과 다투는 경우도 많이 보았다. 물건이 없어진다고 해서 그 추억까지 사라지는 것은 아니다. 오히려 불필요한 물건에서 자유로워질수록, 기억은 더 선명하게 다가온다.

물론, 모든 추억의 물건을 버리라는 이야기는 아니다. 중요한 것은 선택과 집중이다. 꼭 간직해야 할 몇 가지는 남기고, 나머지는 사진을 찍어보자. 포토북처럼 기록용으로 남기면, 물리적인 공간을 많이 차지하지 않으면서도 추억을 되새기고 싶을 때 책장에서 금방 꺼낼 수 있다.

나는 2017년부터 블로그를 써오고 있다. 여행지에서 혹은 일상에서 찍은 사진과 그날의 감정을 담은 글은, 시간이 흘러도 변하지 않는 나만의 보물창고다. 우리 가족이 함께한 여행 영상은 브이로그로 만들어 유튜브에 비공개로 올려두었다. 더 이상 부피큰 박스를 보관할 필요가 없어졌다. 우리 가족은 언제든 클릭 한번이면 추억의 순간으로 돌아가 웃고 이야기할 수 있다. 물건이 아닌 기록 속에서, 추억은 더 가볍고 오래도록 빛난다.

정리된 삶은 마음의 평온을 준다. 물건에 얽매이지 않고, 현재의 순간을 온전히 누리며, 소중한 기억을 마음속에 간직하는 것. 그것이 진정한 '추억 보관법'이라고 믿는다.

반려견의 집은 어디에

반려견도 조용하고 방해받지 않는 공간이 필요하다. 외부 자극이 너무 많으면 스트레스를 받을 수 있기 때문이다. 주인이 외출했을 때나 가족이 바쁠 때 반려견은 이 조용한 공간에서 안정감을 느끼며 휴식을 취할 수 있다. 한 예로 어느 가정에서는 반려견이 서재 한구석에서 자주 시간을 보내는 것을 보고 그곳을 고유의 공간으로 만들어주었더니 밥도 잘 먹고 덜 짖는다고 했다. 적절한 온도가 유지되고 통풍이 잘되는 곳이 좋다. 여름철에는 직사광선을 피하고 겨울에는 너무 차가운 곳을 피해야 하며 에어컨이나 난방기가 너무 강하게 나오는 장소도 피하는 것이 좋다.

2018년 아이들 고모님 댁에서 반려견 '라떼'를 입양한 이후 라떼의 집은 여러 번 이사를 했다. 처음에는 거실에, 그 후엔 복도에, 지금은 딸아이의 방에 자리를 잡고 있다. 왜 이렇게 자리가 자주 바뀌었을까 곰곰이 생각해보니 결국 그때그때 라떼가 자주 머무는 곳에 자연스럽게 자리를 마련해준 것이었다. 뱀부 소재의 이불도 라떼가 좋아하는 것 같아 그 이불이 자연스럽게 라떼 전용 이불이 되었다. 편안한 자리라는 건 누군가 찾아주는 것이 아니라 스스로 찾는 것이 아닌가 싶다.

도구 하나
고를 때도
기준은 언제나
감각과 쓰임

정두미

The
Book
of
Living

"아이를 키우고 살림을 살며 일을 한다는 것이 쉽지 않았다.
하지만 모든 걸 완벽하게 잘할 수 없음을 빠르게 인정하고
과감하게 선택하고 집중했다.
시스템과 루틴을 만들고 유지해온 것이
단단한 생활에 도움이 된 듯하다.
중요한 것은 다른 누구의 집과 비교하지 않고
우리집의 비포&애프터에만 집중하는 것.
내가 머무는 곳이 언제나 나다운 집이면 좋겠다."

엄마가 쉬는 날의 우리집이 너무 좋았다

잘 정리정돈된 주방에서 요리를 시작할 때 느껴지는 편리함! 청소 후 쾌적해진 공간에서 한 잔의 커피를 마실 때의 만족감! 잘 세탁된 이불에 쏙 들어가서 잠이 들 때의 편안함! 그런 순간을 위해 살림을 하는 게 아닌가 싶다. 할 때는 티가 안 나도 너무 안 나는 살림이지만 그런 순간을 마주할 때면 아, 오늘도 부지런히 해두길 잘했어! 하고 뿌듯함이 밀려온다.

어렸을 때 학교를 다녀왔는데 모든 물건이 제자리를 찾고 유난히 집이 반짝반짝 빛이 날 때가 있었다. 그날은 늘 바쁘게 일하던 엄마가 흔치 않게 하루 쉬었던 날이었는데 그 순간의 우리집이 나는 너무 좋았다. 더 평온하고 더 단정하고 예쁜 집. 우리 아이들이 집에 돌아왔을 때 내가 느꼈던 그 아늑함을 느낄 수 있도록 하고픈 바람이 나를 살림으로 이끈 것 같다.

평소보다 더 신경 써서 정리를 하거나 청소를 하거나 가구를 이리저리 옮긴 날에는 아이들과 남편도 좋아하지만 그중 가장 들뜨고 신나는 것은 나 자신인 듯하다. 계속 열어보고 바라보고 혼자 마음에 들어하며 눈에 담고 때때로 사진으로도 남겨둔다. 집에서 일어나는 이런 소소한 변화들에, "그래, 이게 행복이지" 하는 생각도 든다. 누군가 살림이 좋아지는 비결이 무어냐 물어본다면 아주 작은 공간부터 비우고 채우고 돌보는 것부터 시작해보기를 추천한다. 그런 작은 공간이 하나씩 늘어날수록 살림은 성가신 일이 아니라 즐거운 일이 된다.

매월 새롭게 시작하는 살림 루틴

매월 1일이면 내가 잊지 않고 꼭 하는 살림 다섯 가지가 있다. 첫 번째는 수세미 교체. 세균 번식이 쉬운 수세미의 특성상 관리가 쉽지 않고 자주 교체하며 사용하는 것이 그나마 위생적이다. 일회용 제품이 아닌 이상 또 너무 자주 교체하는 것은 쉽지 않아서 최대한 자연 소재에 가까운 수세미를 사용하면서 한 달 주기로 교체하고 있다. 매번 사용 후 깨끗이 헹굼 한 후 물기를 꼭 짜내고 매일 밤 바이오크린콜 소독수를 촉촉이 뿌린 후 건조하면 살균 효과를 기대할 수 있다. 몇 년째 재구매하며 사용 중인 제품은 스카치브라이트의 옥수수 망사 수세미이다. 내추럴한 컬러가 마음에 들었고 생분해되는 옥수수 전분 소재로 만들어져 친환경적이고 미세플라스틱 걱정이 덜한 제품이다. 비누 거품도 풍성하게 만들어져 사용감도 좋은 편이다.

최근에는 천연수세미를 잘라서 사용해보기 시작했다. 내 손에 맞도록 사이즈를 마음대로 자를 수 있을 뿐 아니라 생각보다 거품도 풍성하고 기름기를 잔뜩 닦아낸 후에도 오염이 쉽게 빠지니 점점 그 매력에 빠져들 것 같다.

두 번째는 세탁기 청소. 세탁기 내부는 습기가 잘 차고 물때가 쉽게 생기기 때문에 주기적인 청소가 꼭 필요하다. 세탁 시 과도하게 사용한 세제는 그 찌꺼기가 세탁기 내부에 남아 퀴퀴한 냄새를 발생시키고 오염의 주범이 된다. 이걸 알게 된 후로 적정한 세제량을 꼭 확인하고 사용하게 되었다. 세탁기를 청소하는 방법도 한 번만 제대로 알아두면 그리 복잡하지 않다.

세탁기 청소법

- 세제통 분리 후 물 세척
- 세탁기 하단부의 잔수 호스를 열어 잔수 제거 후 필터 세척
- 물 세척한 세제통과 필터를 제자리에 넣고 세탁조 클리너를 소량 짜서 유리 도어의 먼지와 얼룩 닦아내기, 고무패킹 솔질하여 청소
- 남은 클리너는 세탁기에 붓고 60도 표준모드 또는 통세척으로 돌려주면 청소 끝!
- 세탁조까지 청소 후 다시 한번 호스의 잔수 제거, 세제통 분리 후 건조

세탁조 클리너는 닥터베크만 제품을 꾸준히 사용하고 있는데 액상이라 가루 날림이나 잔여물이 남지 않고 별도의 계량이 필요하지 않아 사용이 편리한 장점이 있다. 세정력도 매우 뛰어나 만족스럽게 사용하고 있다.

청소를 한 지 너무 오래되어 이미 오염이 심각하다면 전문가의 관리를 먼저 받아본 후 주기적으로 관리하며 사용하는 것을 추천한다. 요즘에는 제조사에서 직접 제공하는 클리닝 서비스도 있으니 확인해보면 좋을 것 같다.

세 번째는 건조기 청소. 보통 콘덴서 케어와 통살균 두 가지를 진행하고 있다. 내가 사용하는 엘지 건조기는 자동 콘덴서 케어 기능이 있는 제품이지만 추가적으로 월 1회 셀프 콘덴서 케어를 권장하고 있다. 내부에 세탁물이 없는 상태에서 먼지 필터 투입구에 물 1리터를 넣은 후 깨끗이 세척/건조한 필터를 제자리에 넣는다. 여기에 콘덴서 케어 버튼만 눌러주면 약 한 시간 정도

콘덴서 케어가 진행된다. 추가로 통살균까지 진행하면 건조기 냄새도 제거할 수 있다.

네 번째는 식기세척기 청소. 아주 바쁜 날을 제외하고는 애벌세척을 어느 정도 한 후 식기세척기를 사용하기 때문에 월 1회 청소면 충분하다. 먼저 필터를 분리하여 흐르는 물에 솔로 남아 있는 찌꺼기가 없도록 깨끗이 세척한다. 오염이 심할 경우 주방 청소용 클리너를 뿌린 후 세척하거나 오염이 심하고 사용 기간이 오래되었다면 새로 구입해서 교체하여 사용하면 된다. 보통 식초, 구연산, 전용 클리너 중 한 가지를 선택해서 청소를 진행한다. 식초를 사용할 경우 상단 랙에 그릇을 올려두고 식초를 200~300밀리리터 정도 채워 넣고 통살균을 진행한다. 구연산과 전용 클리너는 세제통을 가득 채우고 내부에 골고루 뿌린 후 통살균 버튼을 눌러 청소를 진행한다.

마지막은 칫솔 교체. 칫솔은 교체 시기를 딱 정해두지 않으면 언제 바꿨는지 쉽게 잊는다. 그래서 매월 1일을 교체일로 정했다. 보통 세 달에 한 번 교체하는 것이 좋다고 알려졌지만 우리나라 식습관에는 한 달에 한 번 교체하는 것이 좋다는 전문가의 의견을 듣고 매달 교체하는 것으로 정했다. 칫솔은 극세사 모로 잇몸에 부담이 없고 옥수수 전분으로 만들어진 켄트로얄의 생분해 칫솔대 제품을 사용 중이다. 그립감이 좋아서 꼼꼼하면서도 부드러운 양치가 가능해 가족들의 만족도가 높다.

우리집 위생 지킴이

우리집에서 휘뚜루마뚜루 가장 잘 활용하는 살림템을 꼽으라면 단연코 바이오크린콜이다. 식물성 원료에서 추출한 주정(식품, 에탄올, 소주 원료)을 주성분으로 만든 제품인데 살균과 소독뿐 아니라 기름기와 간단한 얼룩 제거에도 효과적이다. 이 제품을 사용하기 전에는 일본 제품인 파스토리제를 구입해서 사용했다. 바이오크린콜과 비슷한 사용감, 살균력, 기름기 제거 효과도 뛰어났지만 가격대가 높고 구하기도 쉽지 않은 편이었다. 그래서 대안을 찾다가 바이오크린콜을 발견했다. 일반 알코올과 달리 식물성 원료 기반이라 도마와 칼, 반찬통 같은 주방용품 살균 소독에도 안전하게 사용할 수 있다. 설거지 후에 수세미에 촉촉해질 만큼 뿌려두고 싱크대 상판, 가스레인지, 스테인리스 수전까지 모두 뿌려 닦아주면 뽀득뽀득 깔끔한 주방 마감 완료! 유리에 뿌려 극세사 행주로 닦아도 잘 닦이고, 끈적한 주방 바닥에도 뿌려 닦으면 기름기 제거와 살균 소독이 한 번에 된다. 작은 용기에 덜어 손소독제 대용으로도 사용하고, 화장실 사용 전후 변기에 뿌려 닦아주면 조금 더 안심할 수 있다. 바이오크린콜은 대용량으로 사서 스프레이에 덜어서 사용하면 편리하다. 청소뿐 아니라 살균 소독까지 책임지는 "이 제품, 제발 모르는 사람 없게 해주세요" 외치고 싶을 만큼 강추하고 싶다.

나의 시간을 위한 모닝 루틴

예전에는 자기 계발을 위해 새벽 기상에 도전했다면 요즘은 일찍 일어나는 날에도 빡빡하게 보내지 않고 온전한 나의 시간을 갖기 위해 노력한다. 따뜻한 차를 마시며 책을 읽기도 하는데 최근 유튜버 이연 님의 영상을 본 후 '모닝 페이지'를 시작했다. 아침에 일어나서 떠오르는 생각을 바로 노트에 적는 것이다. 스트레스를 한참 많이 받을 때 시작했는데, 답답했던 일, 고민했던 문제를 하소연하듯 여기에 쏟아붓고 나니 마음이 한결 가벼워졌다.

이 시간이 지나고 나면 본격적인 모닝 루틴이 물 흐르듯 시작되는데 먼저 가족들이 깨기 전 가볍게 청소포로 집 안 전체를 한 번 닦아낸다. 밤새 가라앉은 먼지를 제거하기에 좋은 방법이라고 생각한다. 다음으로는 식기세척기 속 식기들을 제자리에 정리하고 밤사이 돌려둔 음식물 처리기 속 내용물도 비워낸다. 간단히 하루 계획을 세우고 아이들 등교 및 등원 준비를 시작한다. 바쁘게 이 시간이 지나고 나면 비로소 나를 위한 시간을 맞이하게 되는데 이때 주스를 만들며 내 아침식사를 준비한다. 간헐적 단식을 시작하면서 이때 아침을 먹으면 시간이 딱 맞다. 예전에는 아이들 등교 시간에 맞춰 일어나 보내는 데만 급급했는데 일찍 일어나 시작하는 아침은 여유가 생겼다. 모닝 루틴을 가능한 지키면서 오전 시간을 점점 알차게 보내게 되었다.

내가 좋아하는 리빙 브랜드

새롭게 인테리어를 하면서 식탁만큼은 가격대가 좀 있더라도 오랜 시간 잘 사용할 수 있는 제품으로 구입하고 싶었다. 가족이 모여서 함께 시간을 보내기 편한 원형 식탁을 찾다가 인테리어 실장님께 HAY(헤이)의 식탁과 의자를 추천받았다. 실제로 매장을 방문해 앉아보니 흔치 않은 디자인과 디테일, 상판이 화이트인 점, 의자의 편안한 착석감에 반해 이 식탁과 의자로 최종 결정하였다. 늘 마음에 담아두었던 브랜드 헤이의 제품이라는 점이 특히 마음에 들었다. 헤이는 가구 외에도 다양한 디자인 소품들을 판매하고 있는데 디자인과 컬러감이 취향을 제대로 저격하는 아이템들이 많아 늘 위시리스트에는 이곳의 아이템들이 가득하다. 최근에는 런드리 바스켓을 모두 구입하였는데 사이즈가 넉넉해 많은 세탁물을 담아낼 수 있어 실용적이면서도 디자인과 컬러감이 독보적으로 예쁘다. 지난여름 구입했던 흔치 않은 라벤더 컬러의 텀블러도 한눈에 반해 구입했다. 물을 넉넉히 담을 수 있고 손잡이가 달려 있어 휴대가 편리하다. 지금 나의 위시리스트에는 레드 스트라이프가 강렬한 화병과 거실에 둘 우드 소파 테이블이 올라 있다. 탁상시계도 눈여겨보는 아이템 중 하나이다. 이 브랜드의 신제품이 출시되면 빠르게 스캔하면서 위시리스트를 업데이트해나가고 있다. 집들이 선물로도 좋다.

살림살이를 처음 장만하는 사람들에게

살림살이는 아무리 소소한 것이라도 한번 장만하면 쉽게 바꾸거나 비우기가 참 어렵다. 나도 신혼 시절에는 금전적으로 여유가 있던 상황은 아니라 절대 타협하지 않을 몇 가지를 제외하고는 차선책을 선택하기도 했다. 예를 들면 국자 같은 키친툴 종류도 그중 하나였다. 하나의 가격은 그리 비싸지 않지만 필요한 종류를 모두 갖추면 지출이 꽤 큰 편이라 부담스러웠다. 신혼 시절 워낙 장만할 살림이 많아서 적당한 가격대의 무난한 것으로 구입해서 사용했다. 그렇게 찜찜한 마음으로 몇 년을 쓰다가 결국 새로 장만했다.

살림살이를 마련할 때 결코 급할 건 없다. 한번에 모든 걸 세팅하겠다는 마음을 내려두고 하나를 써보고 마음에 들면 다른 하나를 사고, 그렇게 천천히 내 취향을 알아가면서 살림을 늘려가는 게 좋은 것 같다. 할인에 흔들려 세트로 구입하지 말자. 하나씩 최대한 신중하게 들이기를 추천한다.

한번 살림살이를 잘못 들이면 그것을 치울 때까지 스트레스를 받는다. 덩치가 크고 고가의 살림살이일수록 더욱 꼼꼼하게 비교해보고 선택해야 한다. 살림살이도 다양하게 사용해볼수록 더 좋은 제품을 알아보는 안목이 생긴다. 직접 경험해보는 것도 나쁘지 않지만, 그런 안목을 가진 사람들이 어떤 제품을 어떻게 선택하고 사용하는지 참고하는 것도 좋은 방법이다.

만약 엄마에게 다시 살림을 배울 수 있다면

늘 뚝딱뚝딱 푸짐하게 차려내는 손이 큰 엄마의 요리는 보기에는 소박하지만 맛은 언제나 최고라 꼭 배우고 싶은 것 중 하나이다. 기회가 될 때마다 하나씩 알려주시기는 하는데 제대로 배워서 기록으로 남겨두어야겠다고 늘 생각만 하고 있다. 외갓집에 다녀올 때면 볏짚을 가지고 오셔서 청국장도 띄우고, 고추장이며 된장이며 모든 걸 직접 담그셨다. 조미료 하나 넣지 않고 간소한 양념과 식재료만으로 맛을 내는데도 어떻게 그런 맛이 나는지 신기할 정도다. 제철 식재료도 놓치지 않고 밥상에 넉넉하게 올리신다.

어린 시절, 엄마는 장사를 하느라 매일 바쁘셨지만, 그 와중에도 집밥은 늘 맛있고 풍성했다. 아이를 키우고 살림을 해보니, 그걸 어떻게 해내셨는지 생각할수록 놀랍기만 하다.

결혼 후 친정과 멀리 떨어져 살다 보니, 엄마는 한 달에도 몇 번이나 반찬이며 식재료를 한 상자 가득 채워 보내주신다. 채소도 바로 조리할 수 있게 씻고 다듬고, 어떨 땐 밀키트처럼 끓이기만 하면 되도록 손질까지 해서 보내주기도 하신다. 엄마가 아니라면 누가 그런 정성으로 장만하여 보내주실까 하는 생각에 뭉클해질 때도 많다. 엄마의 요리가 맛있는 이유도 그런 정성 때문이 아닐까 싶다. 얼마 전에 둘째 아이가 유치원에서 "할머니는 김치를 많이 보내주셔서 사랑해요"라고 이야기했다고 들었다. 아이들도 외할머니의 동치미 맛에 푹 빠졌는데 외할머니표 김치 레시피도 꼭 배워서 아이들에게도 알려주고 싶다.

119

주방의 디테일—손잡이, 콘센트, 수전, 타일

인테리어를 준비하면서 내 마음속 1번은 주방 싱크대의 컬러와 디자인 콘셉트였다. 깔끔하면서도 빈티지한 특색 있는 주방 분위기를 원했다. 밥솥과 오븐레인지 같이 덩치가 큰 소형 가전도 싱크대 도어를 달아 노출되지 않도록 했고 싱크대의 대부분은 사용이 편리하도록 서랍 형태로 구성했다.

그 외에 중요하게 생각했던 건 싱크대 손잡이였다. 메인 손잡이는 스웨덴 베슬라그 레트로 손잡이로 결정했다. 해외 배송은 비교적 시간이 오래 걸려서 국내 판매처를 찾아서 미리 구매해두었다(구매처: 제이코티지). 그 외 몇 가지는 국내 판매처가 없는 제품이라 해외 직구로 준비했다.

그리고 주방 콘셉트에 딱 어울릴 둥근 형태의 포셀린 콘센트를 꼭 설치하고 싶었다. 이것도 해외 구매대행을 통해야 했는데 배송 기간도 너무 길었던 데다 오배송 때문에 교환을 해야 해서 최종 설치까지 8개월이나 걸렸다. 긴 기다림 끝에 설치한 스위치는 탁탁 소리를 들려주었다. 아날로그 감성이 그득해 스위치를 돌릴 때마다 기분이 좋아졌다. 수전은 남편이 선택한 한스그로헤 제품을 설치했다. 거위 목 모양의 메인 수전 외에 아래쪽에 하나의 수전이 더 있는데 물줄기가 정말 보드랍다. 수전과 함께 세트로 받은 블랙 바스켓도 싱크 볼에 걸쳐두고 과일이나 채소를 세척할 때 편리하게 사용하고 있다. SNS를 통해 노출할 때마다 문의를 엄청 많이 받았던 제품 중 하나이다.

주방의 전체적인 분위기를 잡아준 것은 타일이라고 생각한다.

인테리어 실장님이 추천해주신 영화 〈파리로 가는 길〉 속 주방처럼 빈티지한 느낌을 살리고 싶었고, 유광 정사각 타일에 그린 포인트가 더해져서 원하는 대로 완성이 되었다. 마지막으로 조명 선택에도 신경을 많이 썼는데 나의 위시리스트 아르떼미데 벽 조명을 설치했다.

세탁할 때 꼭 사용하는 나만의 필수템

아직 아이들이 어리고 4인 가족이다 보니 세탁물이 금세 쌓인다. 매일 입었던 옷과 수건까지 합치면 양이 적지 않은데, 보통 수건과 속옷을 합쳐 한 번, 나머지 옷가지 한 번, 이렇게 하루 두 번 정도는 돌려야 세탁 바구니를 비워낼 수 있다. 세탁과 세탁 후 정리는 남편이 담당하고 있는데 늘 세제를 어느 정도 넣어야 할지 애매하다고 해서 최근에는 캡슐 세제를 사용하고 있다. 보통의 캡슐 세제는 세탁물 6킬로그램 이상 기준이라 두 번으로 나눠서 세탁하는 우리집에는 적합하지 않았다. 소량의 세탁물에도 사용할 수 있는 제품으로 찾았는데 마침 1개로 약 3킬로그램의 세탁물을 세탁할 수 있는 제품이 있었다. 그 이상일 때는 2개를 넣으면 되니 계량 없이 누구나 쉽게 세탁기를 돌릴 수 있다는 장점이 있다.

이 외에 꼭 함께 사용하는 것이 이염방지시트이다. 수건과 속옷을 모아서 세탁할 때는 물론 의류도 웬만하면 추가적인 색상 구분 없이 이염방지시트를 넣어 한 번에 돌리고 있다. 속옷과 수건 세탁 시에 한 장, 의류 세탁 시에는 두 장 이상 사용하고 있는데 색이 심하게 빠지는 의류를 제외하고는 이염을 잘 방지해준다. 세탁이 끝나고 이염방지시트를 꺼냈을 때 색이 진하게 변해 있는 경우가 있는데 이럴 때 만족도가 정말 높다. 분리 세탁의 번거로움뿐 아니라 세탁 횟수도 줄여주니 정말 편리하다.

살림 공부로 다시 충만하게

살림을 좋아하고 워낙 관심이 많다 보니 살림 유튜브를 즐겨 보는 편인데 그중 가장 좋아하는 채널은 〈하미마미〉이다. 주택살이의 로망이 있어서인지 주택에서 정성스럽게 살림하는 영상을 보고 있으면 행복이 스민다. 청소와 정리, 여러 일들과 육아가 버거운 날, 이 영상을 보고 나면 다시 살림 의욕이 솟아나기도 했다. 언젠가 주택으로 이사 가서 하루를 가꾸어가는 내 모습을 상상하고 기대하면서 매주 빠짐없이 챙겨 보고 있다.

또 하나는 이지영 대표님의 〈정리왕〉 채널이다. 초창기부터 정말 열심히 봐온 팬이라고 자부한다. 공간의 드라마틱한 변화부터 정리의 모든 것을 접할 수 있어 한 영상도 빼놓지 않고 챙겨 보았다. 정리가 필요한 이들에게 가장 먼저 추천하고픈 채널이다.

마지막으로 내가 정말 아끼는 유튜브 채널은 〈보통엄마 jin〉이다. 이웃에 사는 내 또래 엄마의 일상을 따뜻하게 담아내는 채널이다. 친환경 살림뿐 아니라 육아, 체력 관리까지 엄마들이라면 누구나 고민하는 부분을 담아내는 모습이 정말 인상적이다. 살림뿐 아니라 다양한 분야에서 좋은 자극을 주는 채널 중 하나이다.

컵과 접시와 원두

육아를 하면서 아주 드물게 찾아오는 여유 시간이면 가장 필요한 게 커피였기에 자의 반 타의 반으로 홈 카페를 즐기게 되었다. 거의 유일한 쉼의 시간이기에 그 순간을 즐길 수 있는 커피와 기기들을 지속해서 업그레이드해왔다.

작년에 10년간 사용하던 캡슐머신을 정리하고 전자동 커피 머신을 새로 들였는데 신세계를 경험했다. 캡슐을 이리저리 바꿔보고 웬만한 건 다 마셔보아 이제 질릴 대로 질린 상태였는데 다양한 원두를 직접 선택해 마실 수 있다는 게 만족스러웠다.

내가 고른 머신은 드롱기의 에보 라테 전자동 커피 머신인데 우유 거품기나 다른 장비 없이 우유 컨테이너에 우유만 채우고 버튼을 누르면 바로 카페에서 마시는 수준의 라테나 카푸치노가 된다. 관리도 간단한 편이라 커피 머신을 찾고 있는 사람들에게 꼭 추천하고 싶은 머신이다.

원두를 고르고 맛보는 것도 또 하나의 즐거움이다. 나는 부산의 카페 페이퍼라운지의 스케치 블랜드 원두와 모모스 커피의 쇼콜라 원두를 주로 주문해서 마시고 있다. 라테를 내려 마실 때는 필아웃의 필 브라운 원두를 추천한다. 이 원두만 있다면 집에서도 최상의 라테를 만끽할 수 있다.

커피는 또 어떤 잔에 내려 마시느냐에 따라 그 기분이 다르다. 커피를 내리기 전 그날의 잔을 고르는 순간은 매번 설렌다. 홈 카페의 매력에 빠져드는 만큼 잔도 점점 늘어가는데 요즘은 세 가지 잔을 주로 사용한다. 첫 번째는 블루보틀의 머그, 화이트

베이스에 블루보틀의 블루 로고가 박혀 아주 심플하지만 그 형태가 남다르다. 요즘 가장 많이 손이 간다.

두 번째는 가장 최근에 구입한 마랑 몽타구의 머그. 커피를 내리면 한 잔이 꽉 차는 작은 사이즈의 컵인데 생 제르맹 데 프레 광장 프린트를 보자마자 반해서 구입했다. 내가 가지고 있는 잔 중에 가장 고가의 제품이기도 하다. 이 잔에 커피를 내려 마시면 여행지에서 마셨던 커피 한 잔이 생각난다.

세 번째는 모서 글라스의 머그. 옥색 컬러의 묵직한 잔에 커피를 내리면 잔과 커피의 컬러가 대비되면서 그 매력이 배가된다. 기분 전환이 필요한 날, 사용하고 있다.

자주 이용하는 쇼핑 플랫폼

최근에 가장 내 취향에 맞는 제품들을 엄선하여 소개해준다고 생각하는 플랫폼은 무신사가 운영하는 29CM이다. 새로운 브랜드나 제품에 늘 관심이 많은 내가 요즘 거의 살다시피하는 곳인데 다양한 기획과 매력적인 추천 아이템이 가득해 꼭 무언가를 구입할 목적이 아니더라도 매일 열고 구경하는 재미가 있다. 특히 선물 추천 기획전은 빠짐없이 열어보는 편인데 패션 아이템뿐 아니라 다양한 라이프스타일 홈 리빙 브랜드와 아이템을 접할 수 있다. 평범한 것들을 넘어서 남들과는 다른 무언가를 찾고 싶은 요즘 사람들의 니즈를 가장 잘 반영하고 있는 쇼핑 플랫폼이 아닌가 싶다. 특히 29CM 단독 진행 아이템들이 점점 늘고 있다는 것도 다른 플랫폼과 차별화되는 점이다. 스스로를 위해 또는 누군가에게 선물할 평범하지 않고 트렌디한 아이템을 찾고 있다면 29CM를 추천한다. 아직까지는 매일 들어가도 매일 새로운 최애 쇼핑 플랫폼이다. 최근에 29CM에서 헤이의 세탁 바구니, 키티버니포니의 쿠션, 온마르스의 접시 등을 구매했다.

초록색 방문이 반겨주던 나의 첫 집

신혼살림을 시작하면서 처음으로 구한 집은 나와 남편이 함께 다니던 회사의 기숙사가 있던 임대 아파트였다. 당시 양가의 도움을 받기 여의치 않았던 상황이라 우리의 능력껏 잘 준비해보자라는 마음으로 이곳을 신혼집으로 정했다. 약 20평의 작은 아파트였지만 타지에서 기숙사 생활을 하던 우리에겐 우리만의 공간이 생긴다는 것만으로도 그저 설레기만 했다.

이사 들어가기 전 모든 열정과 에너지를 집 꾸미기에 쏟아부었던 것 같다. 당시 인기였던 김반장의 『전셋집 인테리어』라는 책

을 옆에 끼고 네이버 카페 〈레몬테라스〉를 들락날락하며 적은 비용으로 퀄리티 있는 인테리어를 완성하겠다며 의지를 불태웠다. 비록 내 집은 아니었지만 우리의 첫 집이었기 때문이다.

친구들의 도움으로 얼룩덜룩한 싱크대 도어를 하나하나 떼어내어 새하얀 시트지로 리폼을 하고 안방 문도 벤자민 무어의 초록 페인트로 칠하며 신혼집 단장에 한참 빠져 지냈다. 매일 회사가 끝나면 들러 집 안 곳곳을 페인트칠하면서도 힘들다는 생각은 전혀 없었고 스스로 이쪽에 재능이 있는 것 같다며 재미있게 작업했던 기억이 있다.

누구나 현관문을 열고 들어왔을 때, "우와 이런 공간이!" 하고 놀라움을 줄 수 있는 반전이 있는 집으로 꾸미고 싶었다. 넉넉지 않은 예산 속에서도 꼭 하고 싶었던 부분은 놓치지 않았다. 필요했던 가구 몇 가지는 직접 디자인한 후 홍대 앞 공방에 가서 제작을 의뢰했다. 이후에도 몇 번의 이사를 했지만 그 집만큼 내 체력과 정성을 쏟았던 집이 있었나 싶다.

퇴근하면 초록색 방문이 반겨주던 나의 첫 집이 그립다.

행주

열심히 주방 마감을 해놓고 얼룩덜룩해진 행주를 보면 늘 약간의 결벽증이 발동했던 것 같다. 대충 빨아서 널어두면 그 속에 세균이 번식해서 다음번에 쓰기에 찝찝할 것 같고 그렇다고 매번 삶아서 사용하기도 귀찮은…. 그렇게 행주 관리는 나에게 늘 하기 싫은 숙제 같은 살림 중 하나였다. 그나마 대안으로 찾은 것이 매일 사용 후 설거지 비누로 세척하고 과탄산소다를 푼 물에 담가 살균 소독하는 정도였다. 삶는 것보다는 좀 더 간편했지만 행주를 밤새 담가두었더니 색이 빠지고 많이 뻣뻣해진 걸 몇 번 경험한 후 다른 방법을 찾아야 했다. 그리고 아무리 세정력이 강한 과탄산소다라 하더라도 김칫물 같은 얼룩은 밤새 담가두어도 지워지지 않았고 다음 날 아침 해가 잘 드는 곳에서 다시 한번 널어둔 후에야 사라졌다. 이 또한 시간과 에너지가 적게 드는 방법은 아니었다.

탐색 끝에 찾아낸 것이 이름도 귀여운 따꼬 행주다. 이 행주는 일회용 행주지만 여러 번 빨아서 재사용이 가능하다. 행주로 한참 사용하다가 걸레로 또 여러 번 더 사용한 후에 버리는데 레이온 100퍼센트 소재로 버리면 자연에서 생분해되는 점이 특히 마음에 들었다. 원단이 짱짱한 편이라 잘 찢어지지 않고 건조도 일반 행주보다 훨씬 빨라 냄새가 잘 나지 않는다. 그래서 습도가 높은 여름철에 더 제격이기도 하다. 사용하면서 원단이 조금씩 닳기는 하는데 다른 일회용 행주와 비교하면 사용감 면에서 월등하다. 김치 국물이나 간장 같은 조미료를 닦은 후 생긴 오염도

흐르는 물에 헹구기만 하면 스르륵 쉽게 제거되는 점도 마음에 들었다. 사용 후에는 물로 오염을 대강 헹궈내고 설거지 비누를 묻혀 조물조물한 후 헹궈 물기를 짠 후 널어놓는다.

나는 주방에서 매일 사용하는 수세미, 고무장갑, 행주는 알록달록한 컬러는 잘 사용하지 않는데 따꼬 행주는 디자인과 컬러도 예뻐서 어디에 두어도 잘 어우러진다는 점도 마음에 들었다. 주방 서랍에도 깔아서 미끄럼과 오염을 방지하고 식탁 위에 매트 대신 사용하기에도 무리가 없다. 매트로 사용한 후에는 잘 세척해서 행주로 쓰면 된다.

후회하지 않는 선택, 식기세척기

둘 다 회사일과 육아로 바쁘던 시기, 남편의 제안으로 식기세척기를 처음 들이게 되었다. 식기세척기 사용 경험이 전혀 없었을 뿐더러 주변에도 사용하는 사람이 없어서 내가 이걸 과연 잘 활용할지 의심부터 했었다. 그런데 지금은 식기세척기가 없던 시절로는 절대 돌아가기 싫을 정도로 식기세척기 예찬론자가 되었다. 그 이유는 식기세척기를 들이고 설거지 시간이 드라마틱하게 줄었음은 물론 내 손 설거지로는 도저히 나올 수 없는 뽀득한 세정력이 정말 만족스럽기 때문이다. 고온 건조까지 해서 나온 그릇들은 반짝반짝 광이 나고 만져보면 뽀득뽀득 예쁘기까지 하다.

내가 처음 사용했던 식기세척기는 별도의 시공이 필요 없이 싱크대 상판에 올려서 사용할 수 있는 SK매직의 6인용 식기세척기였다. 지금과 비교하면 작은 사이즈라 많은 식기를 한 번에 돌리지 못하는 아쉬움은 있었지만 마침 둘째가 젖병을 사용하던 때라 식기 세정은 물론 젖병 세정용으로까지 정말 잘 사용했다. 건조까지 되니 젖병 건조기가 따로 필요 없었다. 식기세척기 사용에 완전히 적응하고 나서 큰 사이즈의 매립형을 구매했다. 엘지의 오브제 식기세척기인데 사이즈가 넉넉해서 하루에 한 번만 돌려도 웬만한 설거지감은 해결이 가능하다.

아마 이후에 새로 구입을 하게 된다면 싱크대 도어 디자인을 통일할 수 있는 이점 때문에 밀레 제품을 선택할 듯하다. 관리 방법이 그리 복잡하지 않다는 점도 마음에 든다. 애벌세척만 기본적으로 하면 한 달에 한 번 정도만 내부 청소를 해도 충분하다. 필터를 분리하여 세척하고 식초, 구연산, 전용 클리너 중 하나를 선택해 세제통과 내부에 넣고 통살균 버튼을 눌러주면 된다. 또한 사용 시간을 제외하고 늘 열어두는 것이 내부를 건조하고 냄새를 방지하는 데 도움이 된다.

식기세척기 세제는 별도의 계량이 필요 없이 한 알 또는 두 알을 사용하면 되는 타블렛 형태가 편하고 세정력도 만족스러웠다. 처음 식기세척기를 사용하면서 애벌세척이 꽤나 번거롭게 느껴졌지만 꾸준히 사용해보니 기기 관리 면에서나 세척 만족도 면에서 물로 간단히 헹구고 담가두는 정도의 애벌은 해주는 것이 좋은 것 같다.

게스트를 위한 준비

친정과 시댁 모두 거리가 있는 편이라 우리집에 식구들이 오면 며칠씩 머무르고 가시는데 그때 가장 신경 쓰는 것은 방의 청소와 침구이다. 예전에 친구 집을 방문했을 때 친구가 준비해준 침구가 너무나 포근하고 향까지 좋아 인상적이었던 기억이 있다. 그 이후로 우리집 손님들이 깔끔하게 준비된 잠자리에서 편히 쉴 수 있도록 준비하는 것이 나에게는 충분히 의미 있고 중요한 일이 되었다. 미리 세탁해둔 침구를 건조기에 넣어 다시 한번 털고 탈취 스프레이를 뿌려서 침대 위에 잘 접어 준비해두면 끝.

다음으로 신경 쓰는 것이 욕실 청소이다. 아무래도 하루이틀 함께 머무르다 보면 욕실을 사용할 일이 많고 편하게 쓸 수 있도록 평소보다 더 깔끔하게 정리하고 청소한다. 수건도 떨어지지 않도록 미리 세탁하여 준비해두고, 지내면서 필요할 용품도 미리 체크하여 준비하는 편이다.

그다음 현관과 공용 공간인 거실과 주방 청소에 시간을 할애한다. 손님들의 신발까지 더해져 복잡해 보이지 않도록 현관에 나와 있는 신발은 최소화하고 바닥의 먼지를 제거하고 얼룩을 닦아내면 끝이 난다. 거실과 주방도 불필요하게 나와 있는 물건들을 제자리에 정리하고 먼지를 닦은 후 바닥 물걸레 청소까지 하면 마무리된다. 손님을 맞이할 준비가 얼추 끝났다.

식사 메뉴는 가장 자신 있는 메뉴들로 준비하는데 이상하게 손님들이 오시면 실력 발휘가 안 되고 그 맛이 안 날 때가 많다. 들이는 정성은 평소보다 훨씬 큰데도 말이다.

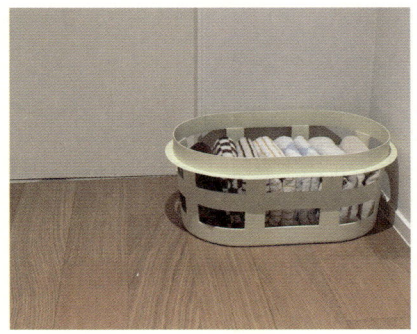

알파룸이 나만의, 우리의 서재로

내가 집에서 일을 하기 시작하면서 그리고 남편의 재택근무가 간간이 이어지면서 집에서도 우리가 일할 수 있는 공간이 필요했다. 식탁 한편에서 일하다가 급히 철수하기를 반복했던 나를 위해 그리고 남편을 위해 팬트리로 사용하던 알파룸을 과감히 작은 서재 공간으로 변화시켰다. 눈독 들이던 레어로우의 선반을 정면에 설치하고 아래에는 높낮이 조절이 가능한 화이트 상판을 갖춘 데스커의 모션데스크를 설치했다. 늘 위시리스트에 올라 있던 아르떼미데의 조명까지 올려두니 제법 서재의 느낌이 났다. 좁은 공간이라 양쪽에는 무인양품의 선반과 작은 사이즈의 원목 책꽂이를 두어 일하면서 사용하는 여러 가지 사무 용품과 책을 수납했다. 손만 뻗으면 닿는 위치에 일하면서 필요한 모든 것들이 갖춰져 있으니 나름 효율적이다. 작은 공간이지만 분리되는 느낌이 있었으면 했는데 답답하지 않도록 유리와 철재 조합의 화이트 도어를 달아 공간이 분리되게 만든 것도 만족스럽다. 늦은 밤 모두 잠든 시간에 이 공간에 쏙 들어가 조명 하나를 켜두면 너무나 따뜻한 나만의 아지트가 된다. 낮에는 주로 이곳에서 일을 하고 밤에는 책도 읽고 일기도 쓰면서 이 공간에서 하루를 마감한다. 집 안에 작지만 소중한 내 공간이 있다는 사실 하나가 집에서 머무는 시간의 질을 바꾼다는 생각이 든다.

주방세제 대신 설거지 비누를 사용합니다

맞벌이를 하셨던 부모님을 조금이라도 돕고자 중학생 때부터 내가 할 수 있는 집안일을 조금씩 하기 시작했다. 가장 자주 했던 건 설거지였는데 간혹 손에 습진이 생겼던 적이 있다. 살림을 좀 해보고 나서 돌이켜보니 고무장갑이 너무 크고 갑갑해 맨손으로 주방세제를 그득 짜서 거품 팍팍 내서 했던 잘못된 설거지 방법이 그 원인이 아니었나 싶기도 하다. 신혼 초까지도 이 설거지 방법은 계속되었는데 거품이 사라지면 세정 효과가 떨어진다는 생각에 설거지 도중에도 세제를 추가했다. 친정엄마는 늘 세제를 큰 설거지통에 풀어서 그 물로 설거지를 하셨다. 엄마는 단순히 물을 아끼려 택한 방법이었는데, 나중에 알고 보니 그 방법이 식기에 잔여물을 남기지 않는 제대로된 설거지 방법이었다.

액체세제는 물 1리터당 약 2밀리리터 정도를 희석해서 설거지를 하는 것이 올바른 사용법이다. 용기에 표기된 사용법만 잘 읽어도 알 수 있는데 수세미에 세제를 푹푹 짜서 했던 나의 설거지 방식은 설거지 후 식기에 세제를 남기는 그야말로 안전하지 않은 방식이었던 것이다.

특히 첫아이를 낳고 나서는 성분 하나하나에 더 민감해졌다. 그러던 차에 설거지 비누가 여러 브랜드에서 출시되기 시작하였고 어린아이를 키우고 있던 나는 성분이 안전하다는 장점에 이끌려 설거지 비누를 사용하게 되었다. 맨손으로 사용해도 피부에 큰 부담감이 없다는 점, 잔류 세제 걱정 없이 거품을 팍팍 내

서 설거지를 할 수 있을 것이라는 점도 기대되었다. 실제 사용하면서 희석 없이 그대로 거품을 내서 맨손 설거지를 할 수 있다는 점이 정말 편했고, 헹굼 시간이 주방세제를 사용할 때보다 줄어든다는 점도 만족스러웠다. 다만 내가 초기에 사용했던 몇몇 제품들은 사용 후 잔향과 설거지 후 그릇 표면에 남는 하얀 물 얼룩이 눈에 띄게 많았고 세정력도 만족스럽지 않아 다시 액체세제로 돌아가기를 반복했다.

그러던 차에 우연히 한 설거지 비누를 사용하게 되었고 지금까지 그 비누를 2년 넘게 써오고 있다. 바로우의 워싱바이다. 입에 닿아도 안전한 전성분으로 만들어진 데다 거품이 정말 풍성하고 세정력이 만족스러웠다. 물자국이 현저히 적고 손세정을 했을 때도 건조하지 않아 과일과 채소 세정에까지 주방에서 다양하게 활용하고 있다.

설거지 비누를 사용하며 가장 불편해하는 부분이 쉽게 무르는 것과 물자국이 많이 남는다는 점이다. 바닥과 닿는 면을 최소화할 수 있도록 트레이를 사용하거나 병뚜껑을 꽂아 보관하면 빠르게 건조되어 무름 없이 사용할 수 있다. 설거지 후 식기에 남는 물자국은 미네랄 성분이 반응하여 생기는 것으로 인체에 무해하며 자연스러운 현상이다. 액체세제를 사용했을 때 물자국이 덜한 것은 이를 방지하기 위해 화학물질인 금속이온봉쇄제를 사용하기 때문이다. 설거지 비누가 최고라고 하기에는 아직 개선할 점들이 남아 있지만 현재로선 가족의 건강과 환경을 위해 이것이 최선의 선택지라고 생각하고 있다.

예쁜 주방과 넓은 세탁실이 있었으면

나에게는 주택살이의 로망이 있다. 비용과 생활의 편리성 때문에 줄곧 아파트 생활을 하고 있지만 '언젠가는 꼭!'이라고 다짐하는 것 중 하나다. 땅콩주택을 지어보면 좋겠다는 꿈도 가져봤다. 부모님이나 형제들과 같이 살아보는 것도 재미있을 거 같았다. 연습 삼아 전세라도 (먼저) 살아봐야 하나 싶기도 했다. 남편의 출퇴근과 아이들 등하교가 불편하지 않아야 하니 경기도 내의 전원주택 마을 정도라면 좋을 것이다.

얼마 전 지금 사는 집의 인테리어 공사를 했는데, 아이러니하게도 공사가 끝나자마자 '아, 이렇게 내가 원하는 대로 집을 지어서 살면 또 얼마나 재미있을까' 하는 바람이 더 일었다. 제한적이겠지만 집의 구조부터 외관, 모든 걸 하나하나 직접 선택한 집에서 살 수 있다면 더 재미있지 않을까 설레었다.

내 집을 짓는다면 주택생활의 여유를 온전히 즐길 수 있도록 단아한 중정을 만들고, 창가에는 아이들이 앉아 책을 볼 수 있는 벤치를 길게 두고 싶다. 내 로망을 다시 한번 실현할 예쁜 주방과 넓은 세탁실, 팬트리도 만들고 싶고, 남편을 위한 서재도 둘 수 있다면 정말 좋을 것이다. 높이는 딱 2층 정도면 힘들이지 않고 살림하기에 적당할 것 같다.

어려서 주택에 살던 나는 아파트에 사는 친구들이 부러웠다. 그런데 막상 아이를 키워보니 마당에서 물놀이를 즐기고, 계절의 변화를 느끼게 해주고 싶은 마음이 더 커졌다. 내 집을 짓는 그날이 오면 얼마나 좋을까. 생각만으로도 설렌다.

후드 일체형 인덕션을 선택한 이유

개방감 있는 주방 디자인을 위해 천정에서 크게 내려오는 후드를 설치하지 않기로 했다. 방법을 고민하다가 후드 일체형 인덕션을 선택했다. 제품이 많지 않아 몇몇 한정된 모델 중에서 고를 수밖에 없었는데 최종 선택한 것이 밀레의 인덕션이다. 깔끔한 디자인이 주방과 잘 어우러질 것 같아 선택하게 되었다. 사용해보니 인덕션 기능은 물론이고 조리를 할 때 발생하는 연기와 열기를 자체 후드에서 충분히 잘 흡입해주어 만족스러웠다. 이 제품은 설치할 때 싱크대 하단부에 바람이 빠져나올 구멍의 위치를 미리 정해두어야 한다. 바로 발밑에 둘 경우 생각보다 바람이 세게 나온다고 해서 옆쪽으로 빼려고 여러 방향으로 시뮬레이션을 해보았지만 여의치 않아 결국 발 쪽으로 두게 되었다. 실제로 환풍기가 강하게 돌아갈 때면 발밑으로 바람이 세게 나오는 편이다. 발에 센 바람이 닿는 게 불편할 수 있으니 설치를 고민 중이라면 미리 이 부분을 확인해보는 게 좋다. 우리는 어차피 다른 곳으로 뺄 수 없다면 그냥 받아들이기로 했기 때문에 지금은 큰 불편함 없이 사용하고 있다. 또 하나 고민한 것이 싱크대 상판과 평평하게 설치할 것인지 약간 올라오게 설치할지였는데 우리는 상판과 같은 높이로 설치가 어렵다고 해서 두 번째 방법을 선택했다. 가격대는 일반 인덕션에 비하면 고가이지만 주방의 전체적인 분위기를 고려했을 때 좋은 선택이었다고 생각한다. 후드 필터도 일반적인 제품과 다른 형태인데 쏙 빼내서 식기세척기에 넣어서 세척하면 되어 관리도 간편한 편이다. 총 네 개

의 화구가 있고 환풍기는 오토로 설정해두면 자동으로 작동된
다. 가격만 좀 더 합리적으로 조정된다면 많은 분들에게 추천하
고 싶은 제품이다.

공간별 추천 아이템 몇 가지

바로우 수세미 트레이

수세미 트레이는 바로우와 협업한 나의 첫 제작 제품이다. 설거지 비누와 함께 바로우의 물결 모양 세라믹 트레이를 잘 사용하고 있었는데 제안을 받아 좀 더 실용적인 제품을 함께 만들어보기로 했다. 늘 설거지를 하다가 수세미를 내려놓기 애매했는데 이런 순간 잠시 올려놓기도 편하고 평소에 수세미를 보관할 수 있으면 좋을 것 같았다. 여러 가지 컬러와 디자인 샘플을 만들어 검토했고 최종 회의를 통해 지금의 트레이가 탄생하였다. 실용적이기도 하지만 소재와 디자인이 주방에 올려두면 하나의 오브제로 빛을 발하는 점이 마음에 들었다. 아끼는 누군가의 즐거운 주방 라이프를 위해 선물하기에도 좋은 아이템이다.

하우스하우스 키친랙 400

이 제품은 언젠가부터 꼭 주방 한편에 달아두고픈 위시템 중 하나였다. 키친랙은 인도에서 서민들이 사용하던 스테인리스 선반인 인디언 키친랙에서 유래했는데, 영국이나 유럽을 중심으로 인테리어 소품으로 사용하기 시작했다고 한다. 지금은 다양한 브랜드에서 만들고 있다. 내가 구입한 것은 하우스하우스에서 직접 국내 제작하는 400 모델이다. 예쁜 카페의 주방에 걸려 있는 스테인리스 키친랙의 느낌을 집에서도 경험하고 싶어서 내가 좋아하는 접시와 책, 그리고 컵들을 올려두고 사용한다. 아래에는 고리가 있어 주방에서 사용하는 집게와 오븐 장갑을 걸어두기에 편리하다. 와인랙도 달려 있어 와인 잔도 걸어 보관할 수 있다. 1년이 훨씬 지난 지금도 후회 없이 잘 사용하고 있을뿐더러 주방의 포인트 역할도 제대로 하고 있다. 다만 스테인리스 재질이어서 무게가 상당하고 설치 난이도가 있는 편이며 보강 작업이 되어 있는 벽에 설치하는 것이 좋을 것 같다.

IKEA 휴지통

싱크대 디자인을 정할 때 서랍 한 칸은 이케아의 분리수거함을 넣을 수 있도록 제작을 부탁드렸다. 아무리 예쁜 주방이라도 쓰레기 처리가 그때그때 안 되면 깔끔하지 않기 때문이다. 수납공간이 하나 줄어들고 생각보다 활용이 안 된다는 의견도 있어 고민했지만 결국 그대로 진행했는데 결론부터 말하면 아주 만족스럽다. 쓰레기통 뚜껑을 열기 위해 서랍을 한 번 열어야 하는 동작이 추가되긴 했지만 무엇보다 밖에서 보았을 때 깔끔하고 주방에서 일하면서 분리수거를 바로바로 처리할 수 있으니 편리하다. 청소를 할 때는 아예 서랍을 열어둔 채로 바로바로 분리수거를 하고 끝나면 닫아둔다. 분리수거할 것들은 최대한 깨끗하게 세척해서 헹굼 하여 보관하니 우려와 달리 냄새도 크게 나지 않는다.

밧드야 걸이형 스테인리스 바스켓

리빙 페어를 방문했다가 우연히 이 제품을 보게 되었는데 욕실 선반에 걸어 사용하면 훌륭한 공중부양템이 되겠다는 생각이 들었다. 이후에 두 가지 사이즈를 모두 구입해서 하나는 평소에 욕실에서 사용하는 목욕용품들을 담아서 걸어두고 나머지 하나

에는 아이들 목욕 장난감을 담아서 사용하고 있다. 아이 둘에 남편과 나도 사용하는 목욕용품이 다른 경우가 많아 점점 개수는 늘어나는데 선반이 없어 하나둘 욕조 주변이 점령당하고 있던 차였다. 이 바스켓은 녹이 쉽게 생기지 않는 스테인리스 와이어 소재로 만들어진 데다 사이즈도 넉넉해서 많은 목욕용품을 모두 담아 걸어둘 수 있다. 물도 잘 빠지고 건조도 빠르니 욕실에서 사용하기 딱이다. 그야말로 내가 고민하던 부분을 시원하게 해결해준 꿀템 중의 꿀템이다.

바이칸 욕실 청소솔 & 롱 스퀴지

둘째를 낳고 얼마 후 허리가 심하게 아팠던 후로 집안일을 하면서 가장 힘들었던 부분이 쪼그리고 앉아 무엇을 해야 할 때였다. 특히 욕실 청소를 할 때 쪼그려야 할 일이 많아 청소도구를 모두

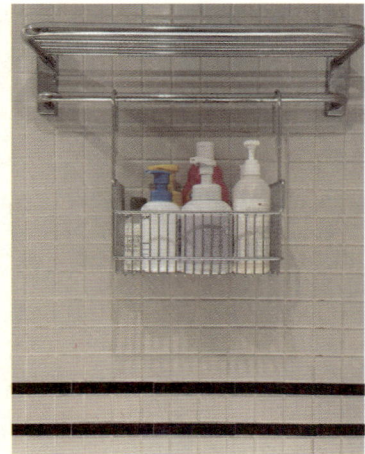

긴 것으로 교체해버렸다. 청소솔도 긴 것으로, 스퀴지도 짧은 것을 쓰다가 긴 것으로 교체했는데 이것이 신의 한 수였다. 바닥에 세제를 뿌리고 긴 솔로 싹싹 닦아주고 물을 뿌린 후 선 채로 스퀴지로 물을 쓱쓱 배수구로 모아 내려보내면 끝이다. 이렇게 한 이후로 배수구를 청소할 때 빼고는 쪼그리고 앉아 무언가를 할 일이 드라마틱하게 줄었다. 쉽게 청소할 수 있는 환경이 만들어지니 청소에 대한 부담감도 확 줄었다. 바이칸 청소솔은 컬러도 쨍한 노란색이어서 욕실의 포인트가 되고 솔이 정말 짱짱해 쉽게 변형되지 않고 청소 효과도 좋다. 롱 스퀴지는 가격대도 합리적인데 물기 제거도 시원하게 잘되어 만족한다.

JAJU 욕실화
이 욕실화는 재구매는 물론 아이들 것도 구입해서 잘 사용하고 있다. 바닥에 구멍이 있거나 앞이 뚫린 욕실화는 물 빠짐은 용이하지만 그만큼 틈새에 이물질이 쉽게 끼고 오염이 심해지면 곰팡이가 생기기도 한다. 또 바닥에 세제를 뿌리고 청소를 하다 보면 발까지 쉽게 젖어 불편했다. 그러다가 이 욕실화를 만났는데 바닥면에 구멍이 없고 앞코는 막힌 데다 높이가 있어 청소를 아무리 열심히 해도 물이 쉽게 들어오지 않아 발이 젖거나 독한 세제가 묻을 일이 없어 편리하다.

페카코리아 행주걸이

이 흡착식 행주걸이는 보통 주방에서 많이 사용하는데 나는 세탁실 창문에 붙여두었다. 흡착력이 너무 좋아서 붙이고 난 후 한번도 떨어진 적이 없을 정도이다. 세탁실이 주방과 연결되어 있기에 오가기 편해서 행주도 빨아 널어두고 세탁하기 전 젖은 수건을 건조할 때도 잘 사용한다. 창문을 열어두면 바람도 잘 통해 건조도 매우 빠르다. 주방에 부착해 행주나 수세미, 고무장갑을 걸어두기에도 좋고 세탁실에서 간단한 손 빨랫감이나 세탁 전 건조가 필요한 수건을 말려두기에도 편리하다.

로긴 스테인리스 세탁 바구니

세탁실은 세탁건조기와 수납장 외에 이 빨래바구니가 전부이다. 내구성 좋은 스테인리스 소재에 바퀴가 달린 점, 각각의 바구니가 분리가 가능해 이 제품을 정말 만족스럽게 사용하고 있다. 바구니 사이즈도 넉넉한데 칸막이를 설치해 세탁물을 분리하기가 편리하고 바구니와 수건걸이를 추가하면 다양한 세탁용품까지 수납할 수 있다.

헤이 런드리 바스켓 스몰/라지

헤이의 런드리 바스켓은 어디 두어도 예쁜 디자인이 마음에 들어 오랜 시간 고민하다가 두 가지 사이즈를 모두 구입하여 사용하고 있다. 작은 사이즈는 깊이는 깊지 않지만 옆으로 넓어 세탁물을 담고 옮기거나 개어서 정리할 때 사용하면 편리하다. 라지 사이즈는 크고 깊이도 깊어서 많은 세탁물을 한꺼번에 담아 옮길 수 있다. 두 제품은 사용하지 않을 때는 겹쳐서 수납이 가능하다.

계절별로 신경 쓰는 살림

20대 후반 나는 중국에서 1년 정도 주재원 생활을 했었다. 중국에서도 엄청 덥고 습한 지역이었는데, 그곳에 아파트를 구해 친구와 함께 생활했다. 그런데 어느 날 옷장을 열었다가 너무 놀라 까무러칠 뻔했다. 옷장 속 옷에서 곰팡이가 발견된 것이다. 모든 옷을 꺼내 며칠에 걸쳐 세탁을 하고 말리느라 고생을 했다. 하지만 더 큰 문제가 남아 있었다. 옷장 내부를 닦아내고 혹시나 하는 마음에 뒷면을 확인하는 순간 그대로 얼어붙고 말았다. 곰팡이가 그득했던 것이다. 그동안 이 많은 곰팡이와 동거를 했다니, 찜찜함이 극에 달했다. 다시 곰팡이를 닦아내고 말리고 며칠을 또 보낸 후에야 곰팡이 사건은 일단락되었다.

나는 지금도 곰팡이를 마주하지 않기 위해 집 안 곳곳의 습도 관리에 각별히 신경을 쓰는 편이다. 특히 여름이 다가오기 전 그 준비를 단계별로 하는데 첫 단계는 에어컨이다. 스위퍼더스터 같은 먼지떨이로 에어컨 내부 구석구석 먼지를 제거하고 필터를 꺼내서 깨끗이 세척하고 건조한 후 한 시간 정도 틀어서 여름내 가동할 준비를 해둔다. 우리의 호흡기와 직결된 부분이라 한 번 할 때 꼼꼼하게 청소를 하는 것이 좋다. 에어컨을 사용하는 중에도 필터는 2주 간격으로 주기적으로 세척하며 사용하는 것이 좋고 필요하다면 필터를 교체하며 사용해야 한다. 사용 후에는 내부 건조를 위해 송풍 모드를 30분 이상 켜두는 것도 빠트리지 않는다.

두 번째는 옷장과 이불장 등 수납 공간의 먼지를 제거하고 제습제를 채우는 일이다. 이러한 수납 공간의 먼지는 곰팡이의 먹이가 되기 때문에 꼭 주기적으로 제거를 해주어야 한다. 평소에 문을 열어 자주 환기를 시키고 제습제를 때마다 갈아주는 것도 필요하다. 나는 여기에 추가로 제습기를 가동하여 습도를 관리하고 있다.

세 번째는 세탁기처럼 물을 자주 사용하는 가전의 내부를 더욱 신경 써서 건조하는 일이다. 여름처럼 습도가 높은 계절에는 사용 후 문을 열어두는 것만으로는 내부 건조가 잘되지 않기에 여기에 소형 서큘레이터를 활용한다. 세제 통도 사용 후 항상 분리하여 물기를 제거하고 건조한다.

봄가을에는 특히 먼지 관리에 신경을 쓴다. 미세먼지와 황사, 꽃가루 등이 유입되기 쉽기 때문에 가능한 자주 집 안 곳곳의 먼지를 위에서 아래 방향으로 제거하고 물을 뿌려 가라앉힌 후 물걸레질을 한다. 특히 아침 시간에는 밤사이 가라앉은 먼지가 다시 날리지 않도록 청소포로 바닥을 전체적으로 닦으면서 하루를 시작하는 편이다. 신발장도 이 계절에 특히 꼼꼼히 내부까지 닦아내고 커튼 세탁에도 신경을 쓴다.

겨울에는 결로로 인한 곰팡이가 생기지 않도록 아무리 추워도 환기에 신경 쓰고 내부 창에 물기가 맺혔을 경우 최대한 닦아낸다. 건조한 날씨에 매일 켜두는 가습기 관리에 신경을 많이 쓰는 편인데 사용하고 있는 조지루시 가열식 가습기는 구연산과 물을 넣고 세척 모드만 돌리면 내부의 오염이 깔끔하게 제거되어 편리하다.

양말을 좋아합니다

외출 전 마음에 드는 양말이 준비되어 있는 날은 왠지 기분이 좋아진다. 예전에는 적당한 가격대의 무난한 디자인이 양말 선택의 1순위였다면, 지금은 나의 만족도가 가장 중요한 선택 기준이다.

최근에 가장 좋아하는 양말은 수푸이의 오가닉 코튼 삭스이다. 받아서 딱 신어보는 순간 '아! 이거다' 하는 느낌이 들 정도로 좋은 품질의 코튼으로 만들어진 양말이었다. 기본 색상 네 가지 세트와 식물 염색 타이다이 오가닉 삭스를 구매했는데 하나하나의 색상과 신었을 때 보드랍게 발을 감싸는 느낌이 너무 만족스러웠다. 세탁 후에도 크게 변형이 없고 신으면 신을수록 마음에 쏙 드는 양말이다. 수푸이의 양말들은 재구매를 해가며 마르고 닳도록 기본 양말로 잘 신을 예정이다.

한 번씩 기분전환을 위해 컬러 포인트가 있는 양말도 즐겨 신는데 최근에 자주 신는 것은 이미스의 로고 스티치 삭스이다. 핑크색 양말을 하나 신었을 뿐인데 괜히 기분이 슬쩍슬쩍 좋았다. 나 오늘 포인트가 필요해, 하는 날에는 이런 양말을 고른다. 아무리 마음에 드는 옷을 입고 나갔더라도 왠지 신발을 벗기가 망설여지는 양말이라면? 그런 상황을 미리미리 대비하고 싶기도 하고 어찌 보면 취향이라는 것이 생긴다는 게 이런 것 같다.

누구에게 보이는 몇 가지가 아니라 내가 가진 일상용품들까지 하나하나 꼼꼼히 내 취향을 반영하고 드러낸다. 나는 어디서든 마음에 드는 양말을 발견하면 꼭 사두는 편이다. 코스나 아르켓

의 양말도 그 퀄리티가 기본 이상이라 마음에 드는 것이 있으면
옷을 사지 않는 날에도 양말은 하나씩 사 온다. 마음먹고 찾는다
고 잘 찾아지지 않는 것이 취향에 맞는 양말이기 때문이다. 일단
한번 마음에 들면 재구매를 하며 안정적으로 구비해두고 그것
들을 주로 신지만 나의 양말 탐색은 아직도 진행 중이다.

냄비가 다르다고 음식 맛도 다를까?

결혼을 하면서 냄비는 하나도 구입하지 않았다. 결혼 전 해외 유명 브랜드가 거래처였던 주방용품 회사에서 일했는데 그때 거래처로부터 선물 받은 몇 가지가 이미 있어서다. 그렇게 그 냄비들을 잘 사용하다가 처음으로 백화점에서 내 돈을 주고 산 냄비가 노랑색 스타우브 냄비였다. 일단 디자인과 컬러에 반했는데 밥을 짓고 요리를 하면 그 맛이 너무 좋다고 해서 구매를 결정했다. 실제로 사용해보니 같은 찌개나 국을 끓여도 깊은 맛이 더 우러나는 것 같았다. 밥을 지어도 맛있어서 이 냄비의 매력에 점점 빠지게 되었다. 특히 이 냄비로 만든 메뉴 중 무수분 수육을 좋아해서 정말 자주 만들어 먹었다. 이후에 남편과 둘이 파리 여행을 갔을 때도 이 무거운 스타우브의 냄비를 하나 사서 캐리어에 넣어 왔을 정도다. 그렇게 천천히 하나씩 구입한 스타우브 냄비가 이제는 우리집 냄비 중에 과반수가 넘는다. 테두리 부분만 녹이 생기지 않도록 신경 쓰면 생각보다 관리가 어렵지 않고 오래오래 변형 없이 사용할 수 있다는 점도 만족스럽다. 가장 먼저 구매한 노랑 20센티미터 냄비는 찌개를 끓이거나 솥밥을 할 때 잘 사용하고 선물 받은 18센티미터 냄비도 휘뚜루마뚜루 잘 활용하고 있다. 프랑스에서 무겁게 들고 온 작은 사이즈의 냄비는 계란찜이나 소량의 요리를 할 때 잘 사용한다. 다만 친정엄마가 걱정하신 대로 무게가 점점 부담스러워지는 것은 사실이다. 특히 세척할 때 그 무게가 그대로 느껴질 때가 많아 좀 더 가벼운 냄비에도 조금씩 관심이 생기는 중이다.

가장 최근에 구입한 냄비는 리스의 법랑 냄비이다. 가볍고 관리도 어려운 편이 아니라 마음에 들었다. 스타우브와 리스 모두 컬러가 은은하면서 관리가 어렵지 않은 제품인 걸 보니 나의 냄비 취향은 이런 쪽인가 보다. 일단 예뻐야 하고 조리가 잘되는 것은 물론 관리가 쉬운 제품이면 오케이다.

거주하면서 인테리어 공사를 할 때 주의할 점

2023년 초 설 연휴를 앞두고 인테리어 공사를 마음먹었다. 처음이기도 해서 정말 많은 후기들을 찾아보았는데 살고 있는 집을 비우고 인테리어를 하는 일이 생각보다 쉽지 않다는 후기가 대부분이었다. 실제로 겪어보니 공사 준비도 일이지만, 여기에 더해 보관이사 준비하기(보관할 짐과, 사용할 짐 분리), 공사 기간 동안 지낼 숙소 알아보기, 아이들 등·하원시키기까지 만만치가 않았다.

이사 비용은 두 배(짐 뺄 때, 들어올 때 비용)에다가 보관 비용(우리의 경우, 창고 보관료 45일치에 추가 보관 일수 계산)이 추가되었다. 보관이사 후 살림살이가 파손되거나 오염되었다는 후기를 읽고 걱정이었지만 큰 이상 없이 돌아왔다. 냉장고에 보관 중이던 모든 식재료를 미리 소진하거나 비워서 정리해야만 했다. 이것이 일반 이사와 가장 달랐던 부분이다. 냉장고뿐 아니라 세탁기, 식기세척기 등의 가전도 보관 기간 동안 곰팡이 등이 생기지 않도록 이사 며칠 전부터 사용을 중단하고 건조에 신경을 썼다. 덕분에 이사하기 전부터 세탁물을 싸 들고 빨래방을 오가야 했다. 보관할 짐과 사용할 짐을 분리하는 일도 쉽지 않았다. 숙소에서 지낼 기간이 약 40일이나 되어 기본 옵션이 있는 숙소를 구하기로 했지만 밥솥부터 청소기, 가습기 등 몇몇 소형 가전은 챙겨 갔다. 여기에 네 가족이 당분간 생활할 짐까지 더해지니 이 짐의 양도 만만치 않았다.

숙소는 아이들 등·하원을 위해 최대한 근거리로 구해야 했고 비

용도 적당해야 했다. 같은 아파트 단지 내 또는 근처 아파트에서 단기 렌트를 알아보았지만 여의치 않았다. 결국 집에서 차로 10분 정도 거리에 있는 빌라에 숙소를 구할 수 있었다. 숙소에서의 생활은 당연히 집만큼 편할 리 없었다. 인테리어 업체 선정에 생각보다 시간이 많이 소요되었고 공사를 급하게 진행하게 되면서 준비 기간이 넉넉지 못했다. 살면서 인테리어 공사를 계획하고 있다면 미리 잘 계획하고 준비하였으면 한다.

로봇청멍을 아시나요?

물멍이나 불멍도 좋아하지만 내가 요즘 가장 빠져있는 것은 로봇청멍인 듯하다. 지금까지 두 가지의 로봇청소기와 또 두 가지의 로봇 물걸레 청소기를 사용해보았는데 그 청소기들이 나를 대신해 구석구석 먼지를 닦으러 다니는 것을 볼 때마다 너무 기특하다. 그래서 맡겨놓고 쉬는 대신 따라다니며 잘하고 있나 구경하면서 멍 때리기를 즐긴다. 우리집의 안방 침대와 아이들 침대는 모두 다리가 있어 아래쪽 청소하기가 늘 만만치 않았는데 로봇청소기가 생긴 이후로는 손 닿지 않는 아래까지 청소가 잘 되니 이 부분이 특히 만족스러웠다. 몇 년간 샤오미 2세대 로봇청소기를 사용하다가 지금은 가장 스펙이 뛰어나다는 로보락의 최신 모델을 사용 중이다. 기존에 사용하던 샤오미는 물걸레 청소 기능은 없던 모델이라 에브리봇의 물걸레 청소기와 늘 한 팀으로 일했는데 로보락 S8 MaxV Ultra는 진공청소와 물걸레 청소를 동시에 할 뿐 아니라 먼지 비움과 물걸레 세척까지 자동으로 가능하니 정말 신세계를 맛보고 있는 중이다. 특히 물걸레 청소 기능은 주변의 소문을 듣고 기대를 거의 안 했는데 '강' 모드로 돌리면 생각보다 뽀송하게 닦아내서 의외로 만족하며 사용하고 있다. 기존에 사용하던 에브리봇의 물걸레 청소기도 비록 매핑 기능은 없었지만 닦는 것 하나는 진심인 제품이라 만족하며 사용했다. 여기에 플로어 클리너를 뿌려 바닥을 닦으면 깨끗하고 뽀득하게 닦일 뿐 아니라 향까지 더해지니 청소해두면 힐링이었다. 이틀에 한 번 정도 로보락의 로봇청소기로 집 전체를 청소하는데 여기에 한 번씩은 에브리봇 물걸레 청소기까지 돌리면 바닥을 더 깨끗하게 관리할 수 있을 것 같아 일단은 처분하지 않고 함께 사용해보려고 한다.

우리집은 나를 포함해 여자가 셋이라 바닥 청소를 해보면 머리카락이 정말 많이 떨어져 있는데 그동안 사용했던 청소기들은 바퀴나 롤러에 머리카락이 끼여 관리가 여간 번거로운 게 아니었다. 최근에 사용하기 시작한 샤크의 에보 파워시스템 네오+무선 청소기는 청소 후 롤러에 머리카락 엉킴이 없어 만족스럽게 사용하고 있다. 2킬로그램이 되지 않는 가벼운 무게에 핸들링이 자유롭고 청소 구역에 따라 다양한 툴을 활용할 수 있어 활용도가 무궁무진하다. 바디가 한 번 꺾이는 구조로 변형이 가능해 가구 하단 청소를 하기에도 편리하다. 무엇보다 가장 마음에 들었던 점은 로보락과 마찬가지로 자동 먼지 비움이 가능해 한 달에 한 번 정도만 먼지 통을 비워주면 된다. 이제는 청소 후 관리마저 편한 청소기들이 함께이니 청소에 부담이 덜하고 청소할 맛이 조금 더 플러스되는 기분마저 든다.

TV 스탠드

한동안 벽걸이로 사용하던 TV를 떼어내면서 이 기회에 TV 없는 거실에 도전! 처분할까 하다가 없으면 또 아쉬울 것 같아 스탠드를 구입해보았다. 걸어두었던 걸 떼어내고 화이트 스탠드를 달았을 뿐인데 혼수로 장만한 TV가 새것처럼 보이며 완벽한 변신에 성공했다. TV 스탠드도 다양한 제품이 있었지만, 나의 첫 번째 선택은 빌티니의 것이다. 디자인도 깔끔하고 TV를 안전하게 지탱해줄 것 같아 후기를 꼼꼼히 확인한 후 최종 선택하였다. TV 사이즈에 따라 총 세 가지 옵션 중 선택이 가능한데 우리는 47인치라 가장 작은 사이즈인 M 사이즈를 20만 원 후반대에 구매하였다. 바닥판 무게만 7킬로그램이 넘고 사이즈가 무척 큰 편인 데다 TV 거치를 해야 하니 제품을 배송받은 후 최소 성인 두 명이 함께해야 설치를 할 수 있다. 기둥 부분에 전원 선을 넣어 정리하고 TV를 거치한 후 뒤편에 기본 제공되는 브래킷 등을 사용해 인터넷 기기 등을 부착하여 정리하면 깔끔하다. 지금까지 1년 넘게 사용 중인데 거실 분위기와도 잘 어울리고 내구성도 좋아 만족스럽다.

스팀다리미

내가 결혼할 때 즈음 선풍적인 인기였던 한경희 스팀다리미를 한동안 잘 사용했다. 다만 부피가 커서 자리를 많이 차지했고 점점 사용 빈도도 줄어서 과감히 처분한 후 남편이 결혼 전부터 쓰던 건식 다리미를 사용했다. 추가로 급할 때 주름 정도만 간단히 해결할 스팀다리미를 하나 찾고 있던 차에 이나프 유니온 스팀다리미를 구입하게 되었다. 일단 사이즈가 매우 콤팩트하다. 전원을 꽂으면 바로 온도가 올라가면서 거의 10초 만에 빠르게 예열이 되는데 이때 바로 사용하면 일반 다리미, 스팀 버튼을 누르면 간편하게 스팀다리미로 사용할 수 있다. 바닥판이 내 손바닥 정도의 크기로 작지만 3단계의 스팀 분사가 꽤나 강해서 단시간에 옷 몇 벌은 후딱 다릴 수 있다. 작은 사이즈에 스팀과 건식 다리미 둘 다 가능하니 성능이 괜찮을지 약간의 걱정을 하면서 구입했는데 생각보다 훨씬 만족스럽다. 사이즈도 작고 가벼워 여행지에 가지고 가기에도 좋다. 뜨거울 때 내려놓을 수 있는 받침대와 물통까지 동봉되어 사용이 편리하고 가격도 4만 원대로 합리적이다.

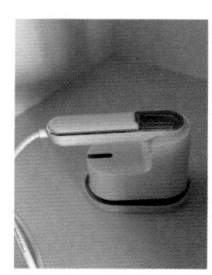

장보기

최근 우리집 온오프라인 장보기 비율은 대략 50:50 정도 되는 것 같다. 과일, 채소, 계란, 우유 같은 기본 식재료는 오아시스 새벽 배송을 주로 이용한다. 아이를 키우면서 떨어지면 안 되는 달걀과 우유의 품질이 믿을 만하고 너무 많이 사두면 꼭 버리는 일이 생겨 소포장된 식재료를 선호하게 된 게 그 주된 이유다. 물론 밤 11시 이전에 주문하면 아침에 바로 받아볼 수 있다는 점도 편리하다. 무엇보다 친환경적인 식재료를 다른 온라인 마켓보다 좀 더 저렴하게 구입할 수 있다. 시중에서 생각보다 만나기 어려운 난각 번호 1번 계란을 저렴한 가격에 구매할 수 있고 회원 가입 시 5천 원 할인 쿠폰이 자주 와서 추가 할인된 가격으로 장을 볼 수 있다는 점도 좋았다. 오아시스에서 구입하기 어려운 식재료는 쿠팡이나 컬리를 찾아보고 추가 구매한다. 수입 식재료는 컬리가 강자다. 기본적으로 이 세 곳을 이용해 밤사이 장을 봐두면 아침에 바로 받아서 사용할 수 있으니 나 같은 워킹맘에게는 정말 고마운 존재다.

오프라인 장보기는 자연드림과 한살림을 이용한 지 꽤 되었다. 여러 가지 사건들을 경험하며 식재료의 안전성을 고민하게 되었고 아이들과 함께 안심하고 먹을 수 있는 것들을 찾다 보니 이 두 곳을 주로 이용하고 있다. 주 1회 정도 장을 보는데, 가까운 시장이 없는 우리 동네에서는 제철 식재료를 이곳에서 생각보다 저렴하게 구입할 수 있다. 물론 일반 마트 대비 가격이 높은 제품들도 많은데 그만큼 품질이 좋다면 이곳의 제품을 선택하

는 편이다.

집 가까이 있는 노브랜드에도 생각보다 괜찮은 제품이 많아 자주 이용하고 있다. 꾸준히 신제품이 출시되고 우리가 평소에 사먹는 브랜드에서 생산했지만 가격은 합리적인 자체 브랜드 제품이 많은 편이다. 우리 콩으로 만든 두부와 콩나물도 저렴한 가격에 구입할 수 있고 캠핑 갈 때 가져가면 좋을 꼬치 어묵부터 꼬치구이까지 맛이 검증된 밀키트도 많다.

여행 짐 싸는 법

대학 시절 배낭 하나에 모든 짐을 챙겨 40여 일간 유럽으로 떠날 준비를 할 때부터 여행 짐 싸기는 너무 재미있는 일이었다. 그곳에서 벌어질 순간들을 기대하며 뭐가 필요할지 고민하고 이것저것 챙기는 재미가 쏠쏠했기 때문이다. 배낭 사이즈는 정해져 있고 그 안을 얼마나 알차게 채우느냐에 한참 빠져 신나게 준비했던 기억이 있다. 회사 생활을 하며 해외영업을 담당했던 나는 한 달에 한두 번 해외출장을 다녔는데 그때도 매번 짐을 어떻게 하면 깔끔하면서 필요한 것들로만 채울지 궁리하는 게 즐거웠다. 짐 싸기 경험이 점점 쌓여가면서 가져갈 짐들을 카테고리화해서 파우치에 수납해 가는 것을 좋아했는데 이때 정말 잘 활용했던 것이 세면 파우치였다. 세면도구부터 화장품까지 하나에 담아 호텔 수건걸이에 걸어두면 사용하기가 무척 편리했다. 숙소에서 제공되는 어메니티는 아무리 써봐도 만족스럽지가 않아서 늘 칫솔, 치약, 샴푸, 트리트먼트까지 소분해서 그 안에 모두 담아 다녔다. 현지에서 편히 신을 신발을 넣을 전용 파우치까지 구입해서 넣고 다녔는데 누가 보지도 않는데 내 트렁크가 한결 깔끔해진 느낌이 나서 엄청 만족스러워했던 기억이 있다.

요즘은 여행 때마다 압축 파우치를 적극 활용하고 있다. 양쪽에 수납이 가능해서 속옷부터 겉옷 그리고 운동복까지 모두 분리해서 수납이 가능하고 수납 후 압축하면 부피가 꽤 많이 줄어든다. 여행지에 도착해서는 세워서 양쪽 지퍼를 열어두면 뭐가 들

어있는지 확인하기도 수월하고 짐을 꺼내고 넣기가 무척 편리하다. 또 내가 여행 때마다 꼭 챙기는 것이 다이슨 에어랩인데 이것도 여러 가지 툴이 있다 보니 수납이 고민되어 전용 파우치를 구입했다. 한번에 모아서 수납이 되어 깔끔하고 꺼내서 사용하고 정리하기에도 편리했다.

일단 가져갈 짐을 모아서 같은 용도끼리 구분하고 그것들을 한번에 담아 수납하는 것이 나의 여행 짐 싸기 원칙이다. 꼭 필요한 짐 외에도 여행에서의 쉼을 위한 물품들도 부담되지 않을 선에서 꼭 챙겨 간다. 추가로 숙소에서 사용할 살균 소독 스프레이를 잊지 않는다. 아이패드도 꼭 챙겨서 책 읽고 영상을 보고 일할 때도 다용도로 활용한다.

아이 방, 이건 신경 썼습니다!

아이들 방은 하나는 책상과 책장을 두어 공부방으로, 하나는 침대 두 개와 수납장을 넣어 침실로 활용하고 있다. 아직 혼자서 잠이 들지 못하는 아이들의 방을 분리하기보다는 용도에 맞게 효율적으로 사용할 수 있도록 세팅한 것이다. 공부방에서는 가능한 학습적인 것이나 독서에 집중할 수 있도록 미술용품이나 보드게임을 제외한 장난감은 두지 않는 것을 원칙으로 했다. 그 대신 다양한 책을 두고 주기적으로 위치를 변경하거나 취향이나 성장에 맞춰 비우고 채워 넣으면서 재미있게 독서할 수 있는 환경을 만들어주기 위해 신경 쓰고 있다. 어렸을 때부터 책을 늘 곁에 두고 흥미도에 따라 바꿔주었더니 두 아이 모두 책 읽기를 무척 좋아하는 편이다. 워낙 책도 많고 아이들의 취향에 맞춘 물건들도 다양하다 보니 가구는 모두 심플한 디자인과 색상으로 선택했다. 책상 위에는 작은 사이즈의 휴지통과 탁상용 청소기를 두어 아이들 스스로 관리할 수 있도록 하고 있다.

침대는 니스툴그로우에서 구입하였는데 원하는 대로 가드 위치를 떼어내거나 부착할 수 있어 필요에 따라 침대를 단독으로 떼었다가 나란히 두기에도 편리하다. 추가로 연결 키트를 구입하면 2층 침대로도 변신이 가능한 제품이다. 아이들이 점점 성장하는 것을 감안하면 다소 작은 사이즈로 느껴지긴 하지만 다양하게 변화를 주면서 사용할 수 있다는 점이 재미있다. 장난감은 정말 많이 비웠다가 다시 채우기를 반복하고 있는데 붙박이 수납장과 서랍장을 활용해 최대한 수납하고 있다. 작은 사이즈의

장난감은 모아서 정리할 수 있도록 서랍마다 라벨을 붙여두니 어린 둘째도 놀이 후 정리를 잘 해내고 있다. 인형은 큰 바구니를 활용해 수납하고 작은 사이즈의 부속품이 많은 장난감은 펼쳐서 놀다가 한번에 정리할 수 있도록 바구니에 담아주었더니 놀이가 끝난 후 아이들 스스로 정리하기가 한결 수월해졌다.

제자리

어쩌면 내가 우리 가족들에게 가장 많이 하는 잔소리는 모두 "제자리!"가 아닌가 싶다. 입었던 옷 중 세탁할 것은 세탁 바구니로, 다시 입을 거라면 옷걸이에 걸어두기다. 처음에는 세탁 바구니를 세탁실에만 두었더니 아이들도 그렇고 남편까지 옷을 의자나 바닥에 걸쳐두거나 벗어두곤 했다. 그게 눈에 너무 거슬리고 잔소리를 하는 것도 한두 번이지 시스템을 만들어야지 싶었다. 세탁 바구니를 남편이 주로 사용하는 안방 욕실 앞에 하나, 아이들이 들어오자마자 바로 옷을 갈아입고 벗어둘 수 있도록 거실에도 하나 더 두었다. 오! 이렇게 세팅을 해두자 100퍼센트는 아니지만 세탁할 옷을 세탁 바구니에는 잘 넣기 시작했다. 이렇게 1차 목적을 달성하고 시작한 2차 미션은 거실에서 사용한 자기 물건을 제자리에 정리하기였다. 아이들이 장난감이나 책을 거실에 들고 나오는 일이 많은데 늘 정리는 내 몫이었다. 잠들기 전 시간을 정해서 '모두 제자리 시간'을 한 번 갖는다. 거기에 내가 추가로 마무리를 하고 나면 우리집 거실 정리는 마감이다.

잡지를 보는 시간

예전에 심한 번아웃을 겪은 이후로는 바쁜 와중에도 꼭 틈틈이 여유를 갖기 위해 노력하고 있다. 이 시간에는 밀린 드라마를 실컷 보고 평소 먹고 싶었던 음식도 시켜 먹고 좋아하는 것들을 하며 푹 쉬는 데 집중한다.

특히 좋아하는 것은 잡지를 보는 것인데 요즘은 리빙 잡지를 정기구독하며 꾸준히 보고 있다. 잡지는 내가 일일이 다 가보거나 접하지 못하는 트렌디한 공간과 제품을 한눈에 볼 수 있고 다양한 정보를 접할 수 있어서 좋다. 잡지를 보는 순간이 나에게는 힐링이다. 내가 나 스스로를 살림 에디터라고 칭한 것도 못 이룬 잡지 에디터의 꿈을 대신하여 표현한 것이다. 그래서 집에서 좀 여유가 생기면 커피 한 잔을 내려서 잡지를 펼치는데 그 시간을 너무 애정한다. 리빙 잡지만큼이나 살림 책을 읽는 것도 좋아하는데 집주인의 정성과 센스로 잘 꾸며진 공간을 구경하는 게 정말 재미있다. 또 하나 좋아하는 건 살림 브이로그를 보는 것인데 집에서 살림하며 보내는 순간순간을 예쁘게 담아내는 것이 보기만 해도 힐링이 된다. 또 어떤 때는 "아 사람 사는 것 다 비슷하구나" 하는 느낌도 받으면서 살림이 조금은 싫어졌던 마음도 다잡을 수 있었다.

몸이 찌뿌둥한 날은 반신욕을 빠트리지 않는다. 탕온계로 39도를 맞춘 후 약 20분간 반신욕을 한다. 명상 음악을 틀어두기도 하고 책도 읽으며 그 시간을 보내는데 뭉쳤던 몸도 마음도 풀리는 시간이라 틈틈이 챙겨서 하고 있다. 반신욕에 빠질수록 아이

템들도 하나둘 늘어만 가는데 최근에 구입한 것 중 가장 만족했던 것은 TWW의 솔트와 오일이다. 솔트와 오일을 적당량 섞어 블렌딩 한 후 탕에 풀어서 반신욕을 하면 땀도 더 잘 나고 향도 너무 좋다.

최적의 수건 찾기

최근에 사용해본 몇몇 수건 중 가장 만족스러웠던 것은 오디너리라이프의 시티팝 타월이다. 이 제품은 염색하지 않은 목화 본연의 원단 그대로라 피부에 자극이 덜하고, 끝부분에는 컬러 포인트가 들어가 있어 디자인이 심플하면서도 포인트는 놓치지 않은 점이 마음에 들었다. 사이즈도 일반 타월 대비 약간 더 길어 머리를 감은 후 전체를 감싸도 잘 풀리지 않고 물기 흡수가 잘되어 사용하기 편리하다. 부드러운 40수 코마사 원단에 오코텍스 1등급 인증을 받은 제품이라 아이들과도 안심하고 사용할 수 있다. 수건과 함께 발매트도 구입하여 사용하고 있는데, 내추럴한 컬러감에 물 흡수가 잘 되고, 타월 원단이라 수건과 함께 자주 세탁할 수 있으니 관리가 수월하다.

화려한 컬러와 패턴을 선호한다면 그란과 디어리얼의 타월을 추천한다. 욕실에 걸어두면 예쁜 컬러와 패턴에 눈이 즐겁고, 사용했을 때의 감촉과 사이즈가 만족스러운 편이었다.

타월을 고를 때 가장 중요하게 고려하는 부분은, 첫째, 물기를 잘 흡수할 정도의 두께일 것, 그리고 피부에 닿는 감촉이 좋을 것이다. 나는 바디 타월을 별도로 사용하지 않기에 수건 한 장으로 샤워 후의 물기를 모두 닦아낼 수 있으면 좋다고 생각한다. 둘째, 욕실과 어울리는 디자인과 패턴이다. 평소에는 심플한 것도 좋아하지만, 한 번씩 패턴과 컬러가 화려한 제품을 사용하는 것도 기분 전환이 된다. 셋째, 관리의 용이성이다. 세탁 후에 올이 풀리거나 먼지가 많이 생기는 등 퀄리티가 떨어지는 제품들

은 계속 사용하기가 어렵다.

앞서 추천한 제품 중에서 재구매를 한다면 나는 오디너리라이프의 수건을 선택할 것 같다. 디자인과 사이즈가 만족스러울 뿐 아니라 흡수율이나 촉감도 좋은 편이라 이 제품이 가장 마음에 들었다.

수건은 평소 중성 세제를 사용해 울 코스로 단독 세탁하며, 여름 시즌에는 여기에 탄산소다를 소량 추가하여 40도 울 코스로 세탁하며 사용한다.

음식물 처리기, 사용해보니 어떤가요?

남편이 매일 음식물 쓰레기를 모아서 버리는 담당이었는데 음식물 처리기를 들이고는 한 달에 한 번 정도만 버리러 가는 것 같다. 식기세척기처럼 음식물 처리기도 막상 구입하려고 보니 버리면 안 되는 것들이 꽤나 많은 것 같아 잘 사용할 수 있을지 고민이 되었다. 그러나 알고 보니 음식물 처리기에 넣으면 안 되는 것들은 원래 음식물 쓰레기가 아니라 일반 쓰레기로 배출해야 하는 것이었다.

내가 사용하는 고열건조식 처리기는 한 번 돌릴 용량이 찰 때까지 모아두었다가 돌리는데 보관되는 시간에도 어느 정도 냄새 처리가 되면서 다시 열었을 때 악취가 진동하는 등의 불편함이 없어 편리하다. 처리 후 음식물에 따라 나무 칩 또는 가루 형태로 건조되어 부피도 확 줄어들고 냄새로 인한 거부감이 없다. 이렇게 처리한 음식물은 지역에 따라 음식물 쓰레기 또는 일반 쓰레기로 지침에 따라 배출하면 된다. 냉동실에 꽁꽁 얼려진 상태의 음식물도, 물기 흥건한 음식물도 그대로 부어서 처리 가능하지만 이럴 경우 건조 시간이 늘어나기 때문에 전기세 등을 감안한다면 어느 정도 물기를 제거하거나 해동 후 버리는 것이 보다 현명한 방법이다.

간혹 사용하다가 밥처럼 같은 종류의 식재료만 넣고 돌린 경우 딱딱하게 뭉치고 굳어 떼어내는 데 애를 먹을 수 있다. 이러한 상황을 방지하려면 최대한 여러 가지 식재료를 다양하게 넣어 돌리는 것을 추천한다. 한 번씩 내용물이 굳거나 들러붙어 내부 청소가 필요할 때는 물을 붓고 청소 모드로 세척하면 웬만한 오염물질은 떨어져 나온다. 냄새가 심상치 않을 때 필터를 한 번씩 교체하면 되는데 필터 교체 주기와 비용은 제조사마다 차이가 있다. 내부 통도 스크래치나 오염 등이 심할 경우 한 번씩 교체해야 한다. 미생물 방식 등 다른 제품은 사용해보지 않아 정확한 비교는 어렵겠지만 여러 가지 정보를 취합해봤을 때 가장 사용 방법이 심플하고 처리 후 상태도 깔끔한 것이 이런 고열 건조식 처리기인 것 같다.

살림살이 구입 전 체크리스트

새로운 살림살이를 들일 때 늘 고민하는 것은 실용성은 물론 집의 분위기와 잘 어울릴지, 관리가 어렵지 않은지이다. 가구라면 가능하면 여러 형태로 배치 또는 변경이 가능해서 다양한 분위기를 연출할 수 있을지 살핀다.

소파를 새롭게 구입할 때도 우리집의 분위기에 잘 어울리는 디자인일지 먼저 고민해 후보군을 추렸고 분리해서 배치해 다양한 분위기를 연출할 수 있는 모듈 소파를 선택하였다. 내가 선택한 소파는 한쪽이 부드러운 직각으로 꺾이는 형태라 거실에 둘 경우 뒤쪽 공간과 분리하는 역할도 할 수 있을 것 같았다. 아직 아이들이 어리다 보니 그런 공간에 들어가서 노는 것도 좋아할 것 같았는데 뒤쪽 공간에 책꽂이를 두었더니 그 좁지만 분리된 공간에서 책도 읽고 놀이도 하며 활용하고 있다. 지금은 네 개로 분리되는 소파를 두 개씩 연결하여 마주 보도록 배치하였는데 그동안 시도해보지 않은 구조이기도 하고, 옹기종기 모인 모습이 생각보다 재미있다.

추가로 가장 중요하게 생각하는 포인트는 관리적인 측면이다. 아무리 마음에 드는 제품이라도 구조가 너무 복잡해서 관리가 번거로울 것 같으면 제외한다. 일단 한번 구입한 후에 잘 사용하려면 관리가 간편해야 지속할 수 있기 때문이다. 특히 물을 사용하여 자주 세척하며 사용해야 하는 가습기나 텀블러 같은 아이템들은 구조가 복잡하면 세척 과정도 복잡할 뿐만 아니라 제대로 세척이 되었는지 사용하면서도 늘 찝찝하기 때문에 구조가 단순한 것으로 선택하는 편이다. 소파도 소재가 오염에 비교적 강하고 물티슈 등으로도 간단한 오염은 제거할 수 있는 제품이라 구매를 결정했다.

블렌더 추천 & 활용 팁

아침 식사는 간단하게 과채주스를 마시기 시작했는데 재료만 준비되면 빠르게 만들 수 있고 건강에도 좋아 지속하고 있다. 2주만 마셔도 뱃살이 빠진다는 CCA주스부터 ABC주스뿐 아니라 사과당근주스, 사과케일주스 등 집에 있는 재료로 그때그때 가능한 조합으로 만들어 마시고 있다. 신혼 초 선물받은 휴롬 착즙기와 아이들 이유식 만들 때 구입한 핸드블렌더가 있었는데 좀 더 다양한 메뉴를 만들 수 있고 오래 사용할 블렌더가 필요하다고 생각하던 차에 바이타믹스 블렌더를 구입했다. 구입 후 가장 많이 만들어 먹는 메뉴는 역시 건강주스인데 단시간에 완성되는 데다가 목 넘김이 부드럽다. 냉동과일이나 얼음을 넣고 갈아도 정말 시원하게 잘 갈린다. 유일한 단점은 가격인데, 오래오래 만족하며 사용한다면 기기를 계속 바꾸는 것보다는 제대로 된 한 대를 구입하는 것도 좋은 선택 같다.

최근에 만들었던 메뉴 중 가장 만족스러웠던 건 역시 콩국수다. 콩을 불려두었다가 한 번 삶고 그 물과 콩을 함께 넣어 갈아서 국수 위에 부어 내면 크림같이 부드러운 콩물이 어찌나 고소한지 한 그릇 뚝딱이다. 찬바람이 불기 시작할 때는 수프를 자주 만들어 먹었다. 양파를 버터에 볶고 주 재료인 감자나 브로콜리 등을 같이 볶거나 쪄서 컨테이너에 담고 여기에 생크림, 우유, 치즈를 추가해 수프 모드 버튼만 누르면 끝. 계속 저어주거나 지켜보지 않아도 모터의 마찰열로 뜨끈뜨끈한 수프가 금세 완성된다. 아이들 간식이나 가벼운 한 끼로 좋다. 기존에 사용하던

착즙기나 핸드블렌더에 비해 부속품도 심플한 편이라 세척과 관리도 간단하다. 주스를 만든 후에는 그냥 물로만 세척한 후 건조하면 되고 유제품이나 오일 등을 사용했거나 물 세척만으로 세척이 어려운 경우에는 주방세제 한 방울을 떨어뜨려 물을 1/3쯤 채워 넣고 자동세척 모드 또는 고속에서 한 번 돌려주면 깔끔하게 세척할 수 있다.

베개 세탁은 어디까지

오랜 직장 생활과 육아를 하면서 나빠진 자세로 인해 조금만 무리하면 어깨가 자주 뭉치고 목이 쉽게 뻐근해졌다. 한번 나빠진 자세는 아무리 노력해도 쉽게 고쳐지지 않았고 점점 그 증세가 심해져 침도 맞고 치료도 받아보았지만 그때뿐이었다. 증상 완화를 위해 여러 가지 방법을 고민하던 중 템퍼 베개를 선택하게 됐다. 매장에 가면 직접 테스트를 해볼 수 있어 남편과 날을 잡고 방문해 각자에게 맞는 사이즈로 구입해 왔다. 가격대는 좀 있지만 명성답게 자려고 누우면 목 부분 라인에 따라 목이 자리를 잡으면서 편안하게 느껴졌다.

다만 아쉬운 점은 베개 소재의 특성상 물세탁이 안 된다는 점이었다. 커버는 자주 세탁하며 교체했지만 베개 자체의 세탁이 어려우니 사용하면서도 늘 위생 상태가 걱정되었다. 그런 고민으로 새로운 베개를 찾아보던 중 포렌 경추베개를 발견했다. 이 제품은 목 부분과 머리를 두는 부분이 나누어져 있는데 목 뒷부분은 좀 더 단단하고 머리가 닿은 부분은 부드럽고 폭신해 누웠을 때 목 부분에 자연스러운 곡선이 생기면서 편안해졌다. 통째로 물세탁이 가능할 뿐 아니라 건조기 사용까지 가능했다.

아이를 키우고 살림을 살며 일을 한다는 것

아이를 키우고 살림도 하면서 일을 시작한 지도 벌써 몇 해가 되었다. 욕심이 많아서 다 잘해내고 싶은 마음에 초반에는 잠도 줄여가며 일하고 살림하고 아이들 공부까지 직접 봐주었다.

그런데 어느 날 친정엄마께서 "모든 일을 다 너무 잘하려고 하지 말라"고 말씀을 해주시는 거다. 그 순간, 내가 그동안 누군가의 깔끔한 집처럼, 아이 잘 키운다고 소문난 누구 엄마처럼, 거기다 일까지 잘한다는 그 슈퍼우먼처럼 되고 싶어 너무 애쓰고 있었다는 생각이 들었다.

그때 다 잘할 수는 없으니 "일의 우선순위를 매기고 중요도에 따라 처리해보자"는 생각이 들었다. 그래서 가장 먼저 결정한 것은 생각보다 시간이 많이 드는 식사 준비를 단순화시킨 것이었다. 재료만 있으면 비교적 간단하게 완성할 수 있는 한 그릇 요리 레시피를 많이 찾아두고 최대한 간단한 요리 위주로 만들었다. 정말 바쁠 땐 배달음식도 시켜 먹었다.

아무리 바빠도 내 살림은 내가 어떻게든 하고 싶었기에 식기세척기나 로봇청소기처럼 살림 시간을 단축할 수 있는 아이템에도 투자를 많이 했다. 적은 비용은 아니지만 내가 직접 해야 할 부분을 레버리지 하기 위한 방법이었다. 굵직한 살림은 아이들 등원 직후 한 시간 내에 마무리하기 위해서 매일의 루틴을 정해 타이머를 맞춰두고 알차게 완료했다. 그리고 저녁식사 밑 준비를 하는 30분 정도를 제외하고는 아이들 하원 전까지 업무를 본다.

가능한 아이들 하원 후에는 일을 하지 않도록 마무리해두고 아이들이 돌아오면 저녁식사를 하고 숙제도 봐주며 아이들과 함께 시간을 보내려고 노력했다. 아이들 공부도 매일 직접 봐주다가 도움이 필요한 부분은 공부방에 보내면서 레버리지 했다. 지금은 숙제를 같이 봐주면서 함께 시간을 보낸다.

결국 모든 걸 완벽하게 잘할 수 없음을 인정하고 과감한 선택과 집중, 시스템과 루틴을 만들고 유지해온 것이 많은 도움이 된 듯하다.

살림이 귀찮고 어렵기만 하다는 사람에게

일단 작은 공간 하나만 정해서 정리와 청소를 시작해보자. 서랍 하나 신발장처럼 작은 공간일수록 더 좋다. 완벽할 필요는 없다. 100퍼센트가 아니라 80퍼센트만 달성해도 충분하다. 의욕이 과해서 처음부터 지치는 것보다는 이 정도면 해볼 만하다 싶은 정도의 수준으로 꾸준히 하는 것이 좋다. 일단 시작해 마무리한 후의 만족감을 제대로 느껴보고 나면 다음 공간을 또 찾게 될 가능성이 높기 때문이다. 그리고 그 과정과 결과물을 사진으로 찍어보는 방법도 추천하고 싶다. 인스타그램 계정이 있다면 그 과정 또는 비포&애프터를 올려본다. 직접 눈으로 보는 만족감도 있지만 사진으로 찍어보면 부족한 점이 보이고 정리 후의 결과가 더 명확하게 보이니 만족감도 극대화된다. 이때 중요한 것은 다른 누구의 집과 비교하지 않고 우리집의 비포&애프터에만 집중하는 것이다.

뭐부터 해야 할지 막막하다면 가장 먼저 쓰레기부터 비워내보자. 이때 쓰레기란 진짜 쓰레기도 있지만 내게 불필요한 물건도 포함한다. 그 과정이 선행되고 나서 집 안 곳곳에 빈 곳과 여유가 생겨나면 다음에 또 언제든 시작하기에 부담도 덜할 것이다. 나도 집을 예쁘게 꾸미고 싶어 정리나 청소 없이 소품 먼저 구입하며 욕심을 부렸던 적이 있다. 결과는 뻔했다. 공간에 여유가 없고 어질러진 상태에 아무리 예쁜 걸 가져다 둔다고 해서 좋아지지 않는다.

마지막으로 추천하고픈 방법은 15분 타이머 살림이다. 이것도

길다면 딱 5분 타이머를 맞춰놓고 움직여보자. 생각보다 5분 안에 할 수 있는 살림이 많아 놀랄 것이고, 5분 연장하고 싶은 마음마저 생길지 모른다. 나도 15분 타이머를 맞춰놓고 시작한 날과 아닌 날 그 시간을 보낸 밀도가 다르다는 생각이 든다. 타이머를 맞춘 날은 그 시간을 더 알차게 보낸 느낌이 들고 성취감도 높다. 무한정 시간을 늘리면서 마무리될 때까지 하다 보면 쉽게 지치고 그만두고 싶을 때가 많았는데 타이머를 맞추고 살림을 하기 시작하면서 집중하게 되고 효율도 좋아졌다.

설거지 꿀템과 루틴

설거지도 그냥 하는 것보다 어느 정도 순서를 정해두면 교차 오염도 줄이고 효과적으로 마무리할 수 있다. 항상 식사를 마치고 나면 사용한 컵부터 식기세척기에 넣는다. 기름기가 있는 것은 키친타월로 한 차례 닦아내고 다시 한번 식기를 뜨거운 물로 헹굼 한 후 넣는다. 불림 시간이 필요한 것들은 설거지통에 담가서 모아두었다가 마지막에 넣는다. 식기세척기에 세척이 가능한 모든 것을 최대한 찾아서 채운 후 세제를 넣고 돌려둔다. 아이들 물통과 텀블러는 손 설거지를 하는데 보통은 설거지 비누와 솔을 쓰지만 한 번씩 식초물(식초와 물의 비율 1:9)을 채워두었다가 세척하며 살균 소독에도 신경을 쓰고 있다. 설거지가 끝나고 나면 배수구 망에 쌓인 음식물 쓰레기를 비우고 싱크 볼과 배수구 망을 솔질하여 세척한다. 싱크 볼 세척은 주로 주방세제를 사용하고 한 번씩 베이킹소다와 주방세제 또는 과탄산소다를 뿌려 꼼꼼하게 세척한다. 설거지가 끝나면 수전 등 주변을 키친 클리너를 뿌려 한번 닦아내고 마지막엔 바이오크린콜과 마른행주로 마무리한다. 깨끗이 세척한 수세미에도 바이오크린콜을 촉촉하게 뿌려주면 진짜 설거지가 끝이 난다.

스테인리스

나는 디자인적으로도 훌륭하고 실용성도 겸비한 제품들을 좋아한다. 그래서 스테인리스 제품들이 적지 않은 편이다. 최소한의 관리로도 오래 사용할 수 있고, 컬러가 더해지지 않는 것이 대부분이라 다른 살림살이들과도 잘 어울린다.

같은 스테인리스 제품이라 해도 소재에 따라 내구성의 차이가 있다. 보통 가정에서 사용하는 스테인리스 제품들은 내구성이 좋은 304(18-8) 또는 그 이상의 것들이 대부분인데, 처음 사용하기 전 연마제를 충분히 제거하면 잘 부식되지 않아 오랫동안 사용할 수 있다. 오일과 베이킹소다를 1:1 비율로 섞어(필요시 물 소량 첨가) 일회용 수세미 또는 키친타월로 연마제를 꼼꼼하게 닦아낸 후, 주방세제를 사용해 세척한다.

5년 넘게 잘 사용하고 있는 스테인리스 식기건조대는 JAJU에서 구입한 제품이다. 스테인리스 와이어로 튼튼하게 제작되어 무거운 냄비를 몇 개씩 올려도 튼튼하게 받쳐준다. 물에 자주 노출될 수밖에 없으므로, 식기건조대는 조금 가격을 들이더라도 튼튼하고 잘 부식되지 않는 소재인지 꼼꼼하게 확인 후 구매하는 편이 좋다. 저가의 스테인리스 식기건조대는 쉽게 변형되고 부식된다. 사이즈는 대형 사이즈를 구입했는데 식기부터 냄비까지 넉넉하게 건조할 수 있어 편리하다. 또 하나는 욕실에서 사용하는 걸이형 바스켓이다. 욕실 역시 습기가 많은 곳이어서 물때와 곰팡이에 주의해야 한다. 스테인리스 바스켓은 물기가 쉽게 빠지고 바닥면이 잘 건조돼 만족스럽다. 마지막 한 가지는 최

근에 구입한 알레시 스테인리스 바스켓이다. 주로 과일을 담아
두는 용도로 사용하는데 디자인이 정말 멋진 제품이다. 여기에
담으면 과일도 멋스러운 오브제로 변신한다. 이 제품은 가격이
조금 높지만, 실용성과 디자인 면에서 뛰어나 집들이 선물로도
손색이 없다.

이사 준비와 이사 하는 날

이사를 준비하면서 가장 먼저 하는 일은 역시 비움이다. 평소에
도 한 달에 한 번은 집 안 구석구석 불필요한 것을 정리하지만
이사를 앞둔 시기에는 더 꼼꼼하게 점검하고 비운다. 거의 한 달
전부터 비움 리스트를 작성하고 시작해야 어느 정도 여유가 있
게 처분을 할 수 있는 것 같다.

나의 경우 부피가 큰 가구들은 컨디션에 따라 판매 혹은 나눔 하
거나 '빼기' 앱을 사용하여 처분했다. 빼기 앱을 사용하면 직접
분리수거장까지 내리기 어려운 큰 사이즈의 가구를 대신 내려
주는 서비스도 이용할 수 있고 폐기까지 한 번에 할 수 있어 편
리하다. 폐기물 스티커 부착 없이 접수번호를 종이에 써서 폐기
물에 붙여놓고 미리 앱에서 비용을 결제하면 간단하게 끝이 나
니 정말 유용한 서비스라고 생각한다. 나머지 생활용품 등은 일
정량이 모이면 굿윌스토어에 기부하고 기부가 어려운 것들은
분리수거하여 정리한다.

이사를 하면서 이런 과정들을 한번 거치고 나면 어느 때보다도
신중한 소비를 다짐 또 다짐하지만 이사 후에 필요한 것들을 구
입하다 보면 또 금방 짐이 늘어난다. 그렇기에 이사 전 비움은
더더욱 필수적이다. 이사하기 전 큰 가구들을 어떻게 배치할지
미리 정해두는 것도 당일 빠른 이사를 위해서 필수적인 것 같다.
이사 당일 현장에서 바로바로 위치를 소통할 수 있으니 이사 진
행이 보다 빠르고 효율적으로 진행될 수 있다. 몇 번 이사를 해
보니 아무리 서로 조심하여도 통계적으로 한두 건의 파손은 늘

발생했던 것 같다. 이런 부분도 현장에서 그때그때 확인해서 바로 이삿짐 업체와 확인하고 이후 해결 방안을 소통해두는 게 좋다고 생각한다. 특히 인테리어 공사 후 이사를 진행하는 경우, 공사한 부분이 이사 과정에서 손상되지 않도록 미리 충분히 보강작업을 해두는 것을 추천한다. 이삿짐을 옮길 때 마룻바닥이 심하게 손상되어 보수 공사를 한 경험이 있다.

도마의 선택과 관리

우리집은 두 개의 나무 도마를 사용한다. 하나는 요리를 좋아하는 남편이 실력 발휘를 할 때 꺼내는 묵직한 것, 하나는 가벼우면서 실용적인 나의 데일리 도마이다. 미세플라스틱에 대한 우려로 플라스틱 도마나 실리콘 도마는 더 이상 사용하지 않고 있다.

내가 매일 사용하고 있는 것은 편백나무로 만들어진 카이의 스탠딩 도마이다. 일단 무게가 상당히 가볍고 제품에서 풍기는 편백 향이 너무 향긋하다. 편백나무는 항균 탈취 기능이 뛰어나 위생적으로 사용할 수 있고 냄새가 쉽게 베이지 않는다. 가벼워 사용, 보관, 이동이 용이한 점도 장점이다. 일반 나무 도마에 비하면 칼자국도 심하게 남지 않는 편이다. 김치 물도 세척 후 건조 과정에서 거의 사라진다. 나무 도마에 칼질할 때 나는 그 특유의 경쾌한 소리를 좋아하는데 이 도마를 사용할 때 나는 소리와 칼이 도마에 닿을 때의 느낌도 너무 만족스러웠다. 세울 수 있어 수납이 편리하고 건조도 빠른 편이라 위생적이다. 나는 아직 시도해본 적 없지만 이 도마는 물에 강한 편백 히노키 도마라 나무 도마임에도 식기세척기 사용이 가능하다고 한다. 다른 나무 도마처럼 주기적으로 오일링을 하거나 왁스로 관리하지 않아도 충분하다. 가격도 합리적인 편이고, 관리가 쉬운 나무 도마를 찾고 있다면 추천하고 싶다. 사용 후 세척은 설거지 비누와 수세미로 하고 물기를 닦아낸 후 바이오크린콜을 뿌려 살균 소독한다.

사놓고 쓰지 않는 살림살이

고백하자면 나는 마음에 드는 굿즈가 있으면 일단 모으고 보는 1인이었다. 특히 프리퀀시를 모으면 받는 스타벅스 굿즈를 매 시즌마다 모았는데 그중에 잘 사용하고 있는 것은 손에 꼽을 정도이다. 예쁘기는 하지만 실용적으로 사용하기 어려운 것들이 많았고 기능도 아주 뛰어난 편이 아니다 보니 쉽게 손이 가지 않았다. 그동안 프리퀀시를 모은 노력을 생각하면 비우기가 왠지 아깝지만 이제는 비워야 할 것 같다. 이런 생각을 하면서도 이번 시즌에는 어떤 굿즈가 나오는지, 받게 된다면 뭘 선택할지 고민하고 확인하는 내 모습을 보면 아직도 굿즈를 완전히 단념하지는 못한 것 같다.

또 한 가지! 지금은 자주 사용하는 것들을 제외하고는 필요한 만큼만 구입하지만 한때는 조금이라도 저렴하게 사려고 대용량 제품들을 구입하곤 했다. 매직 블럭은 두 가지 사이즈를 무려 한 박스씩 구입했더니 아직도 한참을 쓸 만큼 남아 있다. 한참 쓰고 주변에 나눔을 하고도 남은 게 이 정도니 너무 과하게 구입한 게 맞다. 살림을 하면 할수록 필요한 만큼만 여유분을 준비하는 것이 좋다는 생각을 자주 하게 된다. 공간을 좀 더 여유 있게 쓰고 편하게 관리하기 위해서라도 불필요한 굿즈나 많은 양의 제품을 구입하는 것에 신중해야겠다고 다짐한다.

주방에 이것만 있다면

타나베 스탠드 고기 집게

생각보다 만족스러운 집게 찾기가 쉽지 않았다. 집게 앞부분이 너무 울퉁불퉁해서 음식물이 잘 끼어 세척이 불편한 것, 무게가 무거운 것, 식재료를 잡을 때 힘이 너무 많이 들어가는 것까지 정말 다양하게 써보다 정착한 집게가 바로 타나베 스탠드 고기 집게다. 스테인리스 소재에 집게 부분도 군더더기가 없는 편이라 세척도 편하고 힘을 많이 주지 않아도 식재료를 쉽게 잡을 수 있다. 어떤 식재료를 잡아도 잘 미끄러지지 않을뿐더러 사용하다 올려두어도 바닥에 닿지 않는 형태라 양념이 옮겨 묻지 않아 위생적으로 사용할 수 있다.

컷코 칼 세트

명성에 걸맞게 커팅이 정말 부드럽다. 화이트 핸들의 디자인도 예쁘고 고기부터 빵까지 어떤 식재료를 잘라도 답답함이 없으니 사용을 하면 할수록 만족스러운 주방용품 중 하나이다. 가격이 고가인 만큼 제품력도 뛰어나고 영원한 품질보증 서비스를 제공하고 있어 지속적인 제품 관리를 받을 수 있다는 점도 기대되는 부분이다.

프랑프랑 주걱

일본 여행 중 프랑프랑 매장에서 구입한 이 검은색 주걱은 정말 잘 사용하고 있다. 끝부분이 뭉툭하지 않아 원하는 양만큼만 밥

을 퍼서 담기에 편리하고 사용 후에는 밥솥 옆에 세워두었다가 필요시 재사용이 가능한 점이 만족스럽다. 국내 제품으로 비슷한 것을 구입해서 두 개를 번갈아가며 사용하고 있는데 이 제품은 끝부분이 기존에 쓰던 제품만큼 날렵하지 않아 만족감은 조금 떨어진다. 주걱도 매번 사용 후 올려두기 애매했다면 이런 스탠딩 형태를 추천하고 싶다.

디자인앤쿠 와이드 뒤집개

코팅 팬을 사용하고 있어서 실리콘 소재의 뒤집개를 찾다가 구입해 사용한 제품인데 일반 뒤집개보다 헤드가 짧으면서도 넓어 안정적으로 조리할 수 있다. 특히 넓은 헤드로 계란말이도 쉽게 완성할 수 있다. 두 가지 컬러 중 블랙을 선택했는데 색 배임도 없고 관리가 쉽다.

무인양품 실리콘 주걱

무인양품의 두 가지 실리콘 주걱은 볶음 등의 조리를 할 때 정말 편리하다. 뒤집개와 마찬가지로 블랙 컬러로 색 배임 걱정이 없이 편리하게 조리할 수 있다. 특히 큰 사이즈는 무게감이 좀 있지만 많은 양의 음식을 볶거나 덜어낼 때 사용하면 정말 편리하다. 단단한 재질로 쉽게 휘지 않고 식기세척기로 세척이 가능하다.

조명은 드라마틱하다

나는 어둑해지기 시작하면 노오란 전구색 조명을 집 안에 한두 개씩 켜두는 걸 좋아한다. 집 안의 분위기를 드라마틱하게 바꾸는 데 조명만 한 것이 또 있나 싶다. 조명 몇 개 켜두었을 뿐인데 집 안이 따뜻하고 사랑스러운 느낌으로 바뀐다. 그 매력에 빠져들기 시작하면서 하나하나 모으기 시작한 조명들이 이제는 꽤 되는데 아직도 사고 싶은 조명이 많다.

나는 특히 작고 이동이 편리해 여기저기 옮겨 다니면서 활용할 수 있는 포터블 사이즈를 특히 좋아한다. 우리집 조명 중에 가장 좋아하는 것 역시 루이스 폴센의 판텔라 포터블이다. 어떻게 보면 정말 흔하게 볼 수 있는 조명이기도 하지만 그만큼 매력적임에 틀림없다. 사이즈는 작지만 어디에 두어도 어울리고 그 자체만으로도 고급 미가 느껴진다. 무선 충전식이라 이동하기도 편리하고 밝기도 3단 조절이 되어 생각보다 다양한 느낌으로 연출할 수 있다. 우리집 원형 식탁의 사이즈가 큰 편이라 가운데 올려두려고 구입했는데 식탁뿐 아니라 거실, 침실 어디에 두어도 그곳의 분위기를 아주 예쁘게 만들어주는 작지만 존재감 확실한 조명이다. 결혼 선물로도 자주 추천하는데 은은하고 밝기 조절도 가능하니 아이가 생기면 수유등으로 활용해도 좋을 것 같다.

이탈리아를 대표하는 아르떼미데의 조명도 좋아해서 책상에는 톨로메오 마이크로를 하나 올려두고 주방에 벽 조명으로도 설치하였다. 세 개의 관절로 각도를 비교적 자유자재로 움직일 수 있는 톨로메오는 다양한 컬러와 사이즈의 제품이 있어 고르는 재미가 있는데 나는 가장 기본인 알루미늄 소재를 좋아한다. 거실에 두고 사용하는 큼직한 버섯 모양의 네시노 조명도 불을 밝히면 매력적이다.

욕실에는 각각 다른 앵글포이즈의 조명을 설치해 사용하고 있는데 이 조명을 켜두면 욕실의 분위기가 또 새로워지는 것 같다. 주방 벽 등에 설치한 동글동글한 형태가 귀여운 조명은 직구를 하여 설치한 제품인데 흔치 않은 느낌으로 우리집 주방의 포인트가 되어주고 있다. 알면 알수록 공간마다 어떤 조명을 설치하느냐에 따라 분위기가 달라지고 재미가 더해지는 느낌이라 앞으로도 조명의 매력에 한참 빠져서 지낼 것 같다.

예쁘게 산다는 것은

—

센스와 애티튜드에
관하여

강동혁

The
Book
of
Living

"살림은 단순히 집을 깨끗이 유지하는 것을 넘어서,
나의 삶을 풍요롭게 하고 안정감을 주는 중요한 요소다.
그래서 나는 오늘도 작은 정리와 정돈을 통해
나의 공간을 돌본다.
이 과정이 반복되며, 작은 수고들이 삶의 루틴이 되어갈 때,
집은 나에게 더욱 큰 힘이 되어준다.
결국 살림이란
지금의 내가 나중의 나를 위해 할 수 있는
가장 따뜻한 배려라고 생각한다."

무용함과 유용함의 조화

살림에는 무용함과 유용함이 적절히 섞여 있어야 한다. 너무 효율적이고 실용적인 것만 가득하면 집이 마치 일터같이 느껴진다. 하나하나 따져가며 비교해 좋은 살림살이들을 장만하는 것도 좋고 그래야 하지만 때로는 진짜 마음 가는 대로 움직여보는 것도 나쁘지 않다. 실용적이고 효율적인 것이 주는 효용과는 전혀 다른 색다른 즐거움을 무용한 것이 줄 때가 있다.

나에게는 두 가지 좋아하는 물건이 있는데 정말이지 아무 쓸모 없고 비싼 물건들이다. 요즘에는 '쓸없템'이라고도 하는데 나의 최애 쓸없템이다.

첫 번째는 김성희 작가의 우드 모빌이다. 좋아하는 편집숍인 TWL(Things We Love)에 들렀다가 보게 된 모빌인데 5가지 다른 종류의 나무를 손으로 직접 각기 다른 패턴으로 깎아 만들었다. 그저 나뭇조각이 공중에 매달려 있는 거 말고는 아무 쓸모도 없지만 이 다섯 가지 나무들이 빙글빙글 돌아가면 그게 그렇게 좋을 수가 없다. 가격은 무려 18만 원, 주문 제작이라 심지어 2주나 기다려서 받았다. 인테리어를 어떻게 바꾸더라도 저 빙글빙글 나뭇조각들은 항상 집 어딘가에 매달려 있다. 나도 왜 좋은지는 모르겠다. 하지만 좋다. 그래서 '나는 작가님이 나무를 한 땀 한 땀 깎아내는 인고의 시간을 돈으로 산 거다'라고 결론을 지었다. 그럴싸한 것 같다.

두 번째는 연남동에 있는 빈티지 편집숍 사유집에 들러서 샀던 신라 시대(가야 시대인지 지금도 헷갈린다) 토기이다. 이 토기

208

에는 재미있는 사연이 있는데, 한창 도예를 취미로 하고 있을 때였다. 몇 번 수업 시간이 겹친 수강생이 있었다. 외향인인 나는 궁금함에 그분에게 이런저런 질문을 했는데 내가 인스타그램에서 팔로우하고 있던 연남동 편집숍의 대표님이란 걸 알게 되었다.

사장님 찬스로 할인을 받아 샀는데 도무지 어디에 쓸 곳이 없다. 지금은 팔로산토 인센스 스틱을 태워서 올려두는 용도로 쓰고 있는데 그러기엔 27만 원은 여전히 작지 않은 금액인 것 같다. 하지만 즐겁다. 박물관에나 있을 법한 토기가 우리집 책상 위에 있지 않은가. 그것도 아무 쓸모도 없이. 토기에 묻어 있는 흙마저 신라 시대 흙이라 우기며 우리집 무용함 1등을 유지하고 있는 소품이다.

쓸데없음을 가끔 즐기는 게 살림에도, 인생에도 도움이 되는 것 같다.

꽃보다 나무

한 달에 한 번 정도는 꼭 남대문 꽃시장을 간다. 집에 화분 대신 절화를 주기적으로 구입해 집 분위기를 바꾸기 위해서다. 꽃 대신 나무 소재를 구입하는 편이다. 꽃은 집을 화사하게 만들어주는 장점이 있지만, 힘을 너무 준 느낌이기도 하고 관리도 어렵다. 아무리 관리에 신경을 써도 일주일을 넘기기가 쉽지 않다.

반면 나무 소재는 마치 천천히 스미고 변하는 계절과 같은 느낌이다. 초록색 잎과 나무색의 편안함은 공간 어디에 두어도 자연스럽게 허전한 곳을 채워준다. 종류에 따라 다르긴 하지만, 물에 잘 꽂아두면 짧게는 보름, 길게는 한 달, 어떤 경우에는 뿌리를 내려 더 오래 살기도 한다. 물은 일주일에 한 번만 갈아줘도 충분하다.

겨울에는 동백이나 삼나무, 봄에는 곱슬 버들, 여름에는 남천을 주로 산다. 한 단에 보통 8천 원이면 살 수 있는데, 꽃과 달리 한 단의 양이 꽤 많아서 경제적이기도 하다. 크리스마스 시즌에는 트리 대신 삼나무 가지를 사서 거실의 달항아리에 꽂아 장식하기도 한다.

1만 원에 두 단을 구매해 한 단은 달항아리에, 다른 한 단은 건조시켜 화장실 행잉 화분에 넣는다. 꽃과 달리 나무 소재는 아무렇게나 잡아 화병에 꽂기만 해도 자연스럽게 예쁘다. 남대문 시장엔 토요일 점심 즈음에 가는 것이 좋다. 일요일에 시장이 닫기 때문에 더 저렴한 가격으로 살 수 있다.

남자의 빨래는 다르다

남자의 빨래는 조금 다른 것 같다. 몸에서 분비되는 유분과 땀이 여자보다 더 많고, 종류도 다르기 때문이다. 어느 여름, 아무리 세탁해도 티셔츠와 잠옷에서 불쾌한 냄새가 사라지지 않았다. 처음 빨아서 건조했을 때는 세제 향만 나는데, 조금만 입고 돌아다녀도 다시 좋지 않은 냄새가 올라왔다. 빨래를 잘못 말렸을 때 나는 쉰내와는 조금 달랐다. 특히 맨살에 닿는 티셔츠, 잠옷, 속옷이 더 그랬다. 그러다 보니 외출 중에 SPA 브랜드 매장에서 흰색 티셔츠를 사서 갈아입는 경우도 종종 있었다.

당시 세탁기는 사용한 지 2년밖에 안 된 상태가 좋은 제품이었고, 주기적으로 통세척도 해주었기에 세탁기 문제는 아닌 것 같았다. 온수로 세탁을 해보기도 했고, 건조기에 고온으로 빨래를 말려보기도 했다. 하지만 옷감 깊이 스며든 냄새는 해결되지 않았다.

처음에는 냄새의 원인이 옷감에 남아 있는 세균이나 박테리아라고 생각해 섬유유연제 대신 빨래용 세니타이저를 사용해보았다. 하지만 큰 효과는 없었다. 알고 보니 문제는 옷에 남아 있는 기름때와 단백질이 옷을 입고 활동하면서 나는 열과 땀에 의해 부패해 생기는 악취였다. 확실한 방법은 희석한 락스 물에 옷감을 헹구는 것이었다. 그러나 빨래가 흰색만 있는 것이 아니었기에 이마저도 완벽한 해결책은 아니었다.

여러 세제를 시도한 끝에, 프로쉬 알로에베라 액상 세제와 넬리 런드리소다(탄산소다) 조합으로(빨래 양에 따라 다르지만 액상

세제 1:런드리소다 0.5 비율로 세탁했다) 문제를 해결했다. 탄산
소다는 기름때와 지질을 분해하는 데 효과적이다. 특히 땀과 피
부에서 나오는 유분이 많은 옷을 세탁할 때 탁월하다. 그리고 세
탁 시 물을 알칼리성으로 만들어 세제가 더 잘 작용하도록 돕는
다. 그래서 오염 제거가 부족하다 느껴지면 세탁용 탄산소다를
소량 넣어주면 좋다.

물 대신 마십니다

아침 점심, 커피 두 잔은 매일 마시는 편이라 하루에 화장실을 몇 번을 가는지 모르겠다. 생각해보면 내가 마신 커피의 양보다 화장실에 가서 배출한 수분의 양이 더 많은 것 같을 때도 있다. 카페인의 이뇨작용 때문인데 이로 인해 많은 현대인들이 약간의 탈수 상태에서 살아간다고 한다. 그래서 평소에 물을 많이 마시려고 노력하는 편인데 생각보다 쉽지 않다. 고작 물인데, 그게 뭐라고 그렇게 어려울까. 매번 다짐하지만 커피가 늘 이긴다.

한번은 베를린으로 여행을 갔다가 친한 작가님 집에 사흘을 머무르게 되었는데 작가님 주방에는 늘 이케아 유리병에 루이보스 차가 가득 차 있었다. '유럽병'에 걸려 있을 때여서 그랬을까, 그렇게 좋아 보였다.

사람마다 취향이 조금씩 다르겠지만, 나는 꽃이나 과일 향이 나는 차나, 민트 계열의 차를 별로 좋아하지 않는다. 향이 강하면 금방 질려서 물처럼 계속 마시기 어렵다. 그리고 물 대신 마시려면 가장 중요한 것은 카페인 성분이 없어야 한다.

루이보스의 맛은 결명자차와 비슷하다. 전기포트에 물을 끓인 후 유리병에 티백을 넣어 상온 보관하면 끝이다. 루이보스는 뜨거운 물에 우려야 항산화 성분인 아스팔라틴과 노토파긴 등의 플라보노이드가 더 많이 추출된다. 보리차나 결명자차처럼 팔팔 끓이지 않아도 괜찮다.

그리고 루이보스의 항산화 성분 때문에 상온에 그냥 두어도 오랫동안 상하지 않고 마실 수 있다. 차가운 물은 몸에 좋지 않다

고 생각해 상온에 유리병을 꺼내 두고 마신다. 냉장고에 넣어서
꺼내 마시는 번거로움 또한 없어 더 쉽게 마실 수 있다.

항산화 성분이 내 몸을 젊게 만들어주는 건 잘 모르겠지만 루이
보스의 구수한 맛이 확실히 물을 좀 더 쉽게, 많이 마실 수 있게
해준다. 이제는 매일 저녁 퇴근하고 집에 오면 1리터의 물을 끓
여 빈 병에 티백과 함께 물을 채우는 게 저녁 루틴이 되었다.

향기로운 집의 비결

패션의 완성은 향수인 것처럼 아름다운 집의 완성은 좋은 향이라 생각한다. 살림을 하다 보면 집에 아무래도 다양한 음식 냄새가 배는데 요리를 아예 하지 않는 이상 어쩔 수 없다. 집이 아무리 예뻐도 집에서 생활감 가득한 냄새가 나면 산뜻하지 않다. 일시적인 방법으로 현관에 디퓨저를 두거나 룸스프레이를 사용할수도 있다. 하지만 아무리 좋은 향이라도 인위적인 느낌은 어쩔수 없는 것 같다.

집에 손님이 오는 날이거나 환기를 하기 어려운 날에는 냉장고에서 레몬 하나와 시나몬 스틱 두 개를 꺼내 작은 냄비에 넣고 30분 정도 물을 보충해가며 끓여준다. 향을 내는 용도로 사용할 때는 레몬을 슬라이스해 냉동실에 넣어두고 쓰면 보관을 더 오래 할 수 있다.

물이 증발하면서 싱그럽고 따스한 향이 온 집에 구석구석 스며든다. 디퓨저나 룸스프레이는 절대 낼 수 없는 자연스럽고 기분 좋은 향이다. 증기로 발생한 향이기 때문에 집 안 섬유와 가구 곳곳에 향이 들어가 좋은 향이 훨씬 오래 지속된다. 계열은 조금 다르지만 집에서 빵을 구울 때 나는 기분 좋은 포근한 향과 비슷한 향이다. 거기에 조금 더 나만의 향을 내고 싶으면 로즈메리 같이 취향에 맞는 허브를 조금 따서 넣어주어도 좋다. 이렇게 하면 집에 온 손님이 어떤 디퓨저를 쓰냐고 꼭 물어본다.

펫-시터

일이 조금 늦어지면 어느새 엉덩이가 들썩거리며 빨리 집에 가고 싶어진다. 일을 하기 싫어서가 아니라, 집에서 오매불망 나를 기다리고 있을 고양이들 때문이다.

반려동물과 사는 삶은 생각보다 제약이 많다. 반려인 생활 7년 차에 접어들면서 이제 몇 가지 익숙한 루틴이 생겼다. 그중 가장 중요한 것은 집을 비울 때다. 1박 이상 집을 비우게 되면 무조건 펫-시터를 예약한다. 어릴 때는 이런 서비스가 없었던 것 같기도 하고, 만약 있었다 해도 20대의 나는 비용이 부담스러워 이용하지 않았을 것이다. 사실 그렇게 비싸지는 않다.

내가 이용하는 서비스는 '와요'라는 플랫폼이다. 와요를 선택한 이유는 시터 님 목에 카메라가 있어 실시간으로 음성과 현재 상황을 듣고 볼 수 있기 때문이다.

어릴 때는 친구에게 집에 잠깐 들러 고양이를 케어해달라고 부탁하거나 아예 친구 집에 고양이를 보내서 며칠 지내게 했었는데 서로에게 부담이 되었고 고양이도 행복하지 않았다. 집에 돌아온 후 감사의 표시로 돈을 줘도 받는 사람은 없었다. 하지만 그냥 넘어갈 수는 없기에 매번 선물을 사서 전달했는데, 선물을 고르는 일도 비용도 만만치 않았다.

고양이를 좋아해서 그냥 해주겠다는 분들도 많았지만 나에게 필요한 건 우리 고양이를 예뻐해줄 사람이 아닌 잘 돌봐줄 사람이었다. 지금은 여러 번의 돌봄 후 시터 두 분을 지정해 스케줄에 맞춰 돌아가면서 요청을 드린다.

처음 시터 님과의 소통은 생각보다 시간이 많이 든다. 돌봄 물품의 위치나 아이들 특징, 요청사항 등 전달할 게 꽤나 많기 때문이다. 지금은 실시간 카메라가 켜진 후 잘 부탁드린다는 얘기만 하고 딱히 중요한 대화는 없다. 3년째 방문이라 알아서 잘 돌봐주시기 때문이다.

전문 시터 님에게 배우는 점도 굉장히 많았다. 화장실의 위치, 변 상태 체크, 물그릇 개수 등. 비용은 1회 방문, 1시간 돌봄에 2만 원 중반 대이다. 우리집은 고양이가 두 마리라 추가 금액이 붙어 3만 원 정도다. 강아지는 산책 서비스도 따로 있다.

나이가 들면서 누군가에게 부탁하는 일이 점점 줄어들고 돈으로 해결하는 경우가 많아진다. 물론 지인에게 또는 친구에게 부탁하기도 하고 들어주기도 하며 서로 돕고 사는 재미가 있기도 하지만 반려동물 돌봄은 시터를 고용하는 것이 합리적인 선택이라 생각한다.

손님맞이 시그니처 메뉴 호두밥

손님이 오는데 시간이 없거나 별다른 재료가 없을 때, 혹은 입맛이 없을 때 먹는 나만의 메뉴가 있다. 바로 호두밥이다! 신선 재료는 때때로 없을 수 있지만, 견과류는 보관이 쉬워 항상 집에 구비해놓는다. 그중에서도 호두를 가장 많이 먹는데, 평소 삼겹살을 먹을 때 쌈장에 호두를 듬뿍 빻아 섞어 먹기 때문이다. 호두 하나로 쌈장이 엄청 고급스러워진다. 매실액과 참기름 한 스푼을 넣어주면 더 좋다. 이런 이유로 호두밥은 365일 언제든 만들어 먹을 수 있다.

콩이나 잡곡, 견과를 싫어하는 사람들은 이름만으로 거부감을 가질 수 있지만, 호두밥은 그 결이 전혀 다르다. 우선 호두 한 줌을 절구에 빻아준다. 블렌더로 갈면 입자가 너무 고와 밥물이 질어져 밥이 죽처럼 되거나 열기가 잘 순환되지 않아 설익게 된다. 꼭 절구로 빻아주어야 한다. 입에 씹히지는 않지만 눈에 보일 정도로 빻아준 후, 불린 쌀에 진간장 한 스푼(색을 내고 간을 맞추는 역할을 한다), 청주 또는 맛술 두 스푼을 넣고 다시마 반 장을 함께 넣어 밥을 하면 끝이다. 전기밥솥으로도 가능하며, 물은 일반적인 밥과 같은 양으로 하면 된다. 밥이 되면 다시마를 빼내고 아래 눌은 부분을 잘 섞어준 후 먹으면 된다. 조금 정성을 더하자면 삼각형으로 모양을 잡아 직사각형으로 자른 생김을 아래쪽에 싸서 나무 플레이트에 올려 내면 좋다. 반찬이 따로 없어도 될 만큼 맛있다. 굳이 곁들이자면 열무김치나 물김치 같은 가볍고 시원한 것들이 좋다.

이케아 유리병

이케아에서 딱 두 가지만 고를 수 있다면 나는 이케아 365+ 유리병과 바르다겐 유리병을 선택할 것이다. 365+ 유리병은 설탕, 소금, 밀가루, 잡곡 등을 보관하기 좋고 수경재배용 화병으로도 훌륭하다. 용량은 3.3리터로 넉넉하다. 바르다겐은 커피 캡슐, 먹다 남은 과자, 유산균 등을 보관하기 좋고 투명한 유리라 무엇이 들어 있는지 구분하기가 쉽다. 선반 위에 올려두면 왠지 모를 감성도 느낄 수 있다.

두 가지 유리병 모두 용도에 따라 다양하게 사용 가능하고 무엇보다 유리병이라 세척과 열탕 소독이 용이하다. 가격도 1만 원 이하로 저렴한 편인데 다른 브랜드에서는 찾기 힘든 가격에 퀄리티도 좋다.

컨테이너의 통일은 살림을 효율적이고 깔끔하게 만들어주는 요소다. 소금, 설탕, 잡곡 등 기본적으로 살림에 필요한 것들이 담긴 용기들의 모양과 용량, 재질이 제각기 다른 경우가 대부분이다. 이 때문에 수납 효율이 떨어지고 관리도 쉽지 않다. 모든 재료를 유리병에 다 담기는 어렵지만 자주 사용하고 용량이 많은 것들은 컨테이너 사용을 추천한다.

컨테이너를 고를 때는 예쁜 모양도 중요하지만 무엇보다 안에 있는 내용물이 무엇인지 파악하기 쉬워야 하고 세척이 간편해야 한다. 이케아 유리병들은 최고의 선택이라 자부한다.

콘센트 리모컨

인테리어의 마무리는 조명이라는 말이 있다. 18평 작은 나의 집에는 천장 직부등을 제외하고도 크고 작은 조명들이 10개나 있다. 각 공간마다 놓여 있는 스탠드 조명과 간접등, 펜던트 등의 따뜻한 빛은 그라데이션으로 퍼져 공간을 깊고 아늑하게 만들어준다. 천장 직부등은 색온도가 높아 집을 차갑게 보이게 하고 공간을 단조롭게 만들기 때문에 거의 사용하지 않는다.

해가 지면 각종 스탠드 등과 간접등을 켜는데, 이걸 하나하나 켜는 게 여간 귀찮은 일이 아니다. 예쁜 집에 살려면 부지런해야하는 것도 맞지만, 매번 10개 정도 되는 조명을 일일이 끄고 켜는 건 매우 비효율적이다. 그래서 나는 일상을 좀 더 효율적으로 만들기 위해 콘센트용 리모컨을 사용한다. 조명의 전원선이 꽂혀 있는 콘센트에 리모트 멀티탭을 꽂고, 거기에 조명 전원선을 연결하면 끝이다.

리모컨에 각 리모트 멀티탭 번호를 지정해 멀리서도 켜고 끌 수 있다. 이 작은 물건이 나의 저녁을 얼마나 편하게 만들어주는지 모른다. 물론 요즘에는 음성 명령이나 스마트폰으로 조작이 가능한 제품들도 있지만, 초기 설정이 번거로울 수 있고, 일부 사용자에게는 어렵게 느껴질 수도 있다(그 일부가 바로 나다).

일과를 끝내고 침실로 가기 전, 거실에 놓인 조명 리모컨으로 한 번에 모든 조명을 끄는 것이 나의 하루의 마지막 루틴이다. 살림에는 직접적으로 예뻐 보이게 해주는 소품들도 중요하지만, 보이지 않지만 일상을 편리하게 해주는 아이템들도 매우 중요하다. 나의 작은 수고에 비하면 매우 저렴한 제품이라 생각한다. 이 제품은 집들이 선물로도 아주 좋다. 리모컨과 멀티탭 2개 세트로 구매하면 4만 원대에 구매할 수 있어, 센스 있는 집들이 선물로 제격이다.

손님에게 감동을 선물하는 방법

집에 손님이 찾아올 때 나는 작고 세심한 방법들로 그들에게 대접 받는 듯한 느낌을 주려 노력한다.

첫 번째 방법은 손님이 도착하기 전에 꽃집에서 한 종류의 꽃을 한 다발 사 오는 것이다. 꽃을 식사 테이블에 꽂아두면, 그 자체로 손님의 기분을 좋게 만들어준다. 여기서 중요한 포인트는 손님이 돌아갈 때, 그 꽃을 갈색 크래프트지에 소분해서 나눠주는 것이다. 이렇게 하면 우리집에서의 즐거운 시간이 손님의 집까지 이어져, 그 기억을 더욱 오래 남길 수 있다.

두 번째 방법은 디저트를 내는 방식이다. 나는 집에 항상 투게더 같은 우유 아이스크림을 구비해둔다. 식사가 끝난 후, 아끼는 그릇에 아이스크림을 스쿱으로 동그랗게 떠서 손님에게 대접한다. 이때 중요한 포인트는 내가 좋아하는 외국의 초코 쿠키 같은 것을 잘게 부셔서 아이스크림 위에 올려주는 것이다. 주로 안젤리나의 다크 초콜릿 크레페를 사용한다. 손님 앞에서 과자를 아이스크림 위에 올리며 "이 과자는 코코 샤넬이 사랑했던 안젤리나 제과점의 과자예요"라는 이야기를 들려주면, 손님은 마지막 디저트를 대접받는 느낌으로 좀 더 기분 좋게 즐길 수 있다.

때로는 내가 직접 만든 호두정과를 부셔서 올려주기도 하는데, 직접 만든 것이라 더욱 정성을 느낄 수 있다. 이런 것들이 준비되어 있지 않을 때는 슈퍼넛츠의 피넛버터 스무스를 한 숟가락 올려주기도 한다. 이 작은 세심함은 '내가 당신을 소중하게 생각합니다'라는 뜻을 자연스럽게 표현하는 나만의 방식이다.

홈메이드 칵테일

가볍게 놀러 온 손님이 있을 때, 나는 종종 홈메이드 칵테일을 만들어주곤 한다. 그중에서도 손쉽게 만들 수 있고 시각적으로도 아름다운 '데킬라 선라이즈'는 특히 인기가 많다. 이 칵테일은 많은 사람들이 들어본 적이 있는 클래식한 음료로, 만드는 방법도 간단하다.

먼저 긴 유리컵에 얼음을 채운다. 그 위에 데킬라 30밀리리터와 오렌지주스 100밀리리터를 순서대로 넣는다. 그다음 그라나딘 시럽 15밀리리터를 컵 한쪽 벽을 타고 내리게 천천히 부어주면, 멋진 노을 색깔을 연출할 수 있다. 이 시럽은 약 6천 원 정도이고, 시럽이라 오래 보관할 수 있어 집에 하나쯤 구비해두면 좋다. 만약 손님이 술을 마실 수 없는 상황이라면, 데킬라 대신 스프라이트나 레몬주스를 넣어 논알콜 칵테일로 변형할 수 있다. 이렇게 하면 누구나 부담 없이 즐길 수 있는 음료가 된다.

데킬라 선라이즈는 다른 칵테일에 비해 만들기 쉽고, 시각적으로도 아름다워 적은 노력으로 생색내기가 좋다. 무엇보다 집에서 칵테일을 대접한다는 자체가 신선하게 느껴질 수 있어, 손님이 왔을 때 종종 이 칵테일을 준비하곤 한다.

칵테일을 만드는 동안 손님이 지루해하지 않도록, 데킬라 선라이즈에 대한 간단한 이야기를 해주는 것도 좋은 방법이다. 예를 들어, "데킬라 선라이즈는 롤링 스톤즈가 전성기인 1970년대에 투어를 하면서 가장 즐겨 마신 칵테일이에요"라고 설명하면서 롤링 스톤즈의 음악을 함께 틀어주면, 좀 어지간해 보이긴 하지

만 그 또한 재미를 줄 수 있다.

그리고 재료의 비율은 사실 그리 중요하지 않다. 오렌지주스 베이스라 맛은 없을 수 없고 그저 예쁘기 때문에 어떻게 만들어도 괜찮다.

생활 소품은 여기서 사세요

집을 꾸밀 때 나는 자주 H&M HOME을 이용한다. 많은 사람들이 H&M을 의류 브랜드로 알고 있지만, 이곳에는 유럽 특유의 감성이 녹아 있는 패브릭과 인테리어 소품이 가득하다. H&M HOME 매장은 주로 스타필드 같은 대형 쇼핑몰에서 찾을 수 있다(물론 온라인 구매도 가능하다).

많은 고급스러운 소품숍들이 있지만, 내가 H&M HOME을 사랑하는 이유는 가격 때문이다. 대부분의 물건들이 10만 원 미만으로 구매 가능하다. 특히 작은 카펫, 화병, 쿠션, 담요 등을 매우 합리적인 가격에 판매한다.

디자인이 이국적인 느낌이 있어, 깔끔한 인테리어에 H&M HOME 소품을 한두 개 더하면 가격 대비 매우 고급스럽게 공간을 연출할 수 있다. 또 이곳의 소품은 메인 제품보다는 기존 인테리어에 한두 개씩 추가하는 느낌으로 활용하기에 좋다.

다만 침구류는 추천하지 않는다. 침구류는 디자인은 훌륭하지만, 사용해보니 먼지가 많고 이염 등의 관리가 어려웠다.

H&M HOME에서 쇼핑할 때의 팁을 하나 주자면, 1월과 7월쯤에 대대적인 세일을 한다는 것이다. 이때 많게는 70퍼센트까지 세일을 하기 때문에, 매장을 방문하거나 온라인 홈페이지를 들어가보길 추천한다. 이 시기를 잘 활용하면 저렴한 가격에 예쁜 소품들을 구입할 수 있다.

제철 음식을 먹는다는 것은

나는 제철 음식을 좋아한다. 그 시기에만 먹을 수 있고 몸에도 좋기 때문이다. 특히 봄이 되면 꼭 두릅을 주문하는데, 인터넷에서 2만 원이면 한 박스 가득 두릅을 구매할 수 있다. 평소 잘 먹지 않는 식재료이기에, 두릅을 핑계로 이 팀 저 팀 집에 손님을 부른다.

두릅을 손질한 후 묽은 튀김옷을 묻혀 튀겨 폰즈 소스에 찍어 먹고, 끓는 물에 살짝 데쳐 초장에 찍어 먹고, 소고기에 말아서 구워 먹는다. 별거 아니지만, 이런 제철 음식을 핑계로 소중한 사람들을 집에서 만나면 참 기분이 좋다. 새로운 얘깃거리가 딱히 없어도 제철 식재료만으로도 식탁의 대화가 풍성해진다.

나는 봄이 되면 두릅을 주문하고, 여름이 되면 초당옥수수를 기다린다. 가을에는 대하를, 겨울에는 굴과 과메기를 주문하며 그 계절의 맛을 즐길 준비를 한다. 제철이라고 핑계될 수 있는 식재료는 사실 끝도 없다. 그래서 우리집에는 제철 재료만큼이나 사시사철 손님이 끊이지 않는다. 이렇게 제철 음식을 함께 나누는 것은 단순한 식사가 아닌, 삶의 작은 기쁨을 공유하는 순간이 된다.

몇 년 전에 두릅을 요리해서 친구를 불렀는데 태어나서 두릅을 처음 먹어본다고 했다. 그 뒤로 그 친구와 만나면 종종 나 때문에 처음 먹어본 음식들에 대해 얘기를 하는데 그게 은근히 뿌듯하다.

나는 어릴 적 엄마가 제철 식재료 요리를 자주 해주셔서 별로 새로울 게 없었는데 지인들 얘기를 들어보면 이 시기에는 꼭 이걸 먹어야 하는 '제철'이라는 개념 없이 살아온 사람들이 많았다. 지금은 영양학적으로 과잉에 가까워서 꼭 제철 음식을 찾아 먹을 필요는 없다. 하지만 나에게 제철 식재료는 그저 먹을거리라기보다는 무뚝뚝한 경상도 남자의 애정 표현 같은 느낌에 가까운 것 같다.

드릴 하나쯤

가정용 드릴을 구매할 때 많은 사람들은 갈림길에 선다. 우선 가정용 드릴이 정말 필요한지, 평생 사용할 드릴 하나 정도는 있어야겠지 하는 생각 사이에서 주저하곤 한다. 저렴한 드릴을 구매하면 파워가 낮아 사용성이 떨어진다. 집에서도 콘크리트 벽에 구멍을 내야 할 일이 은근히 있기 때문이다.

콘크리트 전용 해머 드릴까지는 아니지만, 적당한 수준에서 모든 용도를 만족시키고 오래 사용할 수 있는 장비를 추천하자면, 디월트의 DCF887 모델이 좋다. 이 드릴은 세트로 20만 원대에 구매할 수 있다. 저렴한 가격은 아니지만, 가정용으로 저렴하게 샀다가 여러 번 버린 기억과 벽을 뚫을 때마다 드릴을 빌리러 다닌 스트레스를 떠올려보면, 처음부터 이 정도 스펙의 제품을 사는 것이 오히려 경제적일 수 있다.

일반 드릴과 임팩트 드릴, 해머 드릴의 차이점은 다음과 같다. 임팩트 드릴은 회전 방향으로 힘을 추가로 가하는 드릴이고, 해머 드릴은 수직 방향으로 힘을 추가로 가하는 드릴이다. 콘크리트 벽에 타공을 하려면 해머 드릴이 필요하지만, 디월트 DCF887 모델로도 충분히 콘크리트 벽에 타공을 할 수 있다. 다만 임팩트 드릴은 일반 나사를 조일 때 힘이 너무 강해 나사 구멍이 헐거워질 수 있어 섬세한 작업이 필요하다.

이 정도의 제품을 하나 장만해두면, 동네 이웃들에게 빌려주며 생색내기도 좋다. 디월트는 '공구계의 에르메스'라고 불릴 정도로 성능과 품질이 뛰어나다. 오래도록 믿고 사용할 수 있다. 장비는 늘 약간의 오버스펙이 더 좋은 법이다.

물론 이 모든 게 부담스럽고 공구를 사용할 일이 적다면 동네 주민센터를 활용할 수도 있다. 지역마다 다를 수 있지만 대부분의 주민센터는 신청 후 신분증을 맡기면 다양한 공구를 무료로 대여해준다.

벽에 못을 박을 수 없는 경우

살고 있는 집이 자가가 아닐 경우, 벽에 못을 박기 쉽지 않을 때
가 있다. 또는 벽이 콘크리트라 집에 있는 장비로는 쉽게 뚫리지
않을 경우도 있다. 이런 상황에서 내가 자주 사용하는 방법이 있
다. 바로 몰딩에 나사를 박은 후 액자 와이어를 내려서 거는 방
법이다.

몰딩은 주로 나무나 합성 소재로 만들어져 있어, 드라이버만 있
어도 나사를 쉽게 박을 수 있다. 인터넷에 '액자걸이'라고 검색
하면 실버, 화이트, 투명 등 다양한 컬러의 액자걸이가 나온다.
이를 몰딩에 나사를 박아 걸어주면 된다. 나중에 나사를 제거할
때는 다이소 같은 곳에서 몰딩과 비슷한 컬러의 메꾸미를 사서
구멍을 막아주면 티 나지 않게 마감할 수 있다.

일반적인 두꺼운 몰딩이 아닌, 얇은 몰딩이거나 마이너스 몰딩
일 경우에는 몰딩 안쪽 공간에 액자 레일을 설치해 액자를 걸 수
있다. 이때는 액자 레일용 액자걸이를 구매하면 된다. 몰딩을 활
용한 이 방법은 벽에 직접 손상을 주지 않으면서도 집을 예쁘게
꾸밀 수 있는 좋은 방법이다.

다이어트 중 야식이 땡길 때

어릴 적 여름밤이면 엄마가 자주 해주던 음식이 있다. 저녁은 먹었고 자기에는 조금 애매하고 배는 헛헛한 그런 느낌이 들 때, 엄마에게 얘기하면 5분이면 뚝딱 만들어주던 음식이었다. 정확한 이름이 있는 것 같진 않은데, 우무묵으로 만든 음식이다.

엄마는 다시마를 진하게 우려 얼음을 넣어 식힌 후 예쁜 그릇에 한 국자 자작하게 넣어주고, 물에 잘 헹군 우무묵을 한 주먹 넣어 주셨다. 그리고 간장에 청양고추를 잘게 다져 넣어 양념장을 만들어 우무묵 위에 올려 먹었다. 이게 끝인 아주 간단한 요리다. 정말 만들기 쉽지만 감칠맛과 식감, 포만감을 채워주고 칼로리는 거의 0에 가깝다. 먹고 바로 누워도 전혀 부담이 없었다.

여름이면 엄마는 늘 다시마 채수와 양념장을 만들어 냉장고에 넣어 두시고는, 내가 출출하다고 할 때마다 마법처럼 뚝딱 내주셨다. 그러면 TV를 보면서 숟가락으로 후두둑 끊어지는 우무묵을 마시듯 퍼먹었다.

추억이 가득한 이 음식은 나의 소울푸드이자 최고의 다이어트 식품이다. 여름밤이면 어김없이 생각나는 이 음식은, 나에게 있어 사랑하는 사람에게 해주고 싶은 그런 느낌의 음식이다. 지금도 종종 우무묵을 먹을 때면, 엄마가 후딱 만들어주던 그 여름밤이 떠오른다. 요즘 우무묵은 팩으로 나와 유통기한이 꽤 길다. 냉장고에 쌓아두고 멸치 육수 팩을 써도 좋을 것 같다. 그럼 훨씬 간단한 버전의 요리가 될 것 같다. 가장 중요한 건 청양고추가 들어간 간장 양념장이니 꼭 곁들여 먹어보길 바란다.

종이가방 말고 푸른 보자기

나는 평소 거창한 선물보다는 작은 선물을 자주 하는 것을 좋아한다. 보통은 사람들이 쿠키 같은 걸 선물할 때 지퍼백에 담아 건네거나, 조금 더 신경을 쓰면 작은 종이가방에 넣어주곤 한다. 나는 조금 더 정성을 들이는 편이다.

쿠팡에서 청색 보자기를 검색하면 1만 원에 20개들이 제품을 찾을 수 있다. 이 보자기는 작은 선물을 더욱 특별하게 만들어준다. 지퍼백에 쿠키를 담고, 청색 보자기로 잘 싸서 노끈으로 리본을 묶어 종이백에 담는다. 이렇게 하면 단순한 쿠키도 훨씬 더 정성스러운 선물이 된다.

새로 만든 멸치볶음이 맛있어서 친구에게 나눠주고 싶을 때도 이렇게 한다. 지퍼백에 멸치볶음을 담고, 보자기로 포장한 뒤 노끈으로 마무리하면 끝. 별거 아닌 것 같지만 받는 사람에겐 특별한 경험이 된다. 뿐만 아니라 평범한 나눔 물건들을 전달할 때도 이 방법은 유용하다.

군이 보자기를 사용하는 이유는 포장지를 따로 사는 것보다 훨씬 간편하고 예쁘게 포장할 수 있기 때문이다. 보자기는 대충 손으로 쥐어 싸서 묶어주기만 해도 그럴싸하게 보인다. 한 장에 500원짜리 보자기 하나로도 '나는 당신을 귀하게 생각한다'는 마음을 전달할 수 있다.

삶이라는 게 꼭 거창할 필요는 없다. 500원짜리 보자기 하나로 많은 사람이 조금 더 행복해질 수 있다. 작은 선물에 정성을 더해보자. 보자기와 노끈이라는 간단한 아이템만으로도 당신의

선물이 더욱 빛날 것이다. 평소에 자주 사용하는 이 작은 팁으로 사랑하는 사람들에게 당신의 마음을 전해보길 바란다. 작은 선물이지만, 그 안에 담긴 정성과 마음이 받는 사람에게 큰 기쁨을 줄 것이다.

털과의 전쟁에서 승리하는 법

우리집에는 한강이와 금강이라는 3살짜리 형제 고양이가 있다. 나는 10년 차 냥집사지만, 아이러니하게도 고양이털 알레르기가 있다. 그래서 매일이 털과의 전쟁이다. 고양이를 만지면 즉시 손을 씻어야 하며, 하루에 30번은 손을 씻는 것 같다. 또한 아침저녁으로 청소기를 돌리는 일이 일상이다.

현재 나는 삼성 비스포크 제트를 사용하고 있다. 다이슨, 엘지 코드제로 등 비슷한 스펙의 최상급 제품들을 써봤지만, 이들로도 고양이털을 청소하기는 어렵다. 특히 카펫, 침구, 소파 등 패브릭 제품의 경우에는 거의 청소기를 쓰는 의미가 없을 정도이다.

그래서 큰 청소는 비스포크 제트를 사용하지만, 카펫, 침구, 소파의 경우 따로 사용하는 핸디형 청소기가 있다. 바로 블랙앤데커의 핸디형 펫 청소기다. 10만 원 이하의 가격과 작은 크기로 부담이 없으면서도, 고양이털 청소에 있어서만은 성능이 100만 원대 청소기들을 능가한다. 물론 미국 브랜드답게 소음은 엄청나다. 하지만 한 번 청소 후 필터를 보면, 매번 돈 버는 느낌이 든다.

고양이를 키운다면, 특히 털 알레르기가 있다면 패브릭류 털 청소는 필수적이다. 다양한 제품을 써봤지만, 이만한 제품이 없다. 카펫을 때려주면서 고무 브러시로 털을 빨아들이기 때문에 확실하다. 마지막으로 돌돌이를 사용해 마무리해주면 완벽하다. 냥집사, 멍집사에게 강력히 추천한다.

고양이와 함께하는 삶은 매일이 전쟁이다. 특히 털과의 전쟁은

피할 수 없는 현실이다. 하지만 좋은 도구와 약간의 부지런함만 있다면, 이 전쟁에서도 승리할 수 있다. 한강이와 금강이 덕분에 나의 삶은 감정적으로 너무 풍요로워졌다. 비록 알레르기 때문에 때론 힘들기도 하지만, 그만큼 사랑과 즐거움도 크다. 그러니 고양이 털 때문에 고민하는 모든 냥집사들이여, 이 훌륭한 도구를 한번 사용해보길 강력히 권한다.

어딘가 비어 보이는 공간에 두기 좋은 오브제

자연 소재 중에서 돌은 내가 가장 좋아하는 소재이다. 얼마 전까지 분재 브랜드를 운영했는데 식물보다 돌을 아름답게 보여주기 위해 식물을 사용했다고 해도 될 만큼 다양한 돌을 사용하고 좋아했다.

우리는 종종 비싼 돈을 들여 사람이 만든 다양한 소품을 구매하지만, 자연이 만들어낸 돌만큼 제각기 다르고 아름다운 오브제는 드물다. 돌은 그 자체로도 하나의 예술 작품이며, 어떤 공간에 놓아도 그 공간을 차분하게 해준다.

우리집 곳곳에는 다양한 돌이 자리 잡고 있다. 화장실에 하나, 주방에 하나, 서재에도 하나, 현관에도 하나. 그저 보기 좋은 장식물로서만이 아니라, 실용적인 역할도 톡톡히 해낸다. 화산석은 그 특유의 질감과 색감 덕분에 공간에 내추럴한 무드를 연출한다. 자연석이 주는 편안함과 안정감은 사람에게 작은 위로가 되기도 한다.

화산석은 약간의 실용성도 있는데 손님이 오기 전에 아로마 오일을 화산석에 한두 방울 떨어뜨리면, 향기로운 디퓨저로 변신한다. 따로 디퓨저를 구매할 필요 없이, 자연석이 그 역할을 충실히 해내는 것이다. 화산석에 스며든 향기는 집 안 곳곳에 퍼져, 손님들에게 좋은 인상을 남긴다.

돌은 인터넷 검색을 통해 쉽게 구할 수 있다. 화산석, 청룡석, 황호석, 목문석을 주로 구매하는데 어항 장식용으로 판매하는 거라 크기도 적당하다. 가격도 비교적 저렴해 큰 부담 없이 다양한

크기와 모양의 돌을 구매할 수 있다. 종종 산책을 하며 자연에서
돌을 주워 오기도 한다.

돌은 주인공으로 두기보다 다른 오브제들 옆에 공간이 조금 비
어 있을 때 채워주는 역할로 좋다. 조명이나 책 옆에 두어도 좋
고 선반 위에 향수와 함께 놓아도 참 아름답다.

책을 정리하는 나만의 방법

책이란 생각보다 예쁘게 연출하기 어려운 소품이다. 컬러, 디자인, 크기가 다양해 깔끔하게 정리하기 쉽지 않기 때문이다. 한번 읽은 책은 주변에 나눠주는 편이라 집에 많은 책이 있진 않지만, 나만의 방식으로 책을 정리한다. 우선 책을 나란히 세워두는 방식으로 10권 정도를 배치한다. 이 방법은 가장 기본적이지만, 너무 많이 세워두면 오히려 어수선해 보일 수 있다. 그래서 나는 7~10권 정도만 세워두는 편이다. 그 옆에는 간격을 살짝 두고 책을 눕혀서 6권 정도 쌓아준다.

꼭 보여주고 싶은 책이나 감명 깊게 읽는 책, 지금 읽는 책들은 특별하게 연출한다. 샴푸 같은 무거운 물건을 뒤에 두고, 책의 앞 표지가 보이도록 세워둔다. 이렇게 하면 그 책이 마치 작품처럼 돋보이게 된다. 이러한 다양한 방식으로 정리한 책 사이에는 10~20센티미터 정도 거리를 두고, 그 사이사이에는 피규어나 작은 화분, 소품들이나 돌을 배치한다. 이렇게 하면 책들이 소품을 꾸며주는 예쁜 파티션 역할을 해준다.

그럼에도 불구하고 배치가 예뻐 보이지 않을 때가 있는데 그럴 때는 책등이 아니라 거꾸로 종이 부분이 보이게 배치하는 것도 하나의 방법이다. 이렇게 하면 전체적으로 컬러가 화이트로 통일돼 공간이 좀 더 깔끔해 보인다. 단순한 방법이지만 효과는 확실하다.

이런 방식으로 책을 정리하면, 책장 하나가 단순한 수납 공간을 넘어 하나의 인테리어 요소로 변신한다. 책과 소품이 어우러진

공간은 그 자체로도 아름답고, 나만의 취향을 담아낼 수 있는 멋
진 아카이브가 된다. 누구나 쉽게 따라할 수 있는 방법이니, 책
이 많아 고민인 사람들은 책을 리듬감 있게 소품과 함께 배치해
보자.

나무 소재의 가구와 소품을 살 때

우리는 가구부터 작은 그릇까지 아주 다양한 나무 소재의 오브제들을 집에 두고 있다. 보통은 같은 재질이라면 다 잘 어울릴 거라고 생각하지만, 나무 소재의 제품들을 구매할 때 가장 유의할 점이 있다. 바로 컬러다. 나무는 오크, 월넛, 체리 등 컬러가 다양한데, 미묘한 컬러 차이로 전혀 다른 느낌을 줄 수 있다.

예를 들어, 집에 문이 진한 체리색 나무로 되어 있다면 집 안의 다른 가구들도 체리색으로 맞춰주는 것이 좋다. 이렇게 하면 공간의 통일감이 생기고, 전체적인 분위기가 조화를 이루게 된다. 우드 몰딩이라면 가구와 소품을 그에 맞춰주는 것도 좋은 방법이다.

한 공간에 오크우드와 체리 컬러의 가구를 같이 두면 공간이 지저분해 보이고 균형이 깨질 수 있다. 공간에 따라 나무 컬러를 다르게 연출하는 것도 좋은 방법이다. 우리집의 경우, 주방은 체리색 우드로 꾸며 따뜻하고 고급스러운 분위기를 연출했다. 반면 거실은 가벼운 느낌의 오크우드로 연출해 밝고 편안한 느낌을 주었다. 이렇게 공간이 분리되어 있거나 그룹으로 묶여 있다면 다양한 컬러의 나무를 사용할 수도 있다.

나무 소재의 가구와 소품은 컬러가 맞지 않으면 공간이 혼란스러워 보일 수 있지만, 잘 맞춘다면 그 어떤 소재보다도 자연스럽고 시각적으로 편안한 공간을 만들어준다. 따라서 나무 소재의 가구와 소품을 구매할 때는 컬러를 신중하게 선택하고, 공간의 전체적인 조화를 고려하는 것이 중요하다.

가구와 소품 배치의 핵심은 비율

공간에 가구와 소품을 배치할 때 가장 먼저 생각해야 하는 것은 비율이다. 많은 사람들이 컬러나 소재를 먼저 떠올리지만, 비율이 맞지 않으면 공간이 조금만 흐트러져도 지저분해 보이고 불쾌하다. 쉽게 생각하면 공간에 강, 중, 약을 만들어주는 것이라고 보면 좋다.

거실을 예로 들자면, 소파가 가장 큰 가구가 되고, 그다음이 TV장, 그다음이 소파 테이블, 그리고 마지막으로 작은 소품 순으로 크기가 고르게 분배되어야 한다. 이처럼 가구의 크기를 단계적으로 배치하면 공간에 안정감과 편안한 리듬이 생긴다.

공간이 작다고 무조건 작은 가구만 두면 오히려 안정감이 들지 않는다. 반대로 공간이 넓다고 큰 가구들만 배치하면 둔해 보일 수 있다. 중요한 것은 크기와 비율을 고려해 적절히 배치하는 것이다. 따라서 가구를 배치할 때는 컬러와 재질을 고민하기 전에 먼저 가구의 크기와 비율을 어떻게 공간에 배분할지 고민해야 한다. 강, 중, 약이 고르게 배치된 상태에서 소재와 컬러를 맞추는 것이 훨씬 더 효과적이다. 이렇게 비율이 잘 맞춰진 공간에서는 작은 소품들이 아무리 많아도 지저분해 보이지 않는다.

비율을 고려한 배치는 공간의 흐름을 원활하게 하고, 전체적인 균형감을 유지하게 해준다. 컬러와 소재는 그다음의 문제다. 우선 비율을 맞춘 뒤, 자신만의 스타일로 공간을 꾸며보자. 그러면 집이 더욱 편안하고 조화로운 공간으로 변할 것이다.

공간에 우아함을 더하는 고스트 우드

집에 생화를 두면 공간에 생기가 돈다. 하지만 생화는 관리가 어렵고 손이 많이 가는 것이 사실이다. 이런 이유로 많은 사람들이 조화를 사용하기도 하지만, 조화는 자연스러움이 떨어져 선호하지 않는 경우도 많다. 이럴 때 내가 사용하는 자연 소재가 있는데, 바로 고스트 우드이다.

고스트 우드는 자연적으로 노화되고 풍화된 나뭇가지를 일컫는데, 독특한 수형과 텍스처 덕분에 실내 공간에 사용하면 우아한 느낌을 연출할 수 있다. 특히 나무 자체에 시간이 고스란히 느껴져 다른 소품으로는 흉내 낼 수 없는 독특한 분위기가 풍긴다.

고스트 우드는 강남 고속터미널 3층에 위치한 조화 코너에서 쉽게 찾을 수 있다. 크기와 수형에 따라 가격이 다르지만, 보통 10만 원 정도면 예쁜 형태와 크기의 나무를 구매할 수 있다. 인터넷에서도 구매가 가능하지만, 직접 보고 사는 것이 가장 좋다.

고스트 우드는 다양한 연출이 가능하다. 달항아리 같은 화병에 꽂아두기만 해도 충분히 공간에 빛을 발한다. 수납장 같은 가구 위에 올려두면 공간이 빈티지하고 자연스럽게 변한다. 화산석과 함께 연출하면 마치 하나의 작품 같은 느낌까지 준다.

나는 주방등을 고스트 우드를 사용해 만들었는데, 가지에 전구를 걸어주었다. 집에 오는 손님마다 어디서 샀냐고 물어보는 아이템 중 하나이다. 고스트 우드는 연출하기 쉽지만, 그 형태는 세상에 단 하나뿐이어서 소장 가치가 있다고 생각한다. 더욱이 특별한 관리가 필요 없고 영구적으로 사용 가능하다.

나만의 재활용 오브제

집에 사용하지 않는 스탠드 조명이 있다면 버리지 말고 화분으로 활용해보자. 비싼 조명은 아깝지만, 이케아 조명처럼 쉽게 구할 수 있는 조명들은 인테리어에 질렸을 때 화분으로 변신시킬 수 있다. 디자인이 질렸다는 이유로 버리는 건 아까우니까.

집에 이케아 포르소 조명이 있었는데, 남들 다 있길래 무지성으로 사서 그런지 그리 정이 가지 않았다. 그래서 어느 순간부터 서랍장 안에 보관하고 있었지만, 멀쩡한 조명을 버리기는 아까워 리폼을 결심했다. 조명갓 부분을 뒤집어 위로 향하게 해주었다. 그런 다음 송곳으로 물구멍을 내주고, 일반적인 화분처럼 작은 식물을 심어주었다. 이렇게 하니 이전에는 3만 원짜리 흔한 조명이었던 것이 나만의 유니크한 인테리어 소품으로 변신했다.

지금 침실 옆에는 이케아의 비르모 조명으로 만든 화분이 놓여 있다. 비르모 조명은 전구 부분을 뺀 후 흙을 담고 집에서 키우던 스킨답서스 한 가닥을 뽑아 심어주었다. 덩굴처럼 내려오는 스킨답서스의 아름다운 수형이 비르모의 모던한 디자인과 묘하게 어울려, 그 어디에도 없는 예쁜 소품이 되었다.

나의 무지성 소비로 인해 새로운 아름다운 오브제가 만들어질 수 있었다 생각하며 스스로를 합리화할 수도 있다. 결과적으로 아름다운 건 사실이니까.

칸토 새 모양 구둣주걱

우리집에서 가장 오래 사용한 물건이 무엇일까 한번 둘러본 적이 있다. 가장 비싼 물건인가? 아니면 작가의 작품인가? 생각하며 구석구석 찾아봤는데, 생각지 못한 물건이 가장 오래된 것을 알게 되었다. 그 주인공은 바로 칸토라는 브랜드에서 만든 새 모양 구둣주걱이었다.

이 구둣주걱은 1만 2천 원에 구입했는데, 플라스틱으로 만들어진 새 모양의 몸체에 자석이 들어 있어 현관문에 딱 붙는 형태다. 꼬리 부분이 구둣주걱 형태다. 벌써 9년째 사용 중인데, 가성비로 따지면 단연 우리집 물건 중 1등이다. 단순한 형태지만 아름답고, 저렴하고 실용적이기까지 하다. 내가 좋아하는 디자인적 요소를 다 갖추고 있다.

칸토 구둣주걱은 컬러가 다양하고 어느 공간에든 자연스럽게 어울린다. 손님이 돌아갈 때 현관에서 손에 쥐어주면 모두 신기해하면서 꼭 따라 사는 아이템이다. 가벼운 집들이 선물로도 너무 좋다. 이 소품은 단순한 구둣주걱 이상의 가치를 지닌다. 디자인적으로도 만족감을 주기 때문이다.

나는 비싸고 값진 물건들로 가득한 집보다는 합리적이지만 군데군데 위트 있는 물건들이 있는 집을 좋아한다. 칸토의 구둣주걱처럼 작은 소품이지만, 그 소품이 주는 재미와 편리함은 일상에 작은 행복을 더해준다.

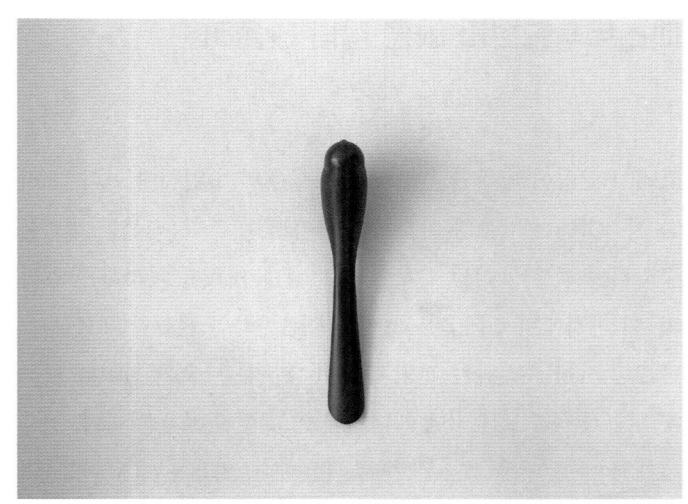

패스트푸드보다 빠른 집밥 만들기

요리가 일상이 되려면 조리 과정과 뒷정리가 편해야 한다. 요리를 시작하면 생각보다 이것저것 손이 많이 간다. 신선한 재료를 구입하는 것부터 다듬고 보관하고, 남은 재료를 처리하는 일까지. 이 과정에서 즐거움을 느끼는 사람이라면 신선한 재료를 그때그때 사서 요리하는 것도 좋지만 대부분은 출근 전이나 퇴근 후 피곤한 몸으로 요리에 에너지를 쏟고 싶진 않을 것이다.

그래서 나는 냉동 채소를 즐겨 사용한다. 찌개용 냉동 채소 믹스, 냉동 브로콜리, 냉동 버섯, 볶음밥용 채소, 냉동 파, 냉동 양파 등을 구매해놓고 같은 사이즈의 지퍼백에 넣어 냉동실 같은 칸에 보관한다. 가격도 저렴하고, 퀄리티도 나쁘지 않다.

퇴근 후 집에 돌아와 냉동실에서 꺼낸 냉동 찌개용 채소 믹스를 냄비에 한 움큼 붓고 육수 팩 하나 넣고 된장 한 스푼 풀고 끓이기만 하면 바로 그럴싸한 된장찌개가 완성된다. 찬물에 재료들을 한번에 다 넣고 가스레인지에 불만 켜면 되니 라면만큼 간편하다. 재료를 손질하는 과정이 없는 것만으로도 요리의 효율이 엄청 높아진다. 더군다나 오랫동안 보관이 되니, 나 같은 1인 가구나 살림과 요리가 피곤하게 느껴지는 사람에게는 꼭 추천한다.

이런 작은 변화가 생활에 큰 여유를 준다. 확신하건대 스스로 요리를 해 먹으면 삶의 질이 놀라울 정도로 높아지기 때문에 꼭 쉬운 방법부터 하나씩 나를 위한 식사를 만들어 먹었으면 좋겠다.

그림과 액자

어느 집이든 액자와 벽시계가 하나씩은 있다. 그런데 이상하게
도 대부분의 경우 그 높이가 잘못 걸려 있는 경우가 많다. 특히,
너무 높게 걸려 있는 경우가 많은데, 그 이유는 잘 모르겠다. 사
람이 서 있을 때 시선 높이를 벽에 점으로 표시한다면, 그 점의
위치에 액자의 아래쪽 2/3 부분이 맞춰져야 딱 적당하다. 이유
는 단순하다. 사람이 보기에 가장 편한 높이이기 때문이다. 고개
를 들어 액자를 보는 것은 좋지 않다.

그림은 크기와 상관없이 시선이 많이 가는 무게감 있는 오브제
다. 너무 높은 위치에 달려 있으면 무게 중심이 위에 있어 보여
공간이 편안해 보이지 않는다. 주목성이 높은 오브제일수록 공
간에서 약간 아래쪽에 위치하는 것이 안정적이다.

벽시계는 보통 액자보다 작기 때문에, 사람이 서 있을 때 높이를
시계의 가장 아래 부분으로 잡거나 시계의 중심부를 시선 높이
에 맞추면 적당하다. 벽시계는 시간 확인을 위해 자주 보는 오브
제이므로, 자연스럽게 시선이 갈 수 있는 위치에 있어야 한다.

예쁘게 꾸미려고 디자인, 컬러, 소재를 다 맞췄는데도 공간이 묘
하게 예쁘지 않다면, 오브제들의 높이를 한번 살펴보는 것도 방
법이다.

공간의 높낮이를 신경 쓰는 것은 사소해 보이지만, 그 집의 분위
기와 느낌을 결정짓는 중요한 요소 중 하나다. 작은 차이가 큰
변화를 만든다.

259

레이어링

집에 있는 소품이나 화분, 가구 등이 뭔가 어색해 보이는 경우가 종종 있다. 그럴 때 나는 바닥에 하나의 레이어를 더 두는 레이어링 방식으로 소품을 배치한다.

예를 들어, 바닥에 화분이나 스탠드 조명을 두는데 안정적인 느낌이 들지 않거나 주변과 어울리지 않는다고 생각될 때, 50~70센티미터 정도의 작은 원형 카펫을 그 바닥에 깔아준다. 그러면 그 소품만의 구역이 정해지고 바닥면이 넓어져 안정적이고 예뻐 보인다. 그리고 카펫 위에 주인공인 소품보다 작은 크기의 돌이나 장식품을 하나 더 두면 좀 더 완성도가 높아진다.

이 방법은 선반이나 가구 위에 소품을 올릴 때도 똑같이 적용할 수 있다. 그냥 소품을 올리는 것이 아니라, 선반 위에 작은 매트를 깔아주고 그 위에 소품을 올리면 좀 더 정돈된 느낌을 준다. 예를 들어, 서랍장 위에 라탄 소재의 작은 매트를 두고 그 위에 인센스 스틱과 홀더, 룸 스프레이 같은 것을 함께 올려두면 그룹핑이 되어 집중도가 높아지고 작은 소품들이 모여도 지저분한 느낌보다는 세련된 느낌을 줄 수 있다.

이렇게 레이어링 방법을 활용하면 집 안의 자잘한 소품들이 많아도 정돈된 느낌으로 연출할 수 있고 각 소품의 아름다움을 강조할 수 있다.

새시 교체 없이 예쁜 창문 만들기

우리집은 44년 된 오래된 연립빌라인 만큼 새시가 오래된 느낌이 많이 났다. 잠자는 공간만큼은 하얗고 아무 군더더기 없이 모던하게 꾸미고 싶었는데, 이 새시가 복병이었다. 내 집이 아니기에 새시를 바꾸기는 쉽지 않아서 머리를 조금 써서 창틀을 리폼해주었다.

포맥스라는 자재가 있는데, 무른 플라스틱 같은 소재이다. 인터넷에 '포맥스 재단'이라고 검색하면 원하는 사이즈로 저렴하게 재단해서 받을 수 있는데, 나는 창틀보다 조금 큰 사이즈로 네 조각을 주문했다. 자재를 택배로 받은 후, 모서리 부분을 칼로 대각선으로 잘라주었다. 무른 플라스틱 같은 느낌이라 문구용 칼로도 쉽게 자를 수 있다.

그런 후 양면테이프와 실리콘을 조금씩 10센티미터 정도 간격으로 콕콕 발라주고 창틀에 붙였다. 그리고 창틀 내경 사이즈에 맞게 블라인드를 주문해 달아줬다. 이렇게 해주면 완전 새것 같은 모던한 느낌의 창문이 완성된다. 창틀을 리폼한 덕분에 오롯이 잠에만 집중할 수 있는 군더더기 없는 침실이 만들어졌다.

오래된 집이라도 조금만 신경 쓰면 이렇게 새로운 분위기를 만들어낼 수 있다. 단순한 재료와 약간의 노력으로 우리집 새시는 완벽하게 변신했다.

루틴은 하루의 힘

매일 아침, 하루를 시작하는 나만의 루틴이 있다. 그중에서도 가장 먼저 하는 일은 서재에 있는 식물의 식물 조명을 켜는 것이다. 서재에는 빛이 잘 들어오지 않아서, 식물 조명을 꼭 켜줘야 한다. 서재는 공간의 특성상 딱딱한 느낌이 들기 때문에, 조금이라도 생기를 불어넣고 싶어서 화분을 하나 두었다. 그리고 그 화분을 위해 특별히 식물등을 설치했다.

매일 아침 이 조명을 켜지 않으면, 그 식물은 천천히 죽어갈 것이다. 하지만 내가 매일 아침 빠지지 않고 이 등을 켜준 덕분에, 6개월째 잘 자라고 있다. 새싹도 올라오고 있다. 나의 이 작은 행위를 통해 한 생명체가 살아갈 수 있다는 사실은 나에게 소소한 기쁨과 함께 하루를 시작하는 은근한 힘을 준다.

퇴근하고 집에 돌아오면 가장 먼저 하는 일 역시 아침에 켜둔 식물등의 조명을 끄는 것이다. 물론 타이머를 달아서 자동으로 켜고 끌 수도 있지만, 나는 이 작은 귀찮음이 즐겁다. 손수 식물등을 켜고 끄는 일이 소소한 즐거움이자, 하루의 시작과 끝을 알리는 작은 의식이 된 것이다. 아침에 일어나 이불을 깔끔하게 정리하는 것처럼 작은 노력의 결과물들이 일상을 지탱하는 에너지를 준다고 한다.

살고 싶은 집

만약 지금 집 계약이 끝나 새로운 집으로 이사해야 한다면 나는 어떤 집에서 살고 싶을까? 딱히 집의 형태에 대해서는 떠오르지 않았다. 아마도 나에게 가장 중요한 요소는 집 자체가 아닌 집에서 바라다보이는 풍경인 것 같다. 집 내부는 지금껏 그랬던 것처럼 천천히 조금씩 고쳐나가면 되고 처음에 마음에 들지 않더라도 하나씩 고치다 보면 집마다 가지고 있는 매력을 발견할 수 있다. 하지만 창밖으로 보이는 풍경은 바꿀 수 없다. 그래서 나는 창밖의 풍경을 가장 중요하게 생각하는 것 같다.

우선 창밖 풍경이 막혀 있지 않은 집이었으면 좋겠다. 하늘이 보이는 집. 물론 누군들 탁 트인 풍경을 좋아하지 않겠냐마는 도시의 집은 현실적으로 탁 트인 풍경을 품기 쉽지 않다. 그래서 나는 적어도 나무가 창 가까이 보이는 집에 살았으면 좋겠다.

지금 살고 있는 집이 방금 내가 말한 그대로의 집이다. 주차도 아쉽고 위치도 언덕에 내부는 44년이나 되어 낡은 연립 빌라이지만 탁 트인 풍경과 나무가 가까이 있어 계절의 변화를 집 안에서 충만히 느낄 수 있다. 봄이 되면 아카시아 꽃이 펴 집에 꽃향기가 가득하고 여름에는 푸른 잎 사이로 비치는 햇빛이 집 안을 아름답게 장식한다. 여태 이런 생각이나 계속 하는 걸 보면 아무래도 나는 부동산으로 돈 벌긴 힘들 것 같다.

어느 정도 살아보니 기억에 남는 건 대단한 것들이 아니었다. 삶에서 중요한 건 봄이 되니 창밖에 아카시아 꽃이 폈더라, 향이 좋더라, 어느 가을에 집에서 친구들이랑 밥을 먹는데 열어놓은

창문으로 들어온 바람이 너무 시원하더라, 그런 소소한 일상에
서 느껴지는 기분들인 것 같다. 지금 사는 집을 떠나게 되면 아
무래도 나는 또 집 안을 조금씩 천천히 고치고 가만히 앉아 창밖
나무를 바라보는 삶을 살 것 같다. 다음 집은 이왕이면 창밖에
과실수가 있으면 좋겠다.

살림은 운동과 비슷한 것

살림은 운동과 비슷한 것 같다(사실 나는 운동을 열심히 하지 않는다). 운동을 처음 시작하면 몸도 무겁고 근육통이 생겨 힘들지만, 꾸준히 하다 보면 점점 익숙해지고 나아가 즐기게 된다. 건강이 좋아지는 건 당연한 일. 살림도 처음에는 익숙하지 않고 귀찮게만 느껴지지만 하나씩 하다 보면 조금씩 쉬워지고 나아가 나의 삶의 질을 올려준다. 옷장부터 하나하나 정리하고 다음에는 수납장 하나 다음은 주방 등 하나씩 정리해가다 보면 어느 순간 질서가 생겨 그다음부터는 생각보다 손이 안 가도 정돈된 상태로 유지가 잘 된다. 뭐든지 늘 처음은 어렵다. 빨래와 청소도 마찬가지다. 이것도 조금씩 자주 하면 쉽다. 그리고 살림에는 우리를 도와주는 효자 가전들이 있으니 운동보다는 수월하다. 우선 기준을 정해놓고 정리만 해놓아도 살림의 8할은 한 것과 다름이 없다.

우리집에 놀러오는 사람들이나 유튜브를 보는 사람들이 어쩜 그렇게 부지런하게 집을 가꾸냐고 하는데, 알고 보면 생각보다 하는 게 별로 없다. 그래서 좀 민망할 때도 있다. 엄마들이 요리를 뚝딱 하는 건 많이 해봐서다. 엄마들도 시집온 처음에는 서툴고 뭐든 어려웠을 거다. 운동이라 생각하고 작은 것 하나부터 시작해보자. 물론 이렇게 말은 하지만 나는 아직도 운동을 계속해서 미루고 있다. 살림이 귀찮고 하기 싫다는 사람들이 너무 이해가 간다.

'한번 살 때 제대로 사야지'의 함정

6년 전 50만 원을 주고 산 10킬로그램 용량의 중국산 건조기는 사용할 때마다 탱크가 지나가는 것 같다. 그땐 저렴한 제품을 살 수밖에 없는 형편에 좀 우울했는데 지금은 아무렇지도 않다. 정이 든 건지 오히려 탱크 소리가 웃기기도 하고 고장이 안 나는 게 은근히 기특하기도 하다. 새로 사고 싶은 제품은 진즉 골라 놨는데(대기업의 AI 기능이 들어간 제품) 어찌 중국산 건조기가 고장 날 기미도 없어 그의 끝을 기다리면서 즐겁게 사용 중이다. 지금 내가 웃으면서 탱크 건조기를 사용할 수 있는 건 6년간 직접 경험한 내 살림 덕분이다. 생각보다 나는 고급 옷을 입는 취향이 아니며 옷장에는 대부분 휘뚜루마뚜루 건조기에 아무렇게나 돌려도 되는 옷들로 가득하기 때문이다.

그때그때 형편에 맞는 살림을 구매하고 써보면서 자신에게 맞는 것들을 찾아가는 게 맞지 않나 생각한다. 완벽하지 않다고 우울하거나 슬퍼할 필요도 없다. 시간이 지나면 안목이 높아지고 능력도 더 좋아져 하나씩 더 좋은 제품으로 업그레이드하는 즐거움을 만끽할 수 있다.

첫 살림살이 장만은 마치 결혼식과 비슷해서 한번 할 때, 한번 살 때의 함정에 빠지기 쉽다. 이왕 사는 거 좋은 제품, 큰 제품, 신제품으로 하고 싶은 마음…. 그러나 첫 살림은 완벽하지 않아도 괜찮다. 마음껏 적당히 실패해보는 것도 나쁘지 않다.

나의 찌그러진 드롱기 포트

내가 사회 초년생 때 샀던 가구나 소품, 전자제품들을 생각해보면 지금이라면 절대 사지 않았을 것 같은 물건들이 대부분이다. 대부분 돈이 부족해서였기도 했지만 안목이 없던 것도 큰 몫을 했다.

중소 가구 브랜드의 저렴한 우드 필름 마감의 가구 세트, 30만 원대 중소기업 TV, 제조사가 어딘지도 모르는 매트리스, 그에 비해 물 끓이는 데 무슨 돈이 그렇게 많이 들까? 했던 10만 원대 초록색 드롱기 전기포트. 결국 한쪽이 아주 살짝 찌그러진 리퍼브 제품을 4만 원대에 사고 아주 기뻐했던 기억이 난다. 그리고 그 제품은 아직도 잘 쓰고 있다. 기껏해야 물 끓이는 기능밖에 없기 때문이다. 그때는 그게 왜 그렇게 사고 싶었을까?

첫 살림살이에는 경험이라는 게 없기 때문에 내가 진짜 잘 사용할지, 내 살림 루틴이 어떻게 될지 모르는 상태에서 구매하게 될 확률이 높다. 그래서 우리는 적당한 실패와 적당한 성공을 해볼 필요가 있다. 시간이 지나면 다 추억이고 내 살림의 피와 살이 될 경험이 된다.

44년 된 오래된 빌라가 마음을 끄는 이유

우리집은 44년 된 오래된 빌라이다. 내부는 낡았고, 18평이라 그리 크지 않다. 몰딩은 금장몰딩으로 촌스러웠다. 하지만 나는 이 집을 본 그 자리에서 바로 계약했다. 낡고 오래되어서 전세금이 조금 저렴한 이유도 있었지만, 주방 창밖에 손을 뻗으면 닿을 거리에 큰 아카시아 나무가 있었기 때문이다.

집을 선택할 때 고려해야 할 것이 많다. 낡은 내부는 부지런히 고치거나 가릴 수 있다고 생각했다. 물론 수고롭겠지만, 공간이 좁은 건 짐을 줄이면 된다고 여겼다. 하지만 창밖에 아카시아 나무는 흔히 볼 수 없는 풍경이었기에 고민 없이 계약했다.

4년째 지금 집에서 살면서 내부는 많은 변화가 있었다. 몰딩을 칠하고, 바닥재를 깔고, 타일을 붙이고, 싱크대를 리폼했다. 하지만 4년 동안 변하지 않은 것은 매년 4월 말이면 아카시아 꽃이 한가득 피고 여름에는 푸른 잎이 가득한 풍경이다. 집을 고를 때는 내가 바꿀 수 없는 것에 대해 고민하고 선택하는 것도 좋은 방법인 것 같다.

아카시아 나무 덕에 매년 4월이면 지인들을 초대해 아카시아 꽃을 튀겨 먹는다. 꽃을 한아름 따서 아카시아 꽃술을 담궈 나누기도 한다. 이런 기쁨을 주는 집이 또 어디 있을까.

엄마의 다시마 무침

우리 엄마는 요리를 정말 잘한다. 살림을 하는 가정주부가 아닌
데도 정말 뚝딱뚝딱 음식을 만들어낸다. 일찍 돌아가신 외할머
니가 엄청 요리를 잘하셨다고 했는데, 엄마는 외할머니에게 요
리를 배운 적이 없다고 한다. 재미있는 건 이모가 세 명이 있는
데, 이모들의 음식 맛이 신기할 만큼 똑같다. 배우지 않아도 먹
고 자란 게 큰 영향을 준 것 같은데, 나는 아직 엄마 음식 솜씨의
반도 못 따라가는 것 같다.

내가 가장 좋아하는 건 엄마의 다시마 무침이다. 다시마를 얇게
채 썰어 가볍게 무쳐낸 요리인데, 양념은 액젓과 마늘, 고춧가루
약간, 깨가 전부다. 그런데 아무리 만들어봐도 엄마표 무침의 그
시원하면서도 깊은 맛이 안 난다. 물어봐도 그게 전부라고 하는
데, 신기할 만큼 맛이 다르다. 아마도 진짜 손맛이라는 게 있는
것 같다. 그래서 매번 엄마가 "뭐 먹고 싶니?"라고 물어보면 꼭
말하는 메뉴이기도 하다.

다시마 무침에 참기름을 살짝 두르고 방금 지은 밥을 넣어, 계란
프라이 하나 올려 비벼 먹으면 정말이지 다른 반찬이 하나도 필
요 없다. 이 간단한 요리가 주는 만족감은 말로 표현하기 어렵
다. 맛있지만 건강하고 먹고 나면 화장실도 잘 간다. 엄마의 요
리는 늘 그랬다. 맛있는데 건강하다.

유독 귀찮고 하기 싫은 일

설거지는 좋지만 건조된 그릇 정리는 너무 싫다. 대부분의 살림을 기꺼이 하는 편이지만, 설거지한 그릇 정리만큼은 누가 대신 해줬으면 좋겠다. 청소는 싫지 않다. 빨래도, 빨래 개는 것도 괜찮다. 그런데 하나하나 그릇을 각각의 자리에 차곡차곡 두는 게 뭐라고 그렇게 귀찮을까? 나도 잘 모르겠다.

설거지는 또 잘하는 편이라 싱크대는 늘 깨끗하지만, 싱크대 옆 식기건조대에는 그릇과 각종 도구들이 산처럼 쌓여 있다. 그렇다고 누구에게 부탁하기도 어려운 게 각 그릇과 도구마다 자리가 있어, 그 집 살림 하는 사람만 할 수 있는 것이라 환장할 노릇이다. 그래서 일부러 작은 식기건조대를 둔 것도 있다. 식기 건조대가 작으면 그때그때 정리를 하지 않을까 하는 생각에서였다. 하지만 오산이었다. 나라는 인간은 훨씬 대단해서 작은 식기건조대에 그 옛날 피자헛 샐러드 접시에 샐러드 탑을 쌓듯 예술처럼 높게 쌓는다. 수저는 사이사이 테트리스 하듯 끼워 넣어 무너지지 않게 균형을 맞춘다. 그럴수록 정리는 더 힘들다.

이러다 몇 번이나 그릇들을 깨먹었지만 이 습관은 잘 고쳐지지 않는다. 식기건조대를 보고 있노라면 살림이 싫고 귀찮다는 사람들이 이해되기도 한다. 우리 모두에게는 유독 귀찮고 하기 싫은 일이 하나씩은 있는 것 같다. 내가 그릇 정리를 싫어하는 것처럼 말이다. 오늘도 여전히 산더미처럼 쌓인 건조된 그릇들을 그대로 두고 주변 정리와 청소를 한다.

추억 한 스푼

조금 의아할 수 있지만, 내가 우리집에서 가장 아끼는 물건은 바로 황마끈을 둘둘 감은 이케아의 하늘색 플라스틱 스텝퍼다. 7년 전쯤 어떤 신문사와 전화 인터뷰를 한 적 있는데, 그때 사은품으로 받은 것이다. 키가 크지 않아 집 안에서 이리저리 잘 쓸 것 같았지만, 하늘색이 우리집 어디에도 어울리지 않았다. 그래서 그 당시 인터넷에서 황마끈을 사서 스텝퍼 전체를 둘둘 감고 본드로 고정해 고양이 스크래처 겸 스텝퍼로 리폼했다.

지금은 스텝퍼에게 미안할 정도로 상태가 많이 안 좋지만, 절대 버릴 마음은 없다. 몇 년 전 무지개다리를 건넌 나의 첫째 고양이 민영이가 긁고 앉고 쉬던 흔적이 남아 있고, 지금 나의 둘째, 셋째 고양이인 한강이와 금강이가 만들어낸 시간이 담겨 있다. 마치 아이들이 자라면서 벽에 키를 표시했던 것 같은 느낌이랄까? 거의 다 뜯긴 것 같지만 여전히 스크래처 역할을 하며, 높은 곳에 있는 물건을 꺼낼 때는 스텝퍼로서의 역할도 톡톡히 하고 있다.

아끼는 물건이 되려면 추억이 한 스푼 들어가야 하는 것 같다. 아마 지금보다 상태가 더 안 좋아져도 새로 황마끈을 감진 않을 것 같다. 평생 저 형태 그대로, 고양이들의 흔적이 남아 있는 채로 두지 않을까 싶다. 이 스텝퍼는 단순한 물건을 넘어, 나와 내 고양이들의 소중한 시간을 간직하고 있는 추억의 조각이다.

나의 관심으로 작은 생명들이 자랄 수 있다면

나만큼 우리집 환경에 대해 잘 알 수 있는 사람은 없기 때문에 집 안 식물 관리는 꼭 내 손으로 해야 한다. 물주기는 절대적인 양이 정해져 있는 것이 아니라 환경에 따라 다르다. 화분이 빛이 적고 통풍이 원활하지 않은 곳에 있다면 한 달에 한 번 물을 줘도 화분이 마르지 않는 경우가 있다. 이런 화분에 물을 자주 주면 뿌리가 썩어 죽을 확률이 높다. 베란다에 빛이 잘 들고 창문을 활짝 열어놓고 식물을 키운다면 매일 물을 줘도 괜찮다. 그만큼 같은 식물이라도 환경에 따라 물주기는 완전히 다르다. 집 안에서도 방이냐 거실이냐 주방이냐에 따라 또 다르다. 결국 중요한 건 환경을 파악하는 것이다.

물주는 주기는 빛과 통풍이 좌우한다. 사람과도 비슷하다고 볼 수 있는데 운동을 많이 하는 사람은 많이 먹어도 살이 안 찌고 건강하게 유지할 수 있는 것처럼 식물에게 빛과 통풍은 운동과 같은 역할을 한다고 볼 수 있다. 실내에 키우는 화분의 흙이 잘 마르지 않는 것 같으면 미니 서큘레이터를 근처에 두고 식물등을 추가로 설치해주거나, 물을 주는 주기를 좀 더 길게 잡으면 된다. 절대 식물 가게에서 일주일에 한 번 또는 3~4일에 한 번씩은 꼭 물을 주라는 소리는 듣지 말기를 권한다.

나의 관심과 관찰로 작은 생명들이 건강하게 자랄 수 있다. 식물 가게 사장님보다는 스스로를 믿고 식물을 키웠으면 한다.

이 주방에 있으면 평화로운 세상

우리집에서 가장 자랑하고 싶은 부분은 주방이다. 지금의 집으로 이사 오면서 가장 큰 결정 중 하나는 상부장을 제거하는 일이었다. 싱크대 앞에 큰 창이 있는데, 상부장이 이 창을 절반이나 가리고 있었다. 과감하게 상부장을 셀프로 제거하고 벽에 타일도 직접 시공했다. 이렇게 해서 드러난 것은 큰 나무가 가득한 푸른 풍경으로, 마치 영화 〈리틀 포레스트〉 같은 느낌이 들었다. 인조 대리석이었던 싱크대 상판에 CNC로 자작나무 합판을 재단해 하나하나 붙여주었다. 코팅을 하긴 했지만, 나무 상판은 매번 물기를 닦아주어야 하고 1~2년에 한 번씩 사포질과 코팅을 해주어야 한다. 하지만 그만큼 나의 손이 많이 가면서 정성이 가득한 공간이 되었다. 나무 상판의 따뜻한 감촉과 자연스러운 느낌은 주방에 있는 시간을 즐겁게 해준다.

이렇게 다른 집에서는 보기 힘든, 유럽의 어느 오두막에 있을 것 같은 나만의 주방이 완성되었다. 손님들도 우리집 주방을 가장 좋아한다. 이 공간에서 요리를 해서 사람들과 나누는 것이 나의 일상에 큰 즐거움이다. 창밖 푸른 나무들과 따뜻한 나무 상판의 조화는 주방을 단순한 요리 공간을 넘어 내 삶의 하나의 상징처럼 되었다.

이 주방에 있으면 내가 만든 평화로운 세상 속 한가운데 있는 것 같은 기분이 든다. 살림은 삶을 만들어가는 행위인 것 같다. 혹시 이사를 가게 된다면 이 주방 공간이 가장 아쉽고 기억에 오래도록 남을 것 같다.

가족이라는
이름 아래
지키는 것들

강효진

The

Book

of

Living

"돌아보니 내가 살림을 대하는 태도는 늘 그랬다.
누구만큼 잘하려고 애쓰고 노력하는 것보다
내 삶 속에 내가 바라는 살림의 모습들을
하나씩 천천히 해보고 그리며 지내는 일상을 선택했다.
불필요한 물건이 없는 홀가분한 집.
내가 꿈꾸는 집의 모습이다.
그렇다고 하얀 집이 그려지는 건 아니다.
분명 우리 가족이 살아온 색깔이 물들어 있을 것이다."

살림이 다시 나를 기쁘게 해준 순간

늦은 새벽, 몇 번이나 깨어 우는 막내를 달래다 보면 하루의 시작은 늦고, 마음은 자꾸 처진다. 매일 반복되는 단순한 집안일조차 버겁게 느껴지던 어느 날, 나는 눈을 질끈 감고 모든 일에서 물러섰다. 그때 문득 떠오른 건 세탁실. '문만 닫으면 안 보이니까'라는 핑계로 늘 미뤄두었지만, 사실은 가장 오래 생각해온 공간이었다.

'이 물건의 자리는 여기가 맞을까? 불필요한 건 뭘까?' 머릿속으로 정리한 시간이 길었던 만큼, 손이 자연스럽게 움직였다(어쩌면 미뤄온 게 아니라, 궁리해온 시간이었을지도 모른다). 모든 물건을 꺼내 분류하고, 꼭 필요한 것들만 남겼다. 우리집엔 팬트리가 없으니, 세탁실이 작은 창고 같은 역할을 한다. 키친타월, 고무장갑, 재활용할 양말까지 자리를 잡아주었다. 주방에서 늘 자리 차지하던 에어프라이어와 밥솥도 이참에 세탁실로 보내기로 했다. 에어프라이어는 생선 굽는 냄새가 퍼지지 않도록 베란다 쪽으로, 밥솥은 밥만 지으면 코드를 뽑고 용기에 담아두니 굳이 주방에 머물 이유가 없었다.

세탁실에 우뚝 서 있던 이케아 선반을 다시 살펴봤다. 육각 볼트를 풀어 허리 높이의 선반 두 개로 나누었고, 그 위에 에어프라이어와 밥솥을 나란히 올려두니 마치 원래 그 자리에 있던 것처럼 딱 맞았다.

규격에 맞춘 수납장은 아니지만, 볼트를 풀고 조이고, 비우고 옮기며 조금씩 공간을 다시 짜맞춰간 시간. 모든 과정을 마친 뒤

마주한 세탁실은 어딘가 부족한 듯하면서도 또 충분했다.

그 순간, 나도 모르게 웃음이 났다. 오랜만에 느껴본 살림의 기쁨이었다. 있는 것을 다시 쓰고, 용도를 바꿔 이름을 새로 붙이고, 새 물건 없이 꾸려낸 살림. 소소하고, 털털하게. 그런 살림이 내게는 분명 기쁨이다.

아, 맞아. 예전에도 이런 걸 좋아했었지. 몰입한 시간 속에서 나는 다시 나를 만났고, 살림은 또다시 기쁨이 되었다. 바쁜 엄마들에겐 그 시간이 꿈같이 느껴질 수도 있다. 하지만 일주일에 단하루라도, 책도 덮고, 해야 할 일도 미뤄두고, 오롯이 살림의 기쁨을 누리는 날을 만들어보면 어떨까. 살림이 다시 나를 기쁘게 해줄지도 모른다.

불필요한 것이 없는 상태

불필요한 물건 하나 없이 홀가분한 집. 장소나 구조보다, 홀가분한 상태가 내가 바라는 집이다. 그렇다고 인스타그램 속 새하얀 집이 그려지는 건 아니다. 우리 가족이 살아낸 시간, 물들인 색은 분명 함께할 테니까. 내 머릿속에 어렴풋이 떠오르는 건, 낮고 진한 월넛 수납장 하나, 정갈한 식탁 하나. 그러니까, 내가 마음에 두는 집은 공간보다 상태에 가깝다.

몇 해 전, 새 다이어리의 '갖고 싶은 물건' 란에 뜻밖에도 '낭만'이라고 적은 적이 있다. 물건을 적으라는데, 낭만이라니. 나도 이상하다 생각했지만, 그해 나는 정말 낭만을 꿈꾸고 살았다. 코로나19로 많은 계획을 내려놓고, 오직 육아와 집안일로 채워졌던 시간. 나는 낭만이 작은 탈출구가 되어주기를 바랐던 것 같다.

그래서 언젠가 해보고 싶었던 유화와 기타를 시작했다. 짧은 시간이었지만, 배우는 그 시간만큼은 현실을 벗어나 진짜 내가 되는 느낌이었다. 나는 끝내 낭만을 갖고야 말았다. 그래서 나는 지금도 믿는다. 아무리 추상적인 바람이라도, 그걸 향한 구체적인 행동이 있다면 현실이 될 수 있다고.

내가 바라는 '홀가분한 집'도 마찬가지다. 그곳에 닿기 위해 나는 조금씩, 천천히 비워나가려 한다. 비우는 건 단지 물건만이 아니다. 욕심, 충동, 소유하려는 마음…. 삶 속에 '덜어낼수록 좋아지는 것'들이 참 많다는 걸, 나는 조금씩, 그리고 분명히 배우고 있다.

보통의 공간, 그러나 확실한 나의 자리

거실 한편, 아이들과 분리되지 않은 이곳은 내 작업실이자, 나만의 공간이다. 왼편엔 하얀 벽, 앞에는 흰 원탁과 의자, 스탠드, 블루투스 오디오, 그리고 키 큰 화분 하나. 자잘한 소품 없이 단정한 배치는 시선을 맑게 한다. 그 편안함은, 이 가구들이 우리집만의 색으로 이루어져 있기 때문일지도 모른다.

사실 취향이라는 단어는 나에겐 익숙하지 않다. 아이 셋을 키우며 가성비나 가심비를 기준 삼아 물건을 선택한 경우도 꽤 많았기에, '내 취향'이라 말하는 데 어쩐지 주저함이 있었다. 그런데 이 공간을 만들며, 차선 같던 선택 안에도 나의 취향이 깃들어 있었음을 알게 됐다. 그래서 문득, 이런 생각이 들었다. "이제는 내 선택을, 조금은 더 믿어도 되겠다."

책상 오른편으론 거실과 식탁이 보인다. 아이들을 보며 일하고, 아이들도 일하는 엄마를 본다. 방해와 몰입 사이에서 조마조마한 순간도 많지만, 집에서 일하고 싶은 엄마에겐 이만큼 좋은 자리도 없다.

거실 창 너머 하늘을 바라보며 앉으면 마음이 시원해지고, 창을 등지고 앉으면 햇살이 등에 포근히 내려앉는다. 따뜻한 차 한 잔, 책 한 권과 함께하는 아이들 없는 오후의 시간. 그 고요함은, 누구에게나 열려 있는 평화일지도 모른다. 나만의 공간은 방 한 칸이 아닐 수도 있다. 책상 하나, 의자 하나여도 좋다. 애정을 담아 집을 들여다보다 보면 반드시 나만의 자리는 발견된다.

대충의 흔적

며칠째 붙박이장 한쪽 문이 활짝 열려 있다. 내 책장으로 쓰고 있는 곳. 매일 가장 먼저 들여다보고, 청소기도 있어 하루에도 몇 번씩 열게 되는 곳이다. 그런데도 문을 닫아두면, 자꾸만 대충 물건을 올려놓게 된다. 눈에서 멀어지면 마음에서도 멀어진다는 말처럼, 가려진 공간은 신경도 덜 쓰게 된다.

대충 둘 때는 편하다. 시간도 아낀 것 같지만, 결국 그 흔적은 다시 정리해야 할 '시간의 빚'이 된다. 게다가 마음 한편엔 찝찝함이 남는다. 그래서 나는 한동안, 붙박이장 문을 일부러 열어두었다. 자꾸 눈길이 닿도록 말이다. 물건을 내려놓고 바로 문을 닫아버렸다면 아무 일도 일어나지 않았을 자리에, 열린 문 덕분에 시선이 머물고, 그러면서 마음도 한 번 더 머문다. 그 한 끗 차이가 공간을 바꾸기 시작한다.

나는 정리가 서툴다. 그래서 자주 들여다보는 습관에서 도움을 받는다. 코앞에서 보면 안 보이던 질서가, 오다가다 멀찍이 보면 보일 때가 있다. 그래서 정리가 필요한 공간엔 포스트잇을 붙여둔다. 슬쩍 열어보고, 지나가며 눈길을 주고, 생각이 떠오르면 적고, '이건 정말 불필요했네' 싶은 건 그때 비운다. 그리고 시간이 조금 생기는 날이면 "옳다구나" 하며 재빠르게 정리한다.

누군가 보면 더디다고 말할지 모른다. 하지만 이게 나다운, 우리 집다운 정리 방식이라 생각한다. 아이들 옷장에도, 신발장에도 나만의 포스트잇이 붙어 있다. 이건 나 자신에게 보내는 다정한 메시지다. '서두르지 않아도 괜찮아. 나는 이 공간을 보고 있어.'

생각만 하고 움직이지 않으면 아무 일도 일어나지 않는다. 하지만 문을 열면 다르다. 해야 할 일, 하고 싶은 일이 눈앞에 펼쳐진다. 굼뜬 사람도 엉덩이가 들썩이게 된다. 그러니 오늘도, 일단 문부터 열어보자. 그리고 포스트잇을 붙이러 가자. 꼬옥.

엄마의 살림이 일깨운 가치

몇 달 전, 살림을 좋아하는 지인들과의 모임에서 이런 질문을 들었다. "'내 주방' '내 살림'이라는 말을 써본 적 있어요?" 나도 모르게 헛웃음이 나왔다. 내 책상, 내 옷은 떠올릴 수 있어도 '내 주방'은 어색했다. 요리를 즐기지 않아서일까? 아니면 그 공간을 온전히 내 책임으로만 여기고 싶지 않아서였을까?' 내 살림'이라는 말에 깃든 다정함을 왜 나는 그동안 받아들이지 못했던 걸까. 물건을 비우고, 정리하며 살림에 조금씩 다가갔던 시간들이 스쳐간다. 그러다 문득 묻게 되었다. 살림은 나에게 어떤 의미였을까?

내가 자라온 집에서의 살림은 아기자기하거나, 영화 〈리틀 포레스트〉 같은 장면과는 거리가 멀었다. 엄마의 살림은 검소함, 부지런함, 알뜰함 그 자체였다. 직장을 다니면서도 틈틈이 정리하고, 두 군데 마트를 오가며 장을 봤고, 외식 한번 없이 매일 집밥을 차리셨다. 튼튼한 상자는 재활용하려 모아두고, 가리고 싶은 곳엔 달력 뒷장에 매화를 그려 걸어두시던 엄마. 가끔 얻은 경품이나 회사 선물은 딸들 시집갈 때 쓰라며 고이 모아두셨다. 엄마의 살림은 말없이 보여주고 있었다. 엄마가 중요하게 여긴 가치들을. 그리고 그 가치가, 어느새 나에게도 스며들어 있었다.

요즘 SNS를 보면 누구나 능숙하게 살림을 해내는 것만 같다. 정갈한 수납, 근사한 요리. 그런 모습을 보면, 나도 작아질 때가 있다. 하지만 살림은 각자의 몫이다. 엄마가 그러했듯, 나도 나만의 방식으로 살림을 꾸려가는 중이다. 일품요리는 아니어도 정

성껏 만든 건강한 한 끼, 버리는 것 없이 알뜰히 쓰는 마음, 재활
용에서 오는 안도감. 가족이 언제든 편하게 집에 머물 수 있는
단정한 집을 유지하고, 나의 일도 놓지 않으며, 아이들과 부대끼
며 균형을 찾아가는 삶.

그게 지금, 나의 살림이다. 지금, 나의 삶이다. 이제야 '살림'이라
는 단어에 미소가 지어진다.

"내 살림, 잘하고 있었구나."

토닥토닥, 스스로에게 말을 건넨다. 곳곳에 묻어 있는 나의 작은
선택들이 말한다.

"나 좀 봐줘. 나도 참 잘하고 있어."

뾰족한 수는 없지만

단정한 삶을 위해 매일 노력해야 하는 이유, 그럴듯한 동기부여의 말을 남기고 싶지만, 사실 나도 자주, 아니 꽤 자주 살림이 귀찮다. 그래서 나의 궁리는 늘 이 근처를 맴돈다. "어떻게 하면 살림에 손이 덜 갈까."

살림이 어렵게 느껴지는 건 재주가 없어서가 아니다. 해야 할 일이 너무 많아서다. 주방을 정리하려 마음먹으면, 식탁 위엔 영양제, 책, 고지서, 영수증, 아이들이 두고 간 자잘한 것들이 쌓여 있다. 싱크대엔 냄비, 물병, 설거짓거리까지 "나부터 치워줘" 하듯 나를 부른다. 거실로 고개를 돌리면 건조기에서 꺼낸 빨래, 장난감들… 끝이 없다.

뾰족한 수는 없다. 그래서 나는 살림살이부터 줄이기로 했다. 숨만 쉬어도 쌓이는 먼지, 먹은 그릇, 더러워진 옷, 다 쓴 생필품. 일부러 어지르는 사람이 아무도 없는데도 매일 할 일이 생기는 게 바로 살림이니까. 물건이 많으면 아무리 정리 강의를 들어도 5분 루틴, 10분 청소 같은 팁은 현실에선 '빛 좋은 개살구'일 뿐이다. 시간은 초과되고, 마음엔 좌절이 남는다. 이건 내가 살림을 못해서가 아니다. 정말, 물건이 많아서 그렇다.

그래서 나는 비운다. 거창한 미니멀리즘이 아니다. 그저, 내 시간과 에너지를 중요하지 않은 물건에 빼앗기지 않기 위해서.

우리집 물건들이 쓸 때마다 기분 좋고, 자꾸 손이 가고, 있으면 마음이 편해지는 것들로만 채워진다면, 정리와 청소는 훨씬 수월해진다. 그러니, 그렇지 않은 물건부터 비우자.

비우기 목록 팁

- 유통기한이 지난 것
- 낡아서 해진 것
- 한동안 사용하지 않은 것
- '언젠가 쓸지도 몰라' 쥐고 있는 것
- 우리집, 혹은 나와 어울리지 않는 것
- 자꾸 구석으로 밀려나는 것
- 집 안을 오가며 괜히 눈에 걸리는 것

그래, 바로 그것! 정리 강의는 그다음에 봐도 늦지 않다. 오히려 그때는 더 귀에 쏙 들어오고, 실행력에도 날개가 달린다.

나의 속도에 맞춰

아침마다 KBS 클래식 FM을 튼다. 클래식에 특별한 취미가 있는 건 아니다. 그저 거실에 흐르는 고요한 선율이 내 마음을 조금 더 평온하게 해주길 바라며 주파수를 맞출 뿐이다. 세 아이가 번갈아가며 날 찾고, 울고, 귀가 따갑고 마음이 지칠 때에도, 마치 아무 일도 없다는 듯 무심히 흐르는 클래식. 그 소리를 들으며, 나도 모르게 웃음이 터졌고, 슬쩍 다짐을 해보았다. '언젠가 나도 여유롭게, 우아하게 클래식을 즐길 수 있겠지.'

그리고 2년이 지난 어느 날, 처음으로 귀에 곡 하나가 또렷이 들어왔다. 등교·등원 후 돌아온 조용한 집. 나는 방송국 홈페이지에 들어가 처음으로 편성표를 찾아봤다.

'모차르트 피아노 소나타 제16번 C장조 2악장.' 이제 나에게도 좋아하는 곡이 생겼다. 그날 이후 나는 자꾸 편성표를 찾아보게 되었고 쇼스타코비치, 바흐의 곡들도 귀에 익어 제목을 외울 정도가 되었다.

이 기분을 표현할 단어가 마땅치 않다. 크게 애쓰지 않았는데도 어느새 내 삶에 스며든 것을 발견했을 때의 벅참. 꽃길에 발을 딛기 직전의 느낌이랄까. 어떤 사람은 단 며칠 만에 자기 취향을 찾을지도 모른다. 하지만 나는 2년이 걸렸다. 그래도 그 시간 동안 클래식은 늘 흘렀다. 그냥 흘러간 게 아니었다.

돌아보면 내가 살림을 대하는 태도도 그렇다. 누구보다 잘하려 애쓰기보다는 내 삶에 내가 바라는 살림의 모습을 하나씩, 천천히 실천해왔다. 아직 미니멀리스트는 아니지만, 미니멀 라이프

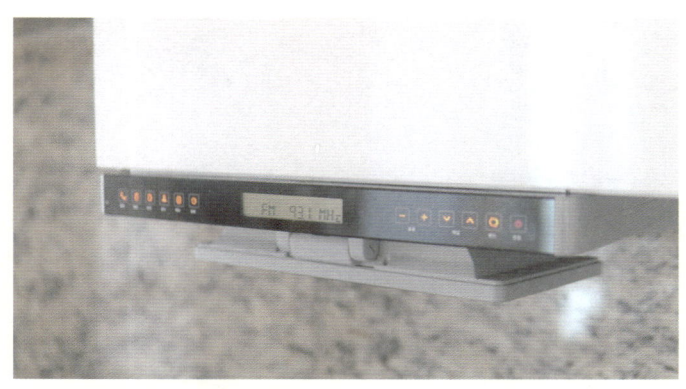

를 지향하며 번듯하게 정리된 수납장을 꿈꾸기보다는 홀가분한 수납장 한 칸을 상상하며 정리해왔다. 쓰레기를 줄이겠다고 다짐하고 5년이 지나서야 겨우 주방 비누 하나를 갖게 되었던 것처럼, 살림 역시, 나의 속도대로 꾸려왔다. 때로는 마음이 움츠러들기도 했다. "나, 너무 느리게 사는 건 아닐까." "내 살림은 다부지지 못한 건 아닐까." 하지만 그날의 모차르트 피아노곡처럼, 어느 순간 나의 걸음이 틀리지 않았다는 확신이 찾아왔다.

그러니 말하고 싶다. 조금 느리더라도 괜찮다고. 다부지지 못한 날이 있어도 괜찮다고. 당신이 원하는 살림을, 원하는 일상을 조금씩 그려가다 보면, 어느 날 그 지점에 도착해 있을 테니까.

작고 단정한 아침의 힘

하루 중 가장 좋아하는 시간에, 눈을 감고 내가 바라는 나의 모습을 떠올린다. 나는 가족이 모두 잠든 이른 아침의 고요를 자주 그린다. 아침의 설렘과 적당한 긴장감이 공존하는 그 시간의 공기. 아이들 등원 뒤의 해방감과는 또 다른 결의 평온함. 하루의 시작만큼은 엄마도, 일하는 사람도 아닌 '나'로 살고 싶다. 그렇게 시작된 하루는 작지만 분명한 기쁨이었다. 나는 바라는 아침의 모습을 구체적으로 적는다. 그릇 정리, 기도, 다짐, 독서, 운동, 요가, 다이어리, 명상, 청소⋯ 그 하나하나에 다 이유가 있다.

그릇 정리는 식기세척기 안의 마른 그릇을 제자리에 놓는 일. 주방이 단정해지면 하루도 덜 흐트러진다. 명상은 마음의 먼지를 가라앉히는 시간. 기도와 확언은 내 마음의 방향을 정돈하는 언어. 책을 읽는 건 짧은 문장 하나로도 태도를 다잡을 수 있어서. 청소는 최소한으로. 아이들이 처음 가는 화장실만은 깨끗하게. 운동은 나로 사는 하루를 응원하는 일. 지치거나 무너질 때도, 내 몸은 다시 나를 일으켜 세워주었다. 10분 요가든 스트레칭이든, 작게라도 시작한다. 다이어리는 '나답게'라는 세 글자를 적는 것만으로도 내 중심이 잡히고, 아이들의 이름을 적는 순간 내 하루의 방향이 달라진다.

이 모든 건 크고 대단한 일이 아니다. 그저 마음을 다해 하루를 반기고 단정하게 시작하고 싶을 뿐이었다. 그래서 나는 아침에 대단한 걸 하지 않아도 충분히 좋았다. 지금의 아침에서 기쁨을 찾는 내가, 참 좋다. 30분이면 충분하다.

아침이면 커튼을 열어 빛을 들이고, 창문을 열어 밤의 공기를 내보낸다. 잠시 멍하니 오늘을 느끼고, 책장 문을 열어 우드볼에 라벤더 오일 두 방울. 작은 성모마리아상 앞에서 감사 기도를 올린다. 요가매트를 펴고 10분간 몸을 깨운다. 세수를 하며 미소 짓고, 클래식 FM을 튼다. 죽염 한 알과 미온수. 식기세척기 속 마른 그릇을 제자리에. 그리고 따뜻한 차 한 잔. 다이어리와 책 앞에 앉는 시간. 작지만 단단한 30분. 하루는 이렇게 시작된다.

때론 늦잠을 자고, 새벽에 아이가 깨는 날도 있다. 그럴 땐 실망하지 않는다. 그저 하루 중 어느 시간이든 이 루틴의 리듬으로 다시 돌아간다. 10분이 20분이 되고 30분이 되며, 하루가 제자리를 찾아간다. 이 원고를 쓰고 정확히 1년. 나는 아침마다 달리기를 시작했고, 마라톤 경기에서 10개의 메달을 손에 쥐게 되었다. 그때는 상상하지 못했던 나. 하지만 알고 있다. 10분, 20분씩 나를 지켜온 이 작고 긴 여정이 지금의 나를 만들어주었다는 걸.

미니멀 라이프는 화장대처럼

내 화장대는 공동욕실 수납장 한편의 작은 공간이다. 원래는 안방 화장대를 썼지만, 아이들과 함께 안방에서 자는 날이 많아지면서 조용히 나를 마주할 수 있는 욕실로 자리를 옮겼다.

간결하고 홀가분한 느낌이 필요할 때, 나는 이 작은 화장대를 연다. 딱 두 뼘. 꼭 필요한 물건만 담았기에 더 이상 바랄 게 없는 공간이다. 기초 화장품은 간단하다. 토너, 수분 크림, 선크림. 저녁엔 수분 크림에 호호바오일을 한두 방울 섞어 마사지한다. 기능성 제품은 더 이상 필요 없다. 호호바오일 하나로 피부결이 달라졌고, 자연스레 나의 루틴도 정리되었다.

호호바오일은 인체 피지와 유사한 구조로 흡수가 빠르고 피부 장벽을 건강하게 지켜준다. 한번 써보고 만족한 후로 계속 사용 중이다. 덕분에 더 좋은 제품을 찾아다니는 수고도 사라졌다.

기초 화장품은 친구를 통해 알게 된 '러붐'이라는 브랜드를 쓴다. 널리 알려진 건 아니지만, 내 피부엔 잘 맞는다. 나에게 맞고, 보완해주는 하나가 있으니 충분하다. 최근엔 튜브형 용기도 생분해성 소재로 만든 '톤28'의 화장품을 하나씩 써보고 있다.

색조 화장도 단출하다. 쿠션팩트, 아이섀도, 볼터치, 립스틱. 눈썹은 섀도 중 내 눈썹 색으로 그린다. 그리고 볼터치를 하기 위해 일부러 예쁘게 웃어본다. 이때 기분이 참 좋다. 웃음의 에너지를 진하게 느끼며 하루를 시작할 수 있어서.

눈썹 칼, 눈썹 집게, 빗 등은 작은 박스와 고무줄을 재활용해 구분해 수납했다. 물건에도 '자리'를 정해주면, 마치 '내 물건'처럼

애정이 생긴다. 그리고 그 애정은 끝까지 잘 쓰는 태도로 이어진다.

샘플은 바로 사용하고 비우기

여행용으로 모아뒀지만, 막상 여행 땐 평소 쓰던 제품을 챙긴다. 제품 수가 적어짐으로써 여행 짐도 간단해졌기 때문. 샘플은 쌓이지 않게 '즉시 사용'으로 공간을 지킨다.

여분은 별도 수납

자주 쓰는 물건만 한 공간에 두어 '최적화된 공간'을 만든다. 이 공간을 유지하고 싶은 마음이 생기면서, 여분도 과하지 않게 관리하게 된다.

내 화장대는 크지 않지만, 미니멀 라이프의 기준을 말해준다. 필요한 만큼만 갖고, 자리를 정해주고, 끝까지 알뜰하게 쓰는 삶. 이렇게만 한다면, 우리의 집도 마음도 화장대처럼 간결해질 수 있다.

가구도 함께 살아간다

우드슬랩 식탁을 들였을 때, 주방 크기에 맞게 재단하고 남은 조각이 있었다. 버리기 아까워 다리를 붙여 작은 협탁으로 만들었다. 처음엔 단지 남은 자재의 활용이었다. 하지만 협탁은 그 후로, 삶의 변화에 따라 자리를 바꿔가며 오래 살아남은 가구가 되었다. 처음엔 소파 옆 테이블이었다. 오디오, 스탠드, 책 몇 권을 올려두고 소파에 앉아 쉬는 공간이 되었다. 소파 자리를 바꾸면서 협탁은 아이들의 책상이 되었다. 작은 조명을 달아주자, 아이들은 아늑한 그 공간에서 책을 읽고, 보드게임을 하며 시간을 보냈다.

싱그러운 봄날엔 창가에 옮겨 혼자만의 점심 공간이 되었고, 가정보육에 지치던 팬데믹 시절엔 위로의 자리가 되어주었다. 새벽 공부를 시작하며 아이 방 한편에 두기도 했고, 눈에 띄는 자리에 놓고 책과 다이어리를 올려 습관 형성의 장으로 쓰기도 했다. 지금 이사 온 집에서도, 거실 한가운데서 여전히 자리를 지키고 있다. 계획도, 특별한 목적도 없었다. 그저 상황에 따라 옮기고, 마음 가는 대로 자리를 주었을 뿐. 그렇게 협탁은 하나의 가구를 넘어, 우리 가족의 일상을 함께 살아낸 존재가 되었다. 어느 날 또 자리를 옮기게 되면, 나는 오늘을 떠올리며 웃을지도 모른다. 이런 게 바로 살림의 재미다. 트롤리도 마찬가지다. 처음엔 두 아이의 문제집을 담았고, 이후엔 막둥이의 기저귀함으로, 지금은 형들의 책과 막내의 장난감이 함께 들어 있는 다용도 수납함이 되었다. 트롤리 하나로 우리는 많은 물건을 새로 사지

않아도 되었고, "이 트롤리에 담길 만큼만"이라는 기준이 생겼다. 그 덕분에 물건이 과해지지 않게 되었다.

어떤 가구든, 어떤 물건이든 정해진 자리는 없다. 삶의 변화에 따라, 습관에 따라, 가구도 함께 움직이고 적응한다. 쇼핑몰을 기웃거리기 전에, 집 안의 물건 하나를 다른 시선으로 바라보면 좋겠다. 지금 내가 원하는 습관을 위해, 지금 내가 필요한 공간을 위해, 그 물건에 의미를 다시 붙여보자. 가구 하나가, 물건 하나가 이토록 유익하게, 오래 함께할 수 있다는 것. 그것이 살림이 주는 조용한 기쁨이다.

알파룸의 변신—마음을 담는 공간

이사한 집 거실 한편, 아이들에게 방을 내어준 지 몇 년 만에 오롯한 나만의 공간이 생겼다. 전셋집이라 큰돈을 들일 수는 없지만, 생각은 많았다. 특히 책장 하나는 꼭 갖고 싶었다. 책장만 있으면 내 방이 완성될 것 같았다.

이삿날, 하얀 벽 앞에 책상과 의자만 덩그러니 놓았다. 며칠 밤을 뒤척이며 스크랩해둔 인테리어 이미지들이 무색할 만큼, 그저 이 단순한 공간이 충분하게 느껴졌다. 짐이 늘어도, 이 흰 벽만큼은 오래도록 지키고 싶었다.

벽 옆에 작은 붙박이장이 있었다. 청소도구나 넣는 창고쯤으로 생각했는데, 열어보니 선반이 여러 개 달린 알짜배기 공간. 망설임 없이, 책장 대신 이 붙박이장을 나의 책장으로 삼기로 했다. 책장을 살 필요도 없어졌고, 소중한 흰 벽도 그대로 둘 수 있었으니, 이보다 좋을 수 없었다. 살다 보면, 예상하지 못한 곳에서 딱 맞는 해답을 만날 때가 있다. 그래서 가구는 이사 전에 서둘러 들이지 않아도 된다. 살아보며 천천히 공간을 알아가고, 꼭 필요한 것만 들이자.

며칠 뒤, 붙박이장을 정리하기로 했다. 책을 모두 꺼내고, 하나씩 살펴봤다. 다시 읽지 않을 책, '언젠가 공부하겠지' 하고 남겨뒀던 영어책을 과감히 박스에 담았다. 몇 해 전에도 한 차례 비웠지만, 출산 전후로 어느새 또 쌓여버린 책들이었다.

이제는 채울 차례. 가장 손이 잘 닿는 공간엔 요즘 자주 펼치는 책들과 다이어리, 가계부, 집밥 책 3종 세트를 넣었다. 그 위엔

육아서와 요리책, 미니멀 라이프 책을, 맨 위엔 두고두고 읽고 싶은 책을 올려뒀다. 예전엔 좋은 문장을 필사하거나 디지털로 정리하곤 했지만, 육아의 한가운데에 있는 지금은 포스트잇 하나 붙여두고 다시 읽는 것만으로도 충분하다. 아이들이 조금 더 자라면, 좋은 글을 수집하는 시간도 가질 수 있겠지.

가운데 선반엔 노트북과 카메라 등을, 하단엔 신혼 때부터 써온 철제 수납장을 넣어 건전지와 문구류 등을 정리했다.

이 붙박이장은 이제 단순한 수납장이 아니다. 하루에 가장 많이 여닫는 문, 내 삶의 리듬을 정돈하는 시작과 끝이 머무는 곳. 보이지 않는 곳이라 흐트러질 수 있는 공간이었지만, 오히려 자주 드나들며 더 소중하게 다듬게 되었다. 그 변화의 끝엔, 작은 성모마리아상을 두었다. 기도를 올리게 될 줄은 나도 몰랐지만, 공간에 정성을 들이니, 어느새 마음도 가만히 머무르게 되었다.

미니멀 육아—당연함을 받아들이는 연습

바구니를 들고, 일단 쏟고보는 두 살 아이가 내 앞에 서 있다. "당연한 일이야. 당연한 시기야. 당연히 어질러지는 거야." 이 '당연함'이 이렇게도 큰 위로가 될 줄은 몰랐다. 아이의 행동을 그저 자연스러운 성장의 일부로 받아들이기 시작하니, 그 안에서 감정을 덜어낼 수 있었다. 어질러진 공간을 감정적으로 받아들이지 않으면, 정리도 단순해진다. 이 또한 지나갈 시간임을 생각하면, 지금 이 어지러움도 언젠가 미소로 떠올릴 추억일 것이다. 어느 날, 『설레지 않으면 버려라』의 저자 곤도 마리에의 인터뷰를 보게 되었다. 셋째 아이를 낳은 후 그녀는 이렇게 말했다.

> "우리집은 현재 난장판이다. 매일 정리할 수 없다는 사실을 받아들이게 됐다. 이제 내게 가장 중요한 것은 완벽하게 정리된 집보다, 아이들과 함께 집에 있는 시간을 즐거운 시간으로 만드는 것임을 깨달았다."

그 말이 나에겐 큰 위로가 되었다. 나 역시 셋째 아이를 낳은 후, 완벽한 정리는커녕 평범하게 치우는 일도 버거운 날이 많았다. 그런데도 물건이 넘치지 않도록 균형을 잡고 있는 내 모습을 보며, '아, 그동안의 실천이 헛되지 않았구나' 싶었다. 미니멀 라이프를 지향한 지 5년. 그 시간이 내게 익숙함을 넘어, 내면의 기준이 되어주고 있다. '이건 지금 꼭 필요한 물건일까?' '없어도 되

는 것 아닐까?' 셋째 아이와 보내는 요즘이야말로, 그 배움이 진짜 빛을 발하는 시간이다. 더 이상 육아에 치여 허덕이는 내가 아니다. 나의 경험을 살려 살아내는 나를 느낀다. 심난할 필요 없다. 이건 내가 바라던 삶의 방식이고, 그 방향대로 살아내고 있는 지금은 분명 빛나는 시간이다.

물건이 우후죽순 자라는 걸 예방하는 법

아이를 키우다 보면 물건이 늘어나는 건 순식간이다. 자라나는 물건을 잘 다루기 위해서는 '기준'이 필요하다. 이 기준 하나만 있어도, 물건과 씨름하며 지내는 일이 훨씬 줄어든다.

꼭 필요한 물건은 빌리거나, 중고로 구입하기
장난감 도서관을 이용하거나, 중고로 필요한 물건을 구해보자. 누군가에게 쓸모없어진 물건을 내가 유용하게 잘 쓰고, 다시 누군가에게 보낼 수 있다면, 그건 살림을 통한 자원 순환이다. 필요의 유무에 따라 물건을 쌓아두지 않고, 보내는 마음도 훈련된다. 홀연히 보내고, 미련 없이 정리하는 것. 그 자체로도 충분히 의미 있다.

물건의 개수와 영역에 '제한' 두기
막내의 물건은 기저귀 정리함으로 쓰던 3단 트롤리 카트 하나에 담기로 했다. 가장 위 칸에는 기저귀, 손수건, 로션과 물티슈를 넣고, 두 번째 칸에는 내복과 양말 같은 옷가지, 맨 아래 칸에는 월령에 맞는 장난감을 두었다. 이렇게 구분하니 한눈에 보여서 좋고, 정리와 관리도 쉬웠다. 신경 쓸 물건이 적다는 건 아기에게 더 편한 마음으로 집중할 수 있다는 뜻이다.

'제한'에 유연함 더하기
꼭 이 카트를 넘어서지 않겠다는 단호한 결의보다 더 중요한 건,

상황에 맞는 유연함이다. 발달 단계에 따라 물건이 늘어나는 건 자연스러운 일. 트롤리 하나로 시작했지만, 어느새 바구니 세 개, 수납장 세 칸으로 늘어날 수도 있다. 중요한 건 늘 '기준 안에 서' 신중히 들이는 습관. 쓰지 않는 것은 과감히 정리하는 태도 다. 반대로 아이가 이미 크면 수납장을 하나씩 줄여가며 '거꾸로 비워나가는 미니멀 육아'를 할 수도 있다.

반복 속에서 쌓이는 나만의 기준

작고 반복적인 정리 속에서 나만의 약속들이 자연스럽게 생겨 난다. '장난감 하나를 들였으면, 흥미가 떨어진 하나를 비워볼 까?' '덩치 큰 장난감은 세 개까지만.' '어린이집에서 주기적으로 교구를 받아오니, 그 전까지는 구입하지 말자.' 이런 자연스러운 물음과 답이 결국엔 진짜 내 살림 노하우가 된다. 넘치지 않게, 지혜롭게, 즐겁게. 그렇게, 기준을 품고 살아가는 육아와 살림. 우리, 그렇게 지내보자.

다시 쓰고 잘 활용하는 육아용품

셋째가 26개월이 되었다. 세 개의 장난감 바구니를 오가며 하루 종일 잘도 논다. 하나는 도로놀이 장난감, 다른 하나는 자동차와 로봇, 또 다른 바구니엔 공룡과 동물들. 모두 물려받아 오래된 것들이지만 아이에게는 여전히 흥미롭고 새롭다. 경험상, 아이는 많은 장난감을 다 가지고 놀지 않는다. 그래서 잘 갖고 노는 것들만 골라 서너 개의 바구니에 나눠 담는다. 나머지는 다른 방에 따로 보관해두고, 흥미가 식을 때쯤 구성만 바꿔주는 방식. 총량은 그대로, 내용만 교체하는 것이다. 이 작은 규칙이, 아이에겐 스스로 정리하기 쉬운 환경이 되고 엄마에겐 물건을 '잘 활용'하는 기술이 된다.

장난감만이 아니다. 아이의 책상도, 책장도, 놀이 공간도 모두 '다시 쓰고 잘 쓰는 방식'으로 꾸려졌다. 막내 책상은 나눔 받은 것. 깨끗이 닦아, 하늘이 보이는 주방 가까운 곳에 두었다. 이 자리에 앉아 아이는 요구르트도 먹고, 치즈도 먹고, 종이에 맘껏 낙서도 한다. 서랍엔 재활용 종이를 넣어두었고, 왼편 기둥엔 날짜 지난 달력을 붙였다. 그 안엔 제철 채소, 과일, 생선이 그려져 있어 자연스럽게 숫자와 계절의 개념을 배운다. 오른쪽 책장엔 책과 한글 카드, 어린이집에서 받아 온 교구들이 정리돼 있다. 사실 이 책장은 원래 물려받은 주방놀이 장난감 윗부분. 분리해 책장으로, 1년 뒤엔 둘째 아이 침대 옆 협탁으로. 물건은 그때그때 다르게, 오래도록 활용된다.

이렇게 '책상+책장+장난감 바구니'를 한 세트로 주방 가까이에

배치했다. 주방에 서서 아이를 바라보는 그 풍경은 내 하루에 비타민 같은 장면이다. 혼자서 잘 노는 아이가 너무 기특하고 사랑스러워 어느새 고무장갑을 벗어던지고 와다다다— 달려가 꼭 안아주기도 한다. 그래서 내 저녁 마감은 늘 늦는다. 하지만 나는 이 리듬이 좋다.

아이의 활동 반경에 맞춰 놀이 공간의 위치도 바꿔주고 있다. 단조롭던 거실은 아이 덕분에 언제나 생동감 넘치는 공간이 되었다. 안방 한쪽엔 형들이 쓰던 작은 책장을 두었다. 막내의 잠자리 독서를 위한 공간이다. 우리는 다섯 식구. 용인시 다자녀 가정 회원 혜택 덕에 도서관에서 한 번에 50권까지 책을 빌릴 수 있다. 주말마다 도서관에 가는 루틴은 자연스럽게 생활이 되었다.

잠자리 조명은 이케아 구름 조명. 세일할 때 16,900원에 구입했다. 집에 있던 조명들을 다 써봤지만 밝기와 분위기 모두 만족스러웠고, 오랜만에 '잘 산 소비'로 기억되었다. 소비를 줄이려 애쓰지만, 그 마음의 뿌리는 '안 쓰는 것'이 아니라 '잘 쓰는 것'이다. 필요하면 구입하고, 너무 많은 시간과 노력이 드는 중고 구입은 과감히 멈춘다.

가격도 중요하지만, 소비는 내 시간과 자원을 아끼는 방향에서 이뤄져야 한다.

어느 날 아침, 막내가 먼저 일어나 조명을 켜고 책을 읽고 있었다. 읽으려면 불을 켜야 한다는 걸 아이 나름대로 자연스럽게 이해한 것이다. 그 귀엽고도 당연한 행동이 너무 순수해서, 나는 쪽, 하고 뽀뽀를 해주었다.

오늘 잘 활용하려는 마음이 있다면, 내일도 그 마음으로 살아갈 수 있다. 어디에 중심을 두고 사느냐에 따라 보이는 것이 달라지고, 들리는 것이 달라진다. 나는 이런 작고 따뜻한 만족이 좋다. 그 흐름 속에 나를 두고, 물 흐르듯 살아간다.

아이 방 옷장과 빨래 정리—덜 개고, 더 편하게

높은 층으로 이사 온 뒤, 집에 드는 햇살이 좋아 웬만한 날엔 자연건조를 한다. 빨래 헹굴 때는 라벤더 오일을 떨어뜨린 구연산수를 쓰는데 세탁실부터 퍼지는 향이 은은하고 기분 좋다. 빨랫감을 탁탁 털어 널 때는 마치 아로마 테라피를 받는 기분마저 든다. 여기까지는 완벽하다. 문제는 그다음. 개고, 나누고, 넣는 일. 이 지점에서부터 빨래가 '일'처럼 느껴지기 시작한다. 그래서 이렇게 생각했다. "빨래를 일처럼 느끼지 않으려면, 일거리 자체를 줄이면 되는 거 아닌가?"

덜 개기 위한 첫 변화_널기 방식 바꾸기

가장 먼저 바꾼 건 널기 방식이다. 윗옷은 물론이고, 둘째의 반바지까지도 옷걸이에 걸어서 넌다. 다 마르면, 건조대를 그대로 아이 방 앞에 세워둔다. 이제 각자가 지나가며 자기 옷을 들고 그대로 옷장에 걸기만 하면 된다. 개지 않아도 되는 정리, 정말 마음이 가벼워진다.

양말과 속옷 정리는 더 단순하게

아이들의 양말은 한 가지 디자인으로 통일해 산다. 짝을 맞출 필요가 없으니 바구니에 담기만 해도 정리가 끝난다. 이건 둘째가 양말 접기를 어려워한 게 계기가 되었는데, 아이 스스로 정리하기도 쉽고, 입을 때도 편하다. 속옷은 정리함 폭에 맞춰 두 번만 접으면 끝. 정리는 결국, 누구나 쉽게 할 수 있어야 유지된다.

정리는 각자의 몫이 되도록

건조대 위에서 가족별로 옷을 나눠 접어둔다. 걸어둔 옷은 그대로 두고, 접은 옷은 각자 방 책상 위에 놓아준다. 바지 위에 양말, 내복 위에 속옷. 단순한 구성이라 정리도 어렵지 않다. 예전엔 온 가족 빨래를 다 정리하고 마지막에 내 옷만 한 무더기 남아 지쳐버린 날도 있었다. 그때 결심했다. '함께 나눠야 지치지 않는다.' 모두가 단 1분씩만 시간을 내도 이 일은 훨씬 가벼워진다. 정리를 함께하면 칭찬할 거리도 생기고, 아이들도 성취감을 느낀다.

'한눈에 보이는' 옷장 만들기

아이 방 옷장은 기존 선반을 빼고 압축봉을 설치해 옷걸이 중심으로 구성했다. 이제 옷을 꺼내고 걸기 쉬워졌고, 아이들 스스로 정리도 가능해졌다. 아이에게 정리를 맡길 땐 설명이 필요 없는, 아주 쉬운 방식이 중요하다. '한눈에 보이는 정리', 그게 결국 가장 오래 유지된다.

이런 작은 변화들 덕분에 세 아이의 빨래도 이제 두렵지 않다. 어떻게든 나를 덜 소모하고, 삶의 구조를 바꾸어가며 살아간다. 그러다 보면 살림은 덜 복잡해지고 마음은 더 단단해진다. 그렇게 나를 잘 구하며 지내는 일, 아이 셋 엄마의 일상은, 그래서 꽤나 재미있다.

물건을 끝까지 쓰기—작은 정리와 수납

도구는 하나, 용도는 무궁무진

- **잠자는 걸레는 없다:** 창문 로봇 청소기는 자주 쓰지 않지만, 그 걸레는 늘 바쁘다. 세탁기 주변 물기를 닦고, 욕실 청소에도 유용하다. 극세사 걸레는 흡수력은 뛰어나지만 미세플라스틱 문제에서 자유롭지 않다. 그래서 새로 사기보단 있는 걸 끝까지, 다양하게 쓰기로 했다. 작은 크기 덕분에 세척도 쉬워 좋다.

- **손수건의 쓸모:** 막내가 태어나며 늘어난 가재 손수건. 지금은 키친타월 대신 채소를 감싸고, 휴지나 물티슈 대신 집 안 곳곳에서 활약 중이다. 한 물건이 다양한 용도로 오래 쓰인다.

- **다용도 키친타월 걸이:** 신혼 때부터 써온 키친타월 걸이. 이사하며 주방 수납장과 맞지 않았지만 오히려 그 덕에 쓰임이 더 넓어졌다. 약통과 세척한 비닐을 말리고, 텀블러를 말릴 때도, 도마나 호일 수납에도 요긴하다. 결국, 물건이 아니라 시선의 차이였다.

- **그릇의 변신:** 비우려던 그릇들이 지금은 집 안에서 여전히 열심히 일한다. 화분 받침이 되고, 연필꽂이가 되고. 쓸모를 바꾸면, 물건은 계속 살아 있다.

- **김치통은 정리함으로:** 김치냉장고를 쓰지 않으면서 남은 김치통이 많아졌다. 흰색이 아니면 어떤가. 지금은 훌륭한 정리함으로 쓰인다. 있는 그대로를 잘 쓰는 일이 더 근사하다.

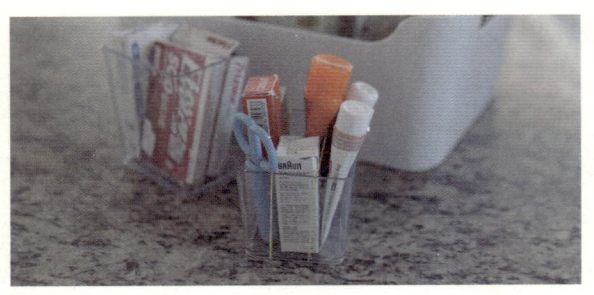

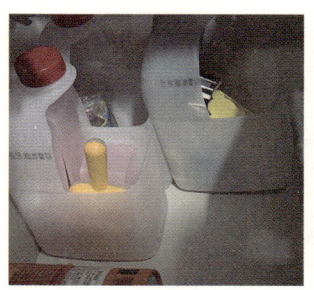

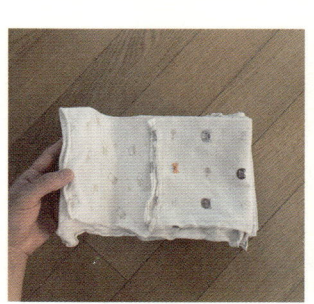

버리지 않는 정리법, 재활용보다 재사용

- **양파망은 두 번 쓰기:** 얇고 튼튼한 양파망은 수전 틈새나 세탁실 바닥 청소에 딱이다. 고밀도폴리에틸렌(HDPE)으로 안전하고 내구성 강한 재질. 잘 쓰고 다시 깨끗하게 분리배출하면 된다. 요즘은 자원순환 상점에서 양파망을 따로 수거하기도 한다.
- **제습제는 한 번만 사기:** 처음 한 번만 제습제를 사고, 그 후엔 염화칼슘만 따로 사서 같은 용기에 담아 쓴다. 이것만으로도 꽤 많은 플라스틱을 줄일 수 있다.
- **신발장 탈취엔 원두 가루:** 커진 아이들 발만큼, 신발장 냄새도 진해졌다. 베이킹소다나 사용하고 말린 원두 가루를 작은 용기에 담아 신발장에 넣어둔다. 쓰고 남은 마스크에 담아 신발 안에 넣는 것도 좋은 방법이다.
- **고무장갑 고무줄:** 구멍 난 고무장갑을 세척해 가늘게 잘라 고무줄 대신 쓴다. 밀봉이 필요한 간식, 식재료 봉투를 묶을 때, 자석 고리에 걸어두고 바로 꺼내 쓰기 좋다. 작은 재사용이 큰 낭비를 막는다.

수납함을 사지 않고 활용하는 법

- 휴지 속지는 케이블 정리에 딱
- 종이 커피 캐리어는 오일병 정리에 제격
- 호빵 플라스틱 용기는 냉동실 수납함으로
- 꿀 스틱 상자 이어 붙여 칸칸 수납함으로
- 상자에 고무줄을 두르면 작은 물건 분리 수납에 최고
- 플라스틱 우유통은 냉장고, 욕실, 장난감 정리에 만능

- 우유통+고무장갑 세트는 넘치지 않는 비닐봉지 수납통이 된다
- 종이 우유팩은 윗부분을 잘라 이어 붙이면 텀블러나, 차, 스틱 영양제 등 정리함으로 변신. 깨끗이 씻어 주민센터에 가져가면 휴지, 종량제 봉투로 바꿔준다(지역마다 다름)
- 압축봉은 냄비 뚜껑 수납의 해결사

돈을 들이지 않아도 정리는 얼마든지 가능하다. 쓰던 물건으로도 수납은 얼마든지 아름다워질 수 있다. 물건을 줄인 게 아니라, 물건을 바라보는 시선을 바꾼 것. 그러면 공간도 달라지고, 내 마음도 달라진다.

가계부—현명한 소비의 이름표

부담 없이 시작하는 기록

마침, 매일 적기에 부담 없는 다이어리 형식의 〈기적의 가계부〉를 만났다. 나는 종종 탁상 달력에 지출을 적고 결산을 해서 한눈에 소비 파악을 했는데, 그런 형식의 가계부였던 것. 하루의 지출을 먼슬리 다이어리의 한 칸에 적기만 하면 되는 구조다. 일주일이 밀려도 다른 가계부처럼 '7페이지의 공백'이 아닌, 작은 7칸이 비는 것이다. 채워 적을 부담이 적다는 건 시작의 부담도 적다는 의미. 그리고 이 가계부는 생활비와 식비만 적게 되어 있다. 가장 자주 쓰는 항목만 관리하는 것, 그게 오히려 꾸준함을 만든다. 나는 여기에 여행비, 예비비, 경조사비까지 추가해 변동 지출을 관리했다. 형광펜으로 항목을 구분하면 소비 흐름도 한눈에 보인다.

'내 용돈'을 되찾다

가계부를 쓰며 생긴 가장 큰 변화는, '내 용돈'을 다시 나만의 것으로 되찾았다는 것이다. 예전엔 늘 생활비 부족분을 채우느라 예비비처럼 쓰곤 했지만, 지금은 온전히 나만을 위한 돈이다. 듣고 싶었던 강의, 처음으로 들어본 요리 클래스, 좋아하는 사람들과의 만남, 아이들과의 데이트, 그 모든 순간들이 내 돈이기에 더 즐겁고, 더 달콤하다. 생각해보면 '나를 위한 소비 없이, 아끼기만 하면서 돈에 긍정적인 감정을 갖는 것'은 불가능에 가깝다. 지속 가능한 알뜰한 생활엔, 나를 위한 보상이 꼭 필요하다.

가족이 늘어나며 사라지는 건 공간과 시간만이 아니다. '나만의 돈'도 그렇다. 물건을 줄이면 내 공간이, 시간을 관리하면 내 시간이, 그리고 돈을 기록하면 나의 돈이 다시 생긴다. 그걸 가능하게 해준 게 바로 가계부다.

소비에 기준이 생긴다

좋은 물건이 넘치는 시대. 누군가 1분 만에 '득템'한 걸 보면, 괜히 나도 사야 할 것 같고, 연관 상품은 끝없이 올라온다. 클릭 한 번이면 결제되는 세상에서 소비 기준을 지킨다는 건 정말 어려운 일이다. 하지만 가계부를 쓰다 보면, 기록을 통해 우리집의 소비 패턴이 보이고, 불필요한 지출이 선명해진다. 딱 석 달. 그 정도만 해보면 충분하다. 이후부터는 내 소비에 '현명함'이라는 이름을 붙일 수 있다. 예산 안에서 조절하고, 통제하고, 그 안에서 얻게 되는 가장 큰 선물은 자존감이다.

살림과 소비의 선순환

가계부를 쓰면 자연스럽게 이런 순환이 생긴다. 식단표 작성 → 냉장고 파먹기 → 예산 절감 → 신선한 식재료로 채우기. 식단표를 먼저 짜면, 냉장고 속 식재료와 구입할 식재료가 명확해지고, '냉파'도 쉬워진다. 낭비 없는 소비 → 예산 절감 → 더 신선한 식재료. 이 선순환의 중심에 있는 게 바로 기록이다.

가계부는 나를 위한 도구다

가계부는 불편한 절제가 아니라고 예전의 나에게 말해주고 싶다. 가계부는 아등바등, 팍팍한 삶의 도구가 아니라고. 예산 안

에서 불안 없이 소비하게 해주고, 물음표 없는 결제를 가능하게
만들며, 소비 기준을 세워주는 확신의 도구라고. 내가 정말 원하
는 게 뭔지를 보여주는 거울 같은 존재. 가계부는 살림의 자율성
을 되찾아주는, 가장 작고 확실한 도구다.

냉장고에도 철학이 있다—나의 식재료 보관법

냉장고 속 용기들은 나의 소비 습관을 그대로 닮아 있다. "필요할 때, 조금씩." 그래서 통일감은 부족하지만, 대신 "환경에 덜 해로운가?"라는 기준이 있다. 그것이 나의 통일이다. 살림살이는 쓰임이 먼저다. 비싸고 좋은 것보다 중요한 건 얼마나 자주, 오래 손이 가는가. 이 기준에 따라 선택한 나의 냉장고 속 용기들을 소개해본다.

스테인리스 용기

차갑고 단단한 금속은 냉기를 오래 품는다. 채소나 고기, 생선 보관에 좋다. 다만 속이 보이지 않아 자칫 깜빡하기 쉽기에 안이 보이는 뚜껑으로 선택했다. 깊은 통에는 김치나 고기를, 넓고 납작한 밧드에는 상추, 쪽파, 시금치 같은 부피 큰 채소들을 넣는다. 스테인리스 채반을 밑에 두면 수분이 빠져 채소가 무르지 않고, 그 위에 가재수건을 덮으면 더 오래 신선함이 유지된다. 양배추, 미니버섯, 브로콜리 등을 밧드에 모아두면, 볶고 찌는 간단 아침 메뉴나 볶음밥, 채소전 만들기에 참 편하다.

- **활용 팁:** 슬라이스 바나나, 레몬, 버터 등을 스테인리스 채반에 걸쳐 얼리면 용기에 담아도 서로 붙지 않아 보관하기 좋다. 고기를 구운 후 채반 위에 올려 기름기를 빼는 용도로도 유용. 기름기는 커피가루로 흡수해 일반쓰레기로 처리한다.

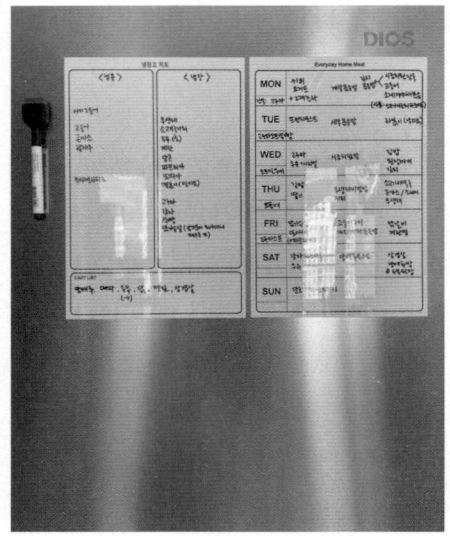

유리 용기

속이 보여서 좋다. 정성껏 만든 반찬을 만들어 담아두기에 유리 용기만 한 게 없다. 뿌듯하지 않나. 반찬 담은 용기는 따로 수납 바구니에 넣어두어 한 번에 꺼내기 좋게 한다. 남은 국이나 밥도 환경 호르몬 없이 용기째 바로 데워 먹기 편하다. 특정한 용도가 정해져 있지 않기에 오히려 다방면에 자주, 오래 쓰인다.

법랑 용기

선물 받아 처음 써봤다. 내구성이 뛰어나 오랜 재사용이 가능하고, 내열성이 좋아 오븐 사용, 직화가 가능하다. 금속과 에나멜로 분리돼 재활용까지 가능한 친환경 용기. 냄새와 색 배임 적고, 깔끔한 외관, 맛의 보존력 덕분에 보관 용기로 제격이다. 지

금은 김치 소분용으로 매일 사용 중인데 언젠가 한두 개 더 들이고 싶은, 참 고운 살림살이다.

진공 용기(BPA Free)

플라스틱 용기이기에 일부러 구입한 건 아니지만, 선물 받아 최대한 잘 사용하며 지낸다. 진공 밀폐로 식재료를 신선하게 보존해 음식물 쓰레기 줄이기에 톡톡히 역할을 한다. 나는 특히 시간을 좀 두고 보관하게 되는 통마늘, 두부, 견과류, 원두 등과 남은 김 보관에도 잘 쓴다. 양파는 보통 망째로 걸어두지만 오래 두게 될 땐 껍질 벗겨 보관하니 좋았다.

친환경 랩

PVC랩과 지퍼백을 사지 않은 지 6년째. 대신 사용하는 건 꿀벌의 벌집(밀랍), 나무 송진, 코코넛 오일로 만든 왁스를 녹여 천에 바르고 굳혀 만든 친환경 랩이다. 손의 온도로 꾹 눌러 모양을 잡거나 밀봉을 하면, 공기와 습기로부터 음식을 지켜주고 항균 효과로 식중독균을 억제한다. 양배추, 양상추, 브로콜리 등을 통째로 보관 시 다른 용기보다 냉장고 자리 차지가 적고, 먹다 남은 사과, 빵, 단호박, 당근, 수박 등 남은 부분을 싸는 데도 자주 사용한다. 랩을 또르르 풀거나 한 꺼풀 한 꺼풀 열어보는 재미는 6년이 지난 지금도 여전하다.

그밖에도 아이들이 먹을 과일은 투명하고 가벼운 실리콘 용기에 담고, 포장 용기 그대로 사용, 공병이나 식재료가 담겨 있던 탄탄한 지퍼백을 재사용하는 것도 즐긴다.

아이들과 채소를 즐겁게 먹는 법

요리 못하는 사람, 여기 모여라. 특별한 재료나 기술 없이도 아이들과 채소를 맛있게 먹는 방법이 있다. 별건 아니지만, 자주해 먹고 잘 먹는 요리들. 아이도 나도 즐겁게 먹는 것, 그게 제일 중요하니까.

스크램블 채소구이

아침 식사로 한 접시 내어주기에 제격이다. 냉장고 속 채소를 꺼내 올리브오일에 볶고, 소금 한 꼬집으로 간을 한다. 그 옆에 스크램블 에그를 재빨리 만들고, 단백질 하나를 곁들이면 훨씬 든든하고 맛있다. 우리집은 새우를 자주 쓴다. 단백질, 오메가-3, 비타민B12가 풍부해서다. 새우의 짭짤함, 스크램블의 부드러움, 채소의 아삭함이 한입에 어우러지는 느낌이 좋다. 아이들에게도 "이거, 한 번에 찍어서 먹어볼래?" 하고 알려주면 신나서 따라 하고, 잘 먹는다. 특히 평소에 계란을 잘 먹지 않던 둘째도 이렇게 주면 스크램블도, 채소도 싹싹 비운다. 자주 쓰는 채소는 애호박, 브로콜리, 시금치, 파프리카, 양배추와 각종 버섯류. 견과류와 과일을 곁들이면 더 좋고, 여유가 되면 스프나 찐 고구마, 단호박도 곁들인다.

아이들이 반한 양파카레

카레는 항염, 면역력 강화에 좋은 건강식이라 한 달에 한 번은 꼭 해주려 한다. 그런데 아이들은 카레를 그다지 좋아하지 않았

다. 이유는 다름 아닌 "안의 채소가 싫어서." 그러다 제주도 한 달 살이 중, 양파만 덩그러니 남은 날 만들어본 양파카레. 팬에 올리브오일이나 버터를 두르고 양파를 오래 볶아 캐러멜색이 날 때까지 익힌다. 물과 카레가루를 더하면 끝(나는 우유도 조금 넣는다). 이 간단한 레시피가 이렇게 맛있을 줄은 몰랐다. 게다가 아이들도 정말 잘 먹었다. 이제는 양파카레에 다양한 식재료를 곁들여 즐긴다. 특히 새우와 팽이버섯을 넣고, 마무리로 살짝 데친 브로콜리를 올려주면 색감도 식감도 좋아서 "오늘은 카레야" 하면 "예에~!" 하고 환호한다.

푸짐한 채소 토르티야 샌드위치

살짝 구운 통밀 토르티야에 머스터드와 케첩을 바른다. 쌈 채소나 양상추, 파프리카, 매운 맛 뺀 양파, 얇게 썬 사과(또는 토마토)를 얹는다. 그 위에 아이들이 좋아하는 치킨이나 새우, 불고기를 살짝 더한다. 채소를 듬뿍 넣어야 더 맛있다. 채소를 푸짐하게 먹이기에 좋고 아이들도 손으로 들고 신나게 먹는다.

채소볶음 그 위에 반숙 계란

채 썬 채소를 볶고 위에 계란 하나 톡, 반숙으로 익히면 끝. 아주 간단하지만, 맛도 좋고 보기에도 좋다. 자주 쓰는 채소는 양배추, 애호박과 팽이버섯이다. (가끔 햄을 곁들이면 더 잘 먹는다.)

채소 가득 김밥

아이들에게 채소를 먹이기에 가장 수월한 방법은 김밥이다. 물론 남은 반찬으로 김밥을 싸는 게 아니라면 손이 꽤 간다. 하지

만 잘 먹는 모습을 보면 들인 품이 하나도 아깝지 않다. 다음 김밥 싸는 날을 또 기다리게 된다.

그밖에도 좋아하는 볶음밥에 채소를 듬뿍 넣고 모차렐라 치즈로 마무리, 채소 듬뿍 비빔밥, 맛있는 간장 양념 하나로 가지덮밥, 버섯 덮밥, 콩나물 덮밥 등 즐기기, 잘게 썬 부추, 양파, 애호박을 넣은 부침개. 고기 먹을 때 쌈 채소와 숙주, 부추, 콩나물 등 곁들이기. 양배추 듬뿍 토스트, 샤부샤부로 한 끼 등. 요리 솜씨 없어도 괜찮다. 쉽고 편하게, 오늘도 우리 가족 채소 한 접시 챙긴다.

세제 하나 바꿨을 뿐인데, 집이 달라졌다

주방에서 플라스틱을 줄이는 일은 나에게 작은 실천의 연속이다. 배달 음식을 자제하고, 장바구니를 사용하며, 온라인 장은 친환경 포장을 추구하는 곳에서 본다. 일회용 물티슈는 되도록 쓰지 않고, 재활용을 생활화하려 애쓴다. '내가 할 수 있는 선' 안에서이지만, 그 선을 조금씩 넓히고 싶다는 마음으로 살아간다. 그중에서도, 좀 더 적극적으로 실천해보고 싶었던 것이 바로 세제 용기를 바꾸는 일이었다.

고체 하나로도 충분하다

6년 전, 올인원 비누를 처음 써봤을 때는 확신이 없었다. 그 뒤로도 여러 번 망설이고, 서두르다 멈추기도 하면서, 나는 천천히 액체 세제와 플라스틱 용기에서 멀어져왔다. 지금은 고체 세탁 세제를 포함해 대부분의 세정제를 고체로 바꿔 사용한다.

너저분함이 사라진다

고체 세제를 쓰면, 공간이 간결해진다. 욕실에 늘어놓던 바디워시, 샴푸, 린스 세 통이 손바닥만 한 비누 하나로 대체된다면? 주방세제, 손세정제를 치우고 주방 비누 하나만 둔다면? 액체 용기 하나가 차지하던 자리에 고체 비누 4개가 들어간다는 건, 수납장에 여백이 생긴다는 뜻이다.

청소가 쉬워진다

욕실 용기 바닥에 생기는 물때, 용기를 옮기며 청소하는 번거로움, 리필 후 생길 수 있는 세균 걱정도 사라진다. 게으른 나에게 이 점은 무척이나 솔깃한 매력이다.

마지막까지 개운하다

고체 세제의 단순하고 깔끔한 사용감은 나를 다시 고체로 돌아오게 만든다. 용기를 거꾸로 세워두고, 두드려가며 쓰던 액체 세제, 세제 양을 가늠하며 고민하던 일도 더 이상 없다. 고체 세탁 세제 한 알을 세탁조에 툭, 던지면 끝. 비누는 작아지고 사라지며 마지막까지 개운하다.

쓰레기가 남지 않는다

세제가 담긴 포장재는 모두 종이. 재활용 가능한 것뿐이다. 우리 집에서 나가는 세제 쓰레기가 더 이상 바다로 흘러갈 일은 없다. 이 문장 하나가 나에게는 굉장히 크다.

건강한 집이 되는 일

고체 세제를 만든 브랜드 '톤28'의 문구 중 이런 말이 있다. "처음부터 플라스틱 없이, 마지막 거품까지 생분해로 사라집니다." 플라스틱 용기를 만들지 않겠다는 선언은, 단순한 포장 용기의 변화가 아니라, 제품 그 자체를 유해하지 않게 만들겠다는 약속이다. 자연에도 해롭지 않지만, 우리 몸에도 해롭지 않다는 뜻이다. 아이들과 함께 쓰는 물건이라면, 나는 이 한 줄의 약속에 마음이 간다.

고체 샴푸, 여정을 즐기세요

욕실에서 고체 비누를 쓰기 시작한 지 벌써 6년. 나처럼 새 방식을 시도하는 데 조심스러운 사람도, 비누 하나를 통해 자신에게 맞는 걸 찾아가는 기쁨을 누릴 수 있다. 나는 이 여정을 천천히, 그리고 즐기고 있다.

샴푸에서 비누로

처음 고체 샴푸를 쓰고 싶다면, 순서가 중요하다. 처음부터 머릿결이 뻣뻣해지면 금세 포기하게 되니까. 내가 가장 추천하는 시작은 약산성 샴푸바. 두피와 피부의 산도에 가까워 자극이 적고, 사용감도 일반 샴푸와 비슷하다. 브랜드마다 두피 타입에 맞춘 제품이 있어 고르기도 쉽다.

그다음은 중성에 가까운 도브 센서티브 바. 샴푸, 바디워시, 세안까지 하나로 가능한 올인원 비누라 욕실이 훨씬 간결해진다. 처음엔 머릿결이 조금 뻣뻣할 수 있지만, 편리함에 익숙해지면 '괜찮네' 싶은 순간이 온다.

좀 더 단순한 성분을 원한다면, 전성분 4~5개인 순비누. 천연 유래 계면활성제도 없는 '진짜 비누'라 순하지만, 약알칼리성이기에 머리에 쓰기엔 적응이 필요하다. 산도를 맞추기 위해 식초나 구연산수를 헹굼에 쓰면 훨씬 부드러워지지만, 매번 준비하는 번거로움은 감수해야 한다. 적응이 되면 뻣뻣함이 나아진다.

이런 전환은 시간이 걸린다. 하지만 단계를 넘을 때마다 다음이 훨씬 쉬워진다. 나도 그렇게 천천히, 하나씩 시도했고 지금은 약

산성 샴푸바에 자연스럽게 정착했다. 무리하지 않고, 천천히. 나에게 맞는 걸 찾아가는 이 시간은 생각보다 유연하고, 충분히 즐거운 여정이었다.

톤28의 S21 검은콩 샴푸바

풍성한 거품, 부드러운 세정감, 감은 후의 유연한 머릿결. 그리고, 헤어라인에 나던 뾰루지가 사라졌다는 것. 이 비누에 정착하게 된 가장 결정적인 이유다. 향은 거의 없지만, 무향이라 더 잘 맞았다. '마일드(mild)'라는 단어가 딱 어울리는 제품이다.

도브 센스티브 스킨바

몸, 얼굴, 손까지 모두 도브 하나로. 아기도 함께 쓸 수 있을 만큼 순하고, 가격도 부담 없고, 어디서든 쉽게 구할 수 있다. 다양한 바디용 비누를 써본 건 아니지만, 특별한 차이를 느끼지 못해 결국 다시 도브로 돌아오게 된다. 캠핑을 갈 때도 도브 하나만 챙긴다. 올인원 비누 하나면 충분하기 때문이다. 작은 비누 하나로 여러 용도를 감당할 수 있다는 게, 매번 새롭게 다가온다.

트리트먼트바도 하나쯤

한동안 욕실에 놓고도 거의 안 쓰던 제품. 하지만 셋째 출산 후, 여유가 없어도 머릿결만큼은 지켜내고 싶어 다시 쓰게 됐다. 샴푸 후, 젖은 머리에 쓱 문지르면 끝. 헹굴 필요도 없다. 처음엔 어색했지만, 지금은 그 간단함이 오히려 편하다. 향도 좋아 무향 샴푸바의 아쉬움을 채워준다. 성인 둘, 아이 둘이 함께 써도 몇 달은 너끈하다. 간단하고, 오래가고, 기분 좋다.

설거지엔, 비누 하나면 충분하다

우리집 싱크대엔 오롯이 하나, 설거지 비누만 걸려 있다. 그 비누 하나로 설거지를 하고, 손을 씻고, 소창 행주를 세탁한다. 옷의 얼룩이 묻은 부분엔 문질러 예비 세탁도 한다. 한 가지가 여러 역할을 하는 방식. 내게는 가장 자연스럽고 단순한 삶의 한 방식이다.

처음엔 직접 만든 비누로 시작했다. 비누 베이스를 녹이고, 원하는 효능의 원료를 넣어 굳히는 MP 방식. 쉽고 저렴했지만, 어느 날 그 베이스에 포함된 '소듐라우릴설페이트' 성분에 대한 논란을 접하면서 멈칫했다. 그날 이후, 설거지 비누를 둘러싼 나의 작은 여정이 시작되었다. 여러 브랜드를 구입해 써보기도 했고, 가끔 선물 받은 샴푸바나 비누도 함께 테스트하며 '우리집에 맞는 비누'를 찾는 시간이 이어졌다. 물의 경도나 자주 해 먹는 음식에 따라 사용감이 달라지기도 했는데, 비누는 직접 써보기 전까진 좋고 나쁨을 말하기 어려운 물건이라는 걸 알게 됐다. 그 사이 나만의 기준도 생겼다.

좋은 향, 뛰어난 세정력, 자연 유래 성분, 보습까지 고루 갖춘 비누도 있었지만, 내가 꾸준히 찾게 된 건 '동구밭 설거지 비누'였다. 그 이유는 가계부를 쓰며 분명해졌다. 어느 시점이 지나면 "이 물건, 이 가격이라면 계속 써도 되겠다"는 지속 가능성의 기준이 생긴다. 환경에 미치는 영향만큼, 내 생활비 안에서 무리 없이 살 수 있는지도 중요하다.

동구밭 비누는 5개 묶음으로 사면 가격이 합리적이고, 거품도

잘 나고, 기름기도 잘 닦이고, 손도 거칠어지지 않는다. 무엇보다 전 직원의 절반 이상이 발달장애인이고, 지속적인 기부를 이어가는 회사라는 점이 소비를 더 의미 있게 만들었다.

나도 처음엔 향 좋은 비누를 좋아했다. 하루의 끝, 설거지하며 퍼지던 유칼립투스와 계피 향은 작지만 분명한 위로였다. 그 비누를 내려놓은 뒤, 그 자리를 채운 건 향이 아닌 새로운 루틴이었다. 이찬혁의 〈파노라마〉, 주방매트의 보드라운 감촉, 낮은 조도의 조명이 어느새 설거지 시간을 감싸주었다. 향이 주던 기분을, 다른 감각들이 대신해주었다. (문득 향이 그리운 날엔, 톤28의 설거지바를 쓰기로 했다.)

그렇게 3년 넘게 동구밭 비누를 써오던 중, 우연히 EM 숙성 비누를 접했다. 설거지뿐 아니라 행주 세탁, 청소, 빨래까지 가능한 전성분 5개의 무해한 비누. 한번 써보고는 바로 바꾸게 됐다.

EM 숙성 비누만이 남은 이유
1. 하나로 여러 역할을 해내는 다기능 비누라는 점.
2. EM은 유용 미생물군으로 항산화 물질을 생성하고, 하수로 흘러가도 자연 복원에 도움이 된다는 점.

바꾸는 데 익숙하지 않은 내가, 이 두 가지 이유에는 충분히 마음이 흔들렸다. 피부에 자극 없이 순하고, 자연에도 도움이 된다면 더는 망설일 이유가 없다. 게다가 가격도 합리적이다. 물론 향은 없다. 도브나 동구밭처럼 은은한 향이 아닌, 빨래비누 같은 투박한 무향에 가깝다. 그래서 전신용으로 쓰기엔 다소 부담스럽지만, 설거지에 있어서는 충분하다 못해 든든하다.
이 비누와의 인연이 얼마나 길어질지는 모르지만, 일단 지금은 "만나서 반가워. 친하게 지내보자" 하는 마음으로 매일 싱크대 앞에 선다.

세탁세제가 간편하게 한 알이 되기까지

첫 친환경 세제, 소프넛 열매

나의 첫 친환경 세탁세제는 동글동글한 갈색의 소프넛 열매였다. 물과 만나면 껍질 속 사포닌이 천연 계면활성제 역할을 하는 무환자나무 열매다. 면 주머니에 소프넛 10~15알을 넣어 단단히 묶고 세탁물과 함께 세탁조에 넣기만 하면 끝. 세탁 완료 시 꺼내면 되고 유연제도 따로 필요 없다. 4~5번 사용 후엔 퇴비로 쓰거나, 흙에 묻으면 생분해되어 흔적을 남기지 않는다.

냄새도, 생김새도, 다루는 내 모습도 "나 친환경이에요"라고 말하는 듯 매력적이다. 다만 설거지 세제로 쓰려면 열매를 물에 넣고 끓이는 과정이 필요하다. 시대가 바뀌며 '간편, 신속, 강력'한 방식이 일상이 되었고, 나 역시 셋째 임신을 계기로 멀어졌던 소프넛은 최근에서야 다시 돌아왔다. 중성세제가 필요한 옷에만 쓰지만, 자연에 한 걸음 더 가까워진 기분은 여전히 좋다.

탄산소다와 계면활성제의 조합

베이킹소다(약 pH8.2)보다 알칼리성이 강한 탄산소다(pH11)가 세탁에 더 적합하다는 걸 알게 되면서 꾸준히 사용해왔다. 여기에 세정력 보완이 필요하다면, 세정 작용이 다른 계면활성제를 소량 더하는 방법도 있다. 중요한 건, 어떤 계면활성제를 쓰느냐인데 나는 생분해가 가능한 데실글루코사이드(데실) 원액을 쓴다. 아기 용품에도 쓰이는 안전한 성분이다. 보통 세탁물 5킬로그램 기준으로 탄산소다만 2스푼(30그램) 넣거나, 탄산소다 한 스푼(15그램)+데실 15그램 조합을 사용한다. 표백이 필요할 땐 과탄산소다로 대체한다. (간편하게는, 탄산소다와 순한 계면활성제가 고농축 배합된 넬리 소다 세제를 사용하면 된다.) 이후엔 꼭 구연산수로 헹군다. 알칼리성 세탁 후 약산성으로 중화되면 세탁 잔여물도 제거되고 섬유 보호에도 효과적이다. 나는 20퍼센트 구연산수를 만들어두고, 빨래 양에 따라 30~50밀리리터 정도 사용한다. 농도가 높기에 미생물 증식이 어려워 유통기한 없이 편히 사용할 수 있다(바이쯔만 연구소 설명). 여기에 라벤더 에센셜 오일 몇 방울을 더하면 빨래하는 동안 은은한 향이 공간을 감싼다. 건조기를 사용할 땐 양모볼에 오일을 떨어뜨려 사용한다. 섬유유연제로 백식초를 쓰던 시기도 있었지만, 용기 쓰레기와 가성비를 생각해 지금은 구연산만 쓴다.

이오니 세제, 무해한 간편함

이오니는 100퍼센트 식품첨가물 알칼리 이온수 세제다. 미네랄워터의 미세한 입자가 세균과 오염물을 분리, 제거하는 방식으로, 생분해도 100퍼센트, 수질오염 0퍼센트인 1종 세제다. 무향이지만 세탁 후 남는 깨끗한 느낌이 햇살 냄새처럼 기분 좋다. 출산 직후 양가 어머님들의 손을 빌려야 했던 시기에, 고농축이라 세탁 한 번에 한 컵(30밀리리터)만 딱 넣으면 되는 간편함에 사용하기 시작했다. 아기 옷의 얼룩이 말끔히 지워져 만족스러웠고, 세탁뿐 아니라 청소·탈취에도 쓸 수 있어 세제 수를 줄이는 데 큰 도움이 됐다. 운동화의 때, 레인지 후드의 기름때까지 잘 닦였던 기억은 지금도 선명하다. 재사용 가능한 리유저블 용기에 담긴 점도 신뢰를 더했다. 한때 운영이 중단됐을 땐 아쉬웠지만, 다행히 재개되어 지금도 사용 중이다.

고체 세탁세제, 가장 기대했던 선택

내가 가장 기대했던 세제는 고체 세제였다. 세탁조에 알맹이 한
알 톡 던지기만 하면 되니, 투입구 청소도 필요 없다. 게다가 포
장 용기까지 종이라는 점이 마음에 쏙 들었다. 계면활성제 없이
6종 분해효소와 과탄산나트륨, 이탄산나트륨 등으로 오염을 제
거하는 안전한 방식. 하지만 녹지 않고 남는 경험이 몇 번 있어
지금은 잠시 사용을 멈춘 상태. 조금만 개선된다면 꼭 다시 쓰고
싶다.

내가 찾은 균형

천연 세제가 언제나 완벽한 세정력을 보장하진 않는다. 하지만
대부분의 오염은 충분히 감당해낸다. 심한 오염은 결국 물리적
인 손질이 필요하니까. EM 순비누를 얼룩에 비빈 후 세탁하면
대부분의 더러움은 해결된다. 땀 냄새가 심한 옷은 탄산소다 물
에 20~30분 담갔다가 세탁한다. 꼼꼼한 성분 분석과 시행착오
끝에 내게 맞는 균형을 찾아가는 중이다. 적은 세제, 적은 쓰레
기, 적당한 수고. 그 안에서 오늘도 깨끗한 하루를 보낸다.

수납용기, 사지 않을 용기

신혼 초에 샀던 수납용기들이 아직도 집 안 곳곳에 자리를 지키고 있다. 다소 촌스럽고 지금의 취향과는 다르지만, 제 몫을 충실히 해내고 있다. 오와 열을 맞춘 정리된 공간들, 사진 속 그 완벽한 수납을 나도 한때 따라 해보고 싶었다. 그러나 늘 멈칫하게 되는 이유는 하나, 플라스틱은 지구상에 가장 오래 남는 쓰레기라는 사실이었다. 내가 떠난 뒤에도 말이다.

그렇다고 우리집이 수납용기조차 필요 없는 미니멀한 공간은 아니다. 여전히 물건은 많고, 정리는 필요하다. 다만 나는 수납을 내 삶과 물건을 정돈하는 태도로 바라보려 한다.

그래서 나는 예전 수납용기들을 꾸준히 사용하고, 우유통이나 튼튼한 박스를 잘라 재활용해 수납에 활용한다. 특히 크라프트지 박스로 통일하면 시각적으로도 정돈감이 느껴져, 재활용 그 이상의 만족이 있다.

무겁지 않은 물건들은 종이봉투나 신발 상자도 훌륭한 수납도구가 된다. 이렇게 이미 내 손에 들어온 것들로 수납을 감당하는 것. 이게 지금 나의 방식이다.

물론 재사용이 어렵다면 대체 수납용기도 있다. 재활용 가능한 스테인리스 바스켓, 라탄이나 자작나무 수피로 만든 바구니, 바나나 껍질을 포함한 천연 재생 소재 바구니(IKEA 제품)까지. 환경과 미를 동시에 챙길 수 있는 물건들이다. 나 역시 필요할 때 이 중 하나를 선택할지도 모른다. 하지만 지금은 물건을 새로 사기보다, 덜어내는 일에 더 힘을 쏟고 싶다.

친환경 살림을 다시 생각합니다

친환경을 실천하는 일이 어렵게 느껴지던 시절이 있었다. 하지만 오래 써보고, 천천히 알아가면서, 지금은 조금 다른 마음이다. 꼭 거창하거나 완벽하지 않아도, 매일 조금씩 더 나아질 수 있다면 그것으로 충분하다고 믿는다.

대나무 화장지로 바꾸기

일반 펄프 화장지 대신 대나무 화장지를 쓰게 된 건, 그 차이를 알고부터다. 대나무는 하루에 90센티미터까지 자라는 풀과 식물로, 벌채 후에도 뿌리에서 다시 자라기 때문에 재식재가 필요 없다. 토양 침식을 막고, 항균성을 지닌 소재라서 위생적으로도 이롭다. 대나무 화장지 60롤을 사용하면, 15년생 나무 한 그루를 살리는 셈이다. 우리집은 5년째 대나무 화장지를 사용 중인데, 사용감도 부족함 없이 만족스럽다.

일회용 행주 대신 소창 행주

소창은 천연 면 소재로 흡수력이 좋고 먼지 날림이 없다. 나는 사용 후 따뜻한 물에 과탄산소다를 넣고 담가두었다가, 다음 날 아침 깨끗해진 소창 행주를 꺼내는 그 순간이 참 좋다. 내 첫 소창은 결혼할 때 받은 함끈이었다. 그걸 첫아이의 가재수건으로 만들고, 남은 조각을 아껴뒀다가 행주로 다시 꿰매 쓴 게 시작이었다. 물이 닿으면 부드러우면서도 손에 착 감기는 느낌이 있어 오염된 곳을 문지르기에 제격이다. EM 비누로 바로 세탁하고,

일주일에 1~2회 정도 과탄산소다로 소독해준다. 버려지는 일회용 없이, 오래도록 쓰는 기쁨이 크다.

아크릴 수세미보다 천연 수세미

아크릴 수세미 한 번의 설거지에서 수천 개의 미세플라스틱이 발생한다는 보고를 본 이후, 천연 수세미로 바꾸었다. 손바닥보다 약간 큰 크기로 자르면 어떤 그릇이든 그립감 좋게 사용할 수 있고, 다공성 구조라 빠르게 말라 세균 번식 걱정이 없다. 설거지뿐 아니라 바디 스크럽, 청소용으로도 다양하게 활용할 수 있고 생분해되어 퇴비로 돌아가 마무리까지 훌륭하다. 나는 국내산 못난이 천연 수세미(노닐드 제품)를 구입해 사용한다. 모양이나 색상과 상관없이 자체만으로도 충분히 좋다. 어쩌면 그게, 천연이 주는 선물일지도 모른다.

생리대 대신 생리컵과 면 생리대

생리컵은 말 그대로 생리혈을 받아내는 컵 형태의 제품으로, 의료용 실리콘으로 만들어져 여러 해 동안 반복해서 쓸 수 있다. 처음 생리컵을 사용했을 땐 두통이 있었다. 낯선 물건이 몸에 들어왔다는 신호였을지도 모른다. 다행히 이내 적응했고, 지금은 어떤 옷을 입든 어떤 활동을 하든 생리 중이라는 걸 잊고 지낼 정도로 편안하다.

면 생리대는 셋째 출산 후 조리원에서 처음 써봤다. 일회용 생리대와 비교하면 축축한 느낌이나 냄새가 덜하고, 무엇보다 쓰레기가 생기지 않는다. 사용 후엔 '찬물에 담가 피를 빼고, 세탁비누로 문지르고, 얼룩이 남으면 과탄산소다.' 이 공식이 머릿속에

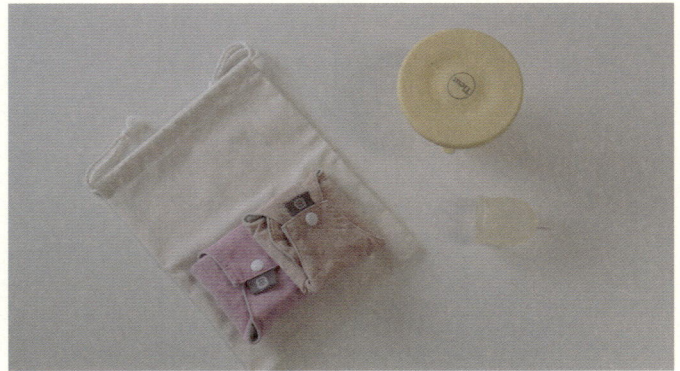

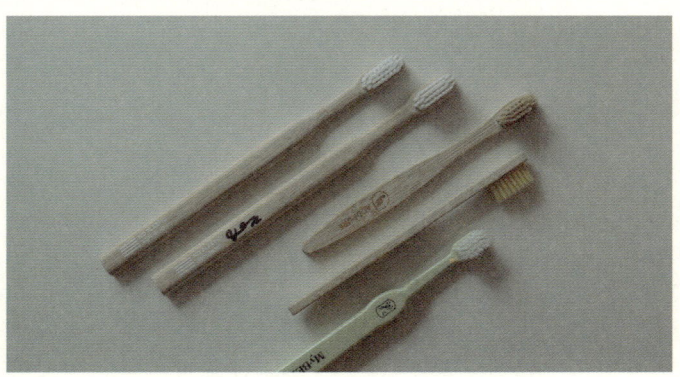

들어오면 생각보다 관리도 어렵지 않다. 최근엔 면 생리팬티를 입고 철인 2종 경기를 무사히 완주하기도 했다. 생리컵이 가장 편하긴 하지만, 처음 천연 제품에 도전하려는 이에게는 면 생리 팬티가 좋은 시작이 되어줄 수 있다.

플라스틱 칫솔보다 대나무 칫솔

전 세계에서 매년 50억 개의 칫솔이 버려진다. 대부분 플라스틱으로, 재활용도 어렵고 수백 년에 걸쳐 분해되며 미세플라스틱이 된다. 우리집은 대나무 칫솔을 6년째 사용 중이다. 막내가 칫솔을 물고 씹던 시기에는 사탕수수 소재의 유아용 칫솔을 썼다. 칫솔 하나만 바꿔도 환경에 미치는 영향은 작지 않다. 실천의 시작으로 딱 좋은 선택이다.

아크릴 샤워볼 대신 사이잘삼 비누망

아크릴 샤워볼의 미세플라스틱이 걱정되어, 삼베 타월이나 면 타월을 써봤지만 거품이 부족했다. 그러다 사이잘삼 비누망(동구밭 제품)을 만났고, '이거다' 싶었다. 사이잘삼은 식물의 잎에서 추출한 식물성 섬유로, 탄탄하고 부드러우며 거품이 풍성하게 난다. 2~3개월의 교체 주기를 지나도 청소용으로 한참이나 더 쓸 수 있다. 다만 등에 손이 안 닿는 사람에겐 아쉬울 수 있어, 우리집 욕실엔 긴 면 타월도 함께 걸어둔다.

일회용 화장솜 대신 면 화장솜과 곤약 스펀지

토너는 화장솜 없이 맨손으로 가볍게 두드리며 바르는 걸 좋아한다. 클렌징은 화장솜이 필요 없는 제품을 쓰다가, 요즘은 재활용률이 높은 알루미늄 용기의 클렌징 워터에 면 화장솜을 함께 쓰고 있다. 메이크업도 충분히 지워지고, 바로 세탁하는 일이 1년이 지난 지금도 성가시지 않다. 클렌징 비누를 쓴다면 곤약 스펀지를 함께 사용하는데, 피부 자극 없이 구석구석 말끔하게 닦인다. 곤약은 식물 섬유로 만든 스펀지라 말랑하고 탱글한 부드러움이 있고, 사용 후엔 자연으로 돌아간다. 내 경우 계절에 따라 조절하는데, 건조한 시기엔 비누+곤약 스펀지를, 나머지 계절엔 클렌징 워터+면 화장솜 조합을 쓴다.

완벽하지 않아도 되는 친환경

요즘 PLA(옥수수 전분 기반의 생분해 플라스틱) 제품도 눈에 띈다. 생산 시 탄소 배출이 적고 전통 플라스틱보다 친환경적이지만, 분해를 위해선 산업용 퇴비화 시설이 필요하다. 옥수수 대량 재배에 따른 환경 부담도 있다. 그래서 나는 될 수 있으면 자연 그대로 분해되는 천연 소재를 먼저 써보고, PLA 같은 소재도 경험 삼아 사용해본다(PLA 수세미나 칫솔도 만족스럽게 사용한 적 있다). 친환경 실천은 완벽함보다는 '균형'의 문제다. 소비를 줄이고, 오래 쓰고, 자연으로 잘 돌아갈 수 있는 방식을 고민하는 삶. 나는 그 마음으로 오늘도 나의 살림을 조율해간다.

그래, 이건 잘 샀어!

롱 스퀴지

짧은 스퀴지보다 욕실 벽과 바닥의 물기를 훨씬 수월하게 제거할 수 있다. 서서 청소하면 관절에 무리가 없고, 헤드 면적이 넓어 물기를 빠르게 닦을 수 있다. EVA 재질이라 물기 제거는 탁월하지만, 재활용이 어렵다는 단점이 있다. 나는 최소 20퍼센트 재활용 소재를 쓴 IKEA의 '페프리그' 롱 스퀴지를 사용한다. 처음엔 조금 뻑뻑하지만, 쓰다 보면 부드럽게 잘 밀린다. 무엇보다 좋은 점은 헤드를 앞뒤로 자유롭게 쓸 수 있다는 것. 다만, 회전 부위가 부속을 끼워 고정하는 방식이라면 후기를 꼭 확인해야 한다. 사용 중 부품이 자꾸 빠지는 불량 제품도 있기 때문이다 (IKEA 제품은 그런 문제가 없다).

바이칸 청소솔(롱)

식품 제조·위생 산업에서 널리 쓰이는 브랜드답게, 청소솔에 힘이 있어 사용감이 좋다. 사선으로 뻗은 솔이 벽면 모서리나 구석 청소에 탁월하다. 봉은 알루미늄 재질이나, 헤드는 재활용률이 낮은 PP와 PBT. 그래도 1년 넘게 써본 결과, 솔 모양이 거의 변형 없이 내구성이 뛰어나 오래 쓸 것 같다. 재활용 소재로도 이런 솔이 나오면 더할 나위 없겠다.

롱 빗자루

미루게 되는 현관 청소를 하게끔 만드는 청소도구. 쪼그려 앉지

않고 청소하려고 롱 빗자루를 들였다. 마음에 드는 디자인으로 고른, 나무 손잡이의 빗자루. 쓸수록 기분 좋은 도구다. 이 빗자루 덕에 현관 청소가 부담스럽지 않다.

스프레이 밀대걸레

막내가 태어나고 이곳저곳 흘리는 일이 잦아져 들이게 된 밀대걸레. 일회용 물걸레 청소포는 사용하지 않기에 대안으로 선택했다. 물걸레 청소기보다 간편하고, 걸레 세척도 손대지 않고 가능해 만족스럽다. 필요한 순간 금방 닦을 수 있어 실용적이다 (물걸레 로봇 청소기는 에브리봇을 추천한다).

스테인리스 청소솔

다이소 청소솔 3종 세트(스테인리스, 황동, 나일론) 중, 스테인리스 솔은 에어프라이어 와이어망의 눌어붙은 찌꺼기를 닦을 때 최고다. 황동 솔은 스테인리스보다 부드럽고 흠집이 적게 생

겨 분체도장된 오븐이나 전자레인지 내부, 주물팬 청소에 적합
하다.

스크러바 수세미

스테인리스 냄비의 탄 자국도 잘 닦이고, 철 수세미처럼 스크래
치가 생기지 않는다. 철가루가 빠지는 철 수세미의 대안으로 더
할 나위 없다. 심하게 탄 냄비도, 탄산소다+다이소 스테인리스
청소솔+스크러바 수세미 조합이면 걱정 없다. 게다가 94퍼센트
면섬유에 무독성 레진 코팅을 더해 만든 제품이라 유해 성분이
없고, 당근·고구마도 이 수세미로 씻고 껍질째 먹는다. 싱크대
앞엔 늘 천연 수세미와 스크러바 수세미, 두 개가 걸려 있다.

케이블 수납 케이스

서랍 안엔 두루마리 휴지 심지로 정리하고, 사용 중인 케이블은
무인양품 케이스에 넣는다. 충전할 때도 선이 걸리적거리지 않
고, 엉키지 않아 들고 다니기 좋다. 잘 쓰는 문구류 중 하나다.

타임타이머

청소가 귀찮은 날, 책을 읽고 싶은데 시간이 없을 때 이 타이머
가 큰 힘이 됐다. 5분, 10분이 생각보다 짧지 않고, 그 시간만으
로도 집이 단정해지고 마음에 남을 문장을 만날 수 있다는 걸 알
게 됐다. 아이들 집중력 훈련에도 유용하다.

단정한 주방 살림

한때는 손에 닿는 곳에 필요한 물건이 있는 게 효율적인 정리라고 믿었다. 회사 다니던 시절, 한정된 공간 안에서는 꽤 잘 통하는 방식이기도 했다. 그런데 집은 좀 다르더라. 특히 다양한 물건이 오고가는 주방에서는, 효율만 생각하고 물건을 배치하다 보면 어느새 밖으로 나와 있는 것들이 하나둘 늘어난다. 방심한 사이 주방은 순식간에 폭탄 맞은 모습이 되기 쉽다. 나는 요리하면서 동시에 깔끔하게 설거지하고 정리하는 사람이 아니다. 그래서 내 주방은 자연스럽게, '밖에 나와 있는 물건은 적을수록 좋다'는 게 기준이 되었다. 사실 나는 손이 느린 편은 아니다. 대학생 때 아르바이트로 수십 장의 접시를 거침없이 닦았고, 신문지 뭉치를 빠르게 묶는 단순 작업도 척척이었다. 그런데 내 주방에서는 어쩜 그렇게 안 되는지. 몇 해를 노력해도 어딘가 어수룩하니, 지금은 그런 나의 살림 속도를 받아들이기로 했다.

- 보기 좋은 정리보다 사용 빈도에 맞는 정리
- 손에 닿는 정리보다 쉽게 찾을 수 있는 정리
- 효율만 따지기보다 불필요한 물건을 줄이는 정리
- 꼭 필요한 물건만 두되, 쓰는 장소와 동선을 고려한 정리
- 가열대 근처엔 냄비, 조미료, 조리도구
- 개수대 근처엔 채반, 세척솔, 청소용품
- 조리대 근처엔 그릇, 반찬통 등
- 아이들과 함께 쓰는 건 아이 눈높이에 맞춰 배치

지금은 그릇과 용기류가 모두 제자리를 찾아갔다. 그리고 그 위에 우리집만의 생활과 경험을 덧입히며 하나씩 정리를 더해간다. 여기서부터는 '나다운 정리'다.

가장 먼저 정리한 곳은 거실에서 정면으로 보이는 싱크대 주변. 이곳을 말끔하게 만들고 싶어서 기본으로 설치된 두 개의 선반을 떼어냈다. 컵 선반은 원래도 잘 쓰지 않아 뗐고, 행주걸이는 이것저것 주렁주렁 걸게 되어 오히려 지저분해져서 떼어냈다. 대신 꼭 필요한 만큼의 S고리를 걸어 매일 사용하는 수세미, 세척솔 등을 말릴 수 있게 했다. 말끔해졌다. 그렇다고 '전부 숨기는 주방'을 목표로 한 건 아니다. 사용하지 않던 스테인리스 키친타월 걸이는 개수대 앞에 세워두었다. 세척한 비닐, 삼베 커피필터, 약통 등을 걸어 말리기에 딱 좋은 자리다.

다음은 주방 가전의 자리 찾기. 사용 빈도에 따라 꺼내둘지 넣어둘지 정한 뒤, 콘센트 위치에 맞춰 자리를 배치했다. 그리고 해당 가전과 관련된 물건들을 함께 모아 '한 세트'로 정리했다.

커피 머신은 아일랜드 식탁 쪽 콘센트가 있는 자리에 두었다. 그 아래 슬라이딩 선반엔 전기포트, 찻잔, 원두 등 커피 관련 물건을 함께 두어 하나의 구역처럼 구성했다. 남은 자리에는 세척한 텀블러와 물병을 말리는 공간으로 정했다. 늘 싱크대 위에 흩어져 있던 것들이 한곳에 모이니 단정해졌고, 슬라이딩 선반 덕에 사용하지 않을 땐 안으로 쏙 들어가 깔끔하다.

얼마 전, 정수기 렌털 계약이 끝나면서 덩치 큰 정수기를 비웠다. 그 자리엔 이제 브리타 정수기가 대신하고 있다. 기존 정수기의 1/3 크기로 전기세가 들지 않고 세척도 쉽다. 옆 수납장에는 영양제, 차, 텀블러 등 물과 관련된 물건을 함께 정리해두었

다. 이 작은 변화 덕분에 우리집 남자들의 찬물 마시기가 꽤 줄었다.

에어프라이어와 전기밥솥은 앞에서 언급했듯, 주방이 아닌 다용도실에서 제자리를 찾아 잘 쓰이고 있다. 마지막으로 자리를 잡아준 건 칼꽂이가 세트로 된 도마 정리대. 이건 막내의 성장 과정에 따라 위치를 바꿨다. 아기일 땐 거실을 바라보며 손질할 수 있게 아일랜드 식탁 쪽에 두었고, 지금은 막내가 만지지 못하게 싱크대 옆 조리대 앞에 두었다. 겉으로 보면 다 비슷비슷하게 정리된 주방 같지만, 자세히 들여다보면 그 안에는 각자의 이야기가 담겨 있다. 아, 그래서 '내 주방, 내 주방' 하는 거구나.

네 개의 쓰레기통

5년 만에 우리집의 쓰레기통이 하나에서 네 개로 늘었다. 주방 옆 다용도실에 하나, 첫째 방에 하나, 욕실에 하나, 신발장에 하나. 신혼 초에는 방마다 쓰레기통을 두었고, 미니멀 라이프를 시작하면서는 주방 하나만 남겼었다. 숫자만 보면 다시 원점으로 돌아온 셈이지만, 그때와는 마음이 달랐다. '청소'에 대한 내 초심을, 그리고 '마무리'에 대한 태도를 바꾸고 싶어서다. 나는 마무리를 잘하는 사람이 되고 싶었다. 싱크대를 닦을 때는 음식물 찌꺼기까지, 욕실을 청소할 때는 배수구의 머리카락까지, 정리의 마지막 손길까지 놓치지 않고 싶은 마음이었다. "이제 그만" 하기 전에 "조금만 더" 해보려는 마음.

그래서 선택한 게 바로 '작은 쓰레기통'이다. 플라스틱 우유통을 반으로 잘라 만든 이 작은 쓰레기통이, 집 안 곳곳에 자리 잡았다. 덕분에 무언가를 치우는 마지막 순간까지 놓치지 않게 됐고, 마무리를 잘했다는 기분 좋은 감정도 자주 느끼게 되었다.

신발을 가지런히 정리한 뒤, 현관 바닥을 쓸고 모아둔 송장 스티커로 먼지를 쓱쓱 쓸어 모아 우유통에 넣는다. 택배 상자가 오면 비닐에 붙은 송장 스티커는 가위로 잘라내고, 박스에 붙은 테이프도 떼어 작은 우유통에 넣는다. 이 작은 통이 가득 차면 세탁실의 큰 쓰레기통에 옮긴다. 현관 바닥의 모래알을 지나치지 않았다는 뿌듯함, 분리 배출의 마무리를 잘했다는 든든함. 송장 스티커와 우유통이 없었으면 오늘 아무 일도 일어나지 않았을지 모른다.

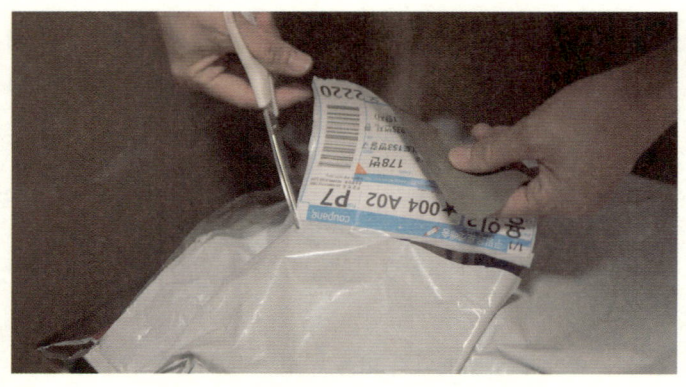

욕실도 마찬가지. 드라이어 사용 후 바닥에 떨어진 머리카락을 쓸어 모으고, 그 위에 송장 스티커를 탁탁 눌러 머리카락을 붙여 작게 접어 우유통 속으로 쏙. 배수구에 있는 머리카락도 스티커로 마무리. 욕실에 쓰레기통이 없던 시절에는 멀쩡한 휴지를 뜯어 정리하려다 말고 다음을 기약하고 싶더니 지금은 그런 마음이 들지 않는다. 마지못해 하는 일이 아니라, 기꺼이 하는 마무리가 되었다.

첫째 방에 있는 쓰레기통은 조금 특별하다. 쓰레기를 자꾸만 만들어내는 그대에게, 특별히 바치는 통. 매일 그 쓰레기를 엄마가 들여다보며 치워줄 수는 없으니, 이젠 자신의 쓰레기는 스스로 잘 처리하시길! 언젠가 마무리가 즐거운 습관이 되어 우유통을 기분 좋게 떠나보낼 거다!

청소를 위한 세제는 이렇게 단순하게

나는 청소용 세제를 많이 쓰지 않는다. 딱 세 가지면 충분하다. 탄산소다, 과탄산소다, 소독수. 필요에 따라 구연산을 소량 더할 뿐이다. 이 중 매일 쓰는 건 소독수 하나뿐. 나머지는 요일별 청소 루틴에 따라 상황에 맞춰 사용한다.

- 일상 먼지, 간단한 얼룩 → 소독수
- 솔질이 필요할 때 → 탄산소다
- 주 1회 꼼꼼한 청소 → 과탄산소다+따뜻한 물(+필요시 계면활성제)

복잡한 화학 정보보다 더 중요한 건, 내 삶의 리듬에 맞게 쓸 수 있느냐는 것. 깨끗함이 목적이라면, 사용도 편해야 하니까.

소독수는 미산성 차아염소산수 제품을 사용한다. 셋째를 임신하고 나서 에탄올 향이 불편해졌고, 그때부터 나는 무향의 소독수를 쓴다. 대표 브랜드는 '아가페케어'. 기름얼룩부터 탈취, 살균, 소독, 세정이 한 번에 되고, 소독 후엔 순수한 물로 환원되어 끈적임이 없다. 자연건조 하거나 행주로 가볍게 닦아내면 끝. 락스의 성분과는 다른 방식이라 비교적 안심하고 쓸 수 있다.

탄산소다는 강알칼리 세제로, 주방의 기름 묻은 부분이나 묵은 때 제거에 적당하다. 물 1리터에 2~5그램 정도면 충분. 더 많이 넣는다고 효과가 세지 않으니 적정량으로 사용해 세제를 아낀다. 강알칼리이므로 장갑 착용은 필수이며, 대리석, 알루미늄에는 사용을 주의한다.

과탄산소다는 살균 표백력이 좋아 요일별 청소에서 가장 자주 쓴다. 역시 강알칼리이기에 장갑을 착용하고 따뜻한 물에 녹인다. 필요시 계면활성제(세제, 샴푸 등)를 동량 넣으면 효과가 더 좋다. 지워지지 않는 곰팡이가 있다면, 그땐 락스의 도움을 받는다.

구연산은 청소보다는 세탁이나 식기세척기 사용 후 헹굼용(린스 대용)으로 더 자주 쓰지만, 스테인리스 관리엔 여전히 유용하다.

청소는 정보보다 지속 가능한 방식이 더 중요하다. 무엇을 쓰느냐보다, 나에게 무리가 없는 루틴을 꾸준히 지키는 것. 그래서 나는 복잡하고 날마다 새로운 세제 대신, 간단한 세 가지 세제와 하루 5분, 주 30분의 루틴으로 집을 돌본다. 결국, 청소는 세제가 아니라 '루틴'이 만든다. 단순한 도구로 시작해도, 그 리듬이 이어지면 집은 저절로 단정해진다.

매일 더 가벼운 청소가 되는 5가지 약속

아이가 셋이 되고 일보다는 살림에 시간을 더 쓰게 되면서 문득 이런 사실을 깨닫게 되었다. 청소는 자주 할수록 힘이 덜 들고, 깨끗할수록 계속하기 쉬웠다. 솔직히 믿고 싶지 않았다. 청소를 자주 하라니. 그걸 유지하라니. 그런데, 정말 사실이더라.

- **청소를 자주 하면:** 더러움이 쌓이지 않아 매번 부담이 적다. 항상 깨끗하니 청소를 시작하는 마음도 가볍다. 그 상태가 유지되니 또다시 쉽게 청소하게 되는, 그런 기분 좋은 선순환이 생긴다.
- **어쩌다 청소하면:** 한동안 안 하면 더러움이 쌓인다. 청소는 고된 일이 되고, 미루게 된다. 그러면 더 쌓이고, 시작은 더 무거워진다. 청소의 고리가 점점 단절된다.

듣다 보니 고개가 절로 끄덕여졌다. 그래서 나도 '매일 가볍게 청소하는 삶'을 한번 해보기로 했다. 그리고 그걸 가능하게 해준, 나만의 다섯 가지 작은 원칙이 자연스럽게 자리 잡았다.

1. 더러움 리셋—시작은 단단하게

먼저 근본적인 더러움부터 없애는 것이 필요했다. 매일 닦아도 지워지지 않는 찌든 때, 곰팡이, 실리콘 틈의 오염… 계속 남아 있는 이 더러움은, 매일의 청소 의욕을 꺾는다. 큰돈 들이지 않고도 셀프로 가능하니, 시간을 내서 일단 싹 지우자. 바닥부터

리셋되어 있어야 '가볍게 매일 청소'도 가능하다.

2. 쉬운 청소를 위한 공중부양—닦기 쉽게, 가볍게

청소가 쉽게 되려면, 물건이 바닥에 있지 않아야 한다. 보기만
좋아선 안 되고, 닦기 쉽게 떠 있어야 한다. 그렇다고 물건을 주
렁주렁 매다는 건 또 다른 문제. '꼭 필요한 적은 물건만' 소유하
고, 그것들을 수납하거나 걸어두는 것. 이것만 지켜도 소독수 뿌
리고, 행주로 쓱쓱. 끝. '쉽게 닦이는 공간'을 만들었다.

3. 매일 가벼운 5분 청소—나를 위한 시간

깨끗하면 나와 집의 컨디션이 함께 좋아지는 공간이 있다. 꼭 닦
고 싶은, 금방 닦일 것 같은 작은 곳. 누구에게나 그런 공간 하나
쯤은 있다. 나에겐 세 군데가 있었고, 5분이면 충분했다. 이 5분
청소를 오전 루틴으로 삼았더니, 집도 쉽게 단정해지고 마음도
가벼워졌다. 그렇게 시작된 하루는 '청소가 부담이 아니라 흐름'
이 되었다.

첫 번째는 주방의 평평한 면 닦기. 식탁, 싱크대, 냉장고 문짝 등
물건이 놓이지 않은 평평한 면에 소독수를 뿌리고 슬쩍 닦는다.
단정한 주방 분위기가 완성된다. 설거지가 남아 있어도 이 닦기
루틴을 먼저 하고 나면, 마음이 한결 여유로워진다.

두 번째는 변기 주변 청소. 잠들기 전이나 아침에 1분, 소독수로
변기 시트 주변과 바닥을 닦는다. 남자가 넷이고 건식 욕실을 쓰
는 우리집에선 필수 루틴이다. 미루고 싶을 땐 속으로 외친다. '1
분이면 돼!'

세 번째는 현관 바닥 청소. 맨발로 드나드는 세 아들 덕분에, 현

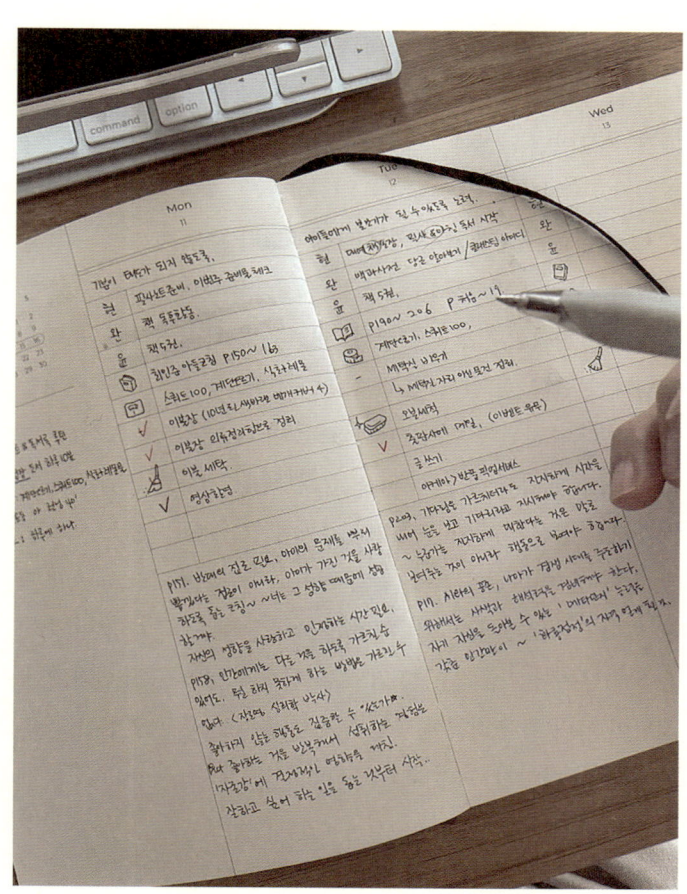

관 청소는, 내 평화를 지키기 위한 구역. 아직 매일 실천하진 못하고 있지만, 올해엔 꼭 완성형 루틴으로 만들고 싶은 마지막 숙제다. "5분이면 되잖아." 그렇게 다짐하고 있다.

4. 나눠서 꼼꼼하게 30분 청소—완벽보다 흐름

매일의 5분 청소만으로는 집 전체를 깨끗하게 유지하긴 어렵다. 그렇다고 완벽한 청소를 꿈꾸진 않는다. 몇 해 동안 청소 루틴을 실험해본 결과, 한 달에 한 번 집 전체를 훑을 수 있다면 단정함은 충분히 유지된다는 결론에 이르렀다. 그래서 만든 것이, 요일별 청소 루틴이다. 작은 구역을 정해, 하루 30분씩 나눠 꼼꼼히 청소하는 방식. 이 30분은 '내가 기꺼이 할 수 있는 청소 시간'으로 정했다. 어떤 날은 10분 만에 끝나고, 20분만 해도 충분할 때도 있다. 그날은, 청소에서 해방된 보너스 같은 하루다. 이 루틴은 5년 전부터 조금씩 자리 잡았고, 식구가 늘면서 또 변화했다. 정답이 아니라, 우리집에 맞는 루틴이기 때문에 부담 없이, 가볍게, 꾸준히 이어갈 수 있다.

5. 마무리 잘하기—끝맺음이 하루를 만든다

언제나 다짐한다. "마무리를 잘하는 사람이 되고 싶어." 쓰레기통을 늘린 것도 그 때문이 아닌가. 마무리 후에는 스스로에게 작게 속삭인다. "마무리 잘하니 얼마나 좋아. 너무 잘했어." 스스로를 격려하는 이 마음이 매일 청소를 가볍게 시작할 수 있는 가장 큰 힘이 된다.

월요일, 침구 청소 루틴

청소 전 이렇게 하면 더 좋아요

침구는 매일 사용하는 공간이기에 조금만 신경 써도 하루가 단정해진다. 기능성 방수 커버를 사용해 매트리스 청소와 베개솜 세탁 주기를 줄이면 자주 안 빨아도 되니 훨씬 편하다.

매일 1분 습관

자는 동안 침대에는 땀과 각질이 떨어진다. 아침엔 땀이 증발할 수 있도록 창문을 열어 환기시킨다. 잠시 후 돌돌이 테이프나 침대 전용 청소기 툴로 머리카락과 각질을 제거하고 이부자리를 정돈한다. 조금 더 위생적으로 마무리하고 싶을 땐 소독수를 뿌리는 습관도 도움이 된다.

30분 청소 루틴(계절에 따라 주기를 조절한다)

- **매주 루틴:** 침대 패드와 베개 커버 세탁, 이불 먼지 털기. 이불의 먼지를 털어주는 것만으로 집먼지진드기가 70퍼센트 제거된다.

Tip

이불까지 세탁하는 날은 하루 종일 세탁기가 돌아간다. 그래서 나는 이불은 한 장씩만(여름엔 2장) 세탁한다. 그리고 '한 침대 단위로 분산 관리'를 한다. 침대 하나 방수 커버를 벗긴 김에 매트리스도 함께 청소. 이렇게 하면 순서도 자연스럽고, 세탁 양도 부담 없다.

- **첫째 주: 가족1 이불 세탁**
- **둘째 주: 가족2 이불 세탁**
- **셋째 주: 가족3 이불 세탁**
- **넷째 주: 가족4 이불 세탁**
- **다섯째 주: 베개솜+커버 세탁, 매트리스 청소(1인 세트로)**
  - 다이어리에는 'OO 침대 관리'라고만 써둔다. 그렇게만 해도 관리가 훨씬 쉬워진다.
  - **방수 커버:** 기능성 원단으로 중성세제로 가벼운 손세탁 권장. 세탁기 사용 시, 세탁망에 넣고 30도 울 코스, 탈수 없이 세탁. 건조기 금지, 그늘에서 완전 건조한다.
  - **베개솜 세탁:** 솜이 뭉치지 않도록 3등분 지점에 운동화 끈을 묶은 후, 울 코스로 세탁.
  - **매트리스 청소 순서:** 커버 분리 → 베이킹소다를 전체에 고루 뿌려 1시간 방치(기름기와 냄새 흡수 효과) → 진공청소기로 천천히 흡입 → 스팀청소기나 스팀다리미로 살균(1년에 1~2회) → 창문 열고 햇빛 받게 두어 완전 건조 → 침대 방향을 바꿔 수명 연장

Tip
- 세탁 주기: 침대 패드, 베개 커버_1주 / 이불_2주(겨울은 한 달) / 방수 커버, 베개솜, 매트리스_3~4개월
- 건조기 사용 시, 양모볼을 함께 넣으면 폭신폭신해지고 건조 시간이 줄어든다.

화요일, 주방 청소 루틴

청소 전 이렇게 하면 더 좋아요

주방 가구 위에 불필요한 물건을 최소화한다. 처음엔 식탁 위만 비워보는 것도 좋다. 차츰 그 범위를 넓히면, 주방 상판 닦는 루틴이 쉬워지고 늘 주방이 환해진다. 주방 가전은 꼭 필요한 만큼만. 그러면 관리도 훨씬 수월해진다.

매일 1분 습관

주방 가전은 사용 후 따뜻할 때, 더러워졌을 때 바로 소독수로 가볍게 닦는다. 식사 후 식탁 위 치우고 소독수 뿌려 행주로 바로 닦기. 그 김에 아일랜드 식탁, 냉장고 문, 싱크대, 주방 후드 외관까지 함께 닦으면 좋다. 하루 마무리엔, 거름망 배수구 수전까지 정리한다.

30분 청소 루틴(주마다 한 항목씩, 부담 없이 천천히)

- **첫째 주: 싱크대 문짝+상판+벽 닦기. 소독수로 겉과 틈새 꼼꼼히.**
- **둘째 주: 싱크대 안쪽 정리. 수저통, 양념통 등 닦고 불필요한 물건 비우기**
- **셋째 주: 밥솥 청소**
  부속품 분리해 주방세제로 세척(분리 부속: 분리형 커버, 압력추, 커버, 물받이 등) → 본체 내외부, 물 고임부, 부속품 결합부 등 청소. 소독수+행주+본체 바닥 청소용 핀 또는 틈새솔 활용 → 잘 건조 후 조립 → 밥솥 안에 물을 세척 선까지 붓고 자동 세척 또는 일반 취사 버튼 작동.

- **넷째 주: 에어프라이어+전자레인지 청소**

  내열 용기 2개에 5퍼센트 구연산수를 2/3가량 담고, 하나는 에어프라이어에 넣어 180도로 10분, 하나는 전자레인지에 넣고 3~4분 돌리기(구연산은 탈취, 열기와 물이 만나 생긴 수증기는 때를 불려줌) → 전자레인지 먼저 종료되면 3분 방치 후 행주로 내부 닦기(눌어붙은 때가 있으면 솔로 제거. 코팅 면은 부드러운 수세미) → 에어프라이어도 같은 방식(찌든 때: (과)탄산소다+세제 물+솔질, 마무리는 젖은 행주로 닦기)

- **다섯째 주: 식기세척기+주방 후드 청소**

  - **식기세척기:** 내부 그릇 모두 꺼내기 → 필터 거름망 탄산소다물에 담가둠 → 구연산수+솔질로 내부 틈새 청소 → 필터와 거름망 세척한 후 조립 → 세제 칸에 구연산 1스푼(또는 식초 1컵(200밀리리터): 가장 위쪽 식기 바구니 가운데에 넣기) → 통살균 모드 또는 강력 모드 작동

  - **주방 후드:** 따뜻한 물+과탄산소다에 주방 후드망을 담가 기름때 불리기(알루미늄 망은 단시간 담가 변색 방지) → 5분 뒤 헹군 후 완전 건조.

  - **후드망:** 기름때 불리는 5분 동안 주방 후드 안쪽 청소. 헌 양말에 소독용 젤 또는 에탄올 또는 탄산소다물을 묻혀 청소(탄산소다 사용 시 젖은 행주로 마무리). 평소 1분 루틴으로 외관 닦았다면 안쪽에만 집중. 기름받이를 설치하면 유지 관리가 훨씬 쉬움.

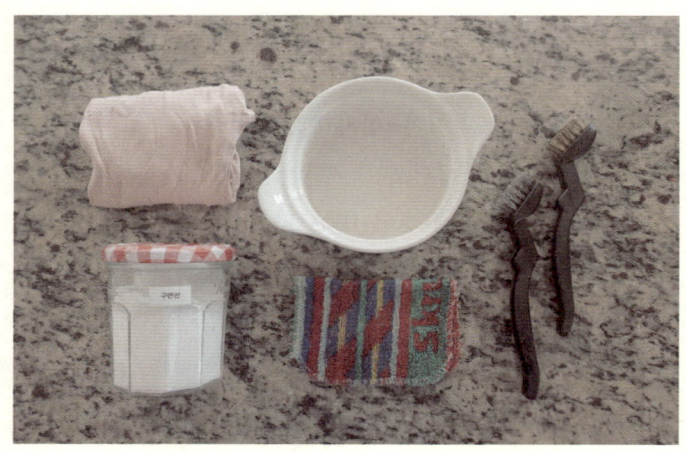

Tip

- (과)탄산소다물: 물 1리터+(과)탄산소다 2~5그램
- 찌든 기름때 : (과)탄산소다+주방세제
- 청소용 5퍼센트 구연산수: 물 200밀리리터+구연산 10그램
  (식초물로 대체 가능_식초 : 물 = 1 : 2)
- 에어프라이어/오븐의 바스킷 탄 찌꺼기 : 물+(과)탄산소다
  넣고 5~10분 두면 분해
- 기름기 많을 땐 : 원두 찌꺼기/날짜 지난 밀가루/감귤류의 껍
  질/헌 양말로 기름 먼저 제거 후 설거지. 기름 흡수 시에 실리
  콘 주걱(스패출러)을 이용하면 손에 묻지 않고 깔끔하다.

수요일, 욕실 청소 루틴

청소 전 이렇게 하면 더 좋아요

청소를 위해 물건을 따로 치우지 않아도 되도록, 바닥이나 선반 위에 물건을 두지 않는다. 수세미와 극세사 행주는 세면대 가까운 곳에, 스퀴지와 소독수는 손이 잘 닿는 곳에 두면 좋다.

매일 1분 습관

세수하거나 손 닦을 때 수세미로 세면대를 닦는다. 샤워 후 스퀴지로 벽과 바닥의 물기를 제거한다. 머리 말린 후 떨어진 머리카락 정리, 젖은 수건은 세탁기에 넣기 전 수전이나 거울의 물기를 닦는 데 쓴다. 종종 물기를 닦을 때 트리트먼트 비누도 조금 묻혀 코팅하며 닦는다. 자기 전(또는 아침에) 변좌와 주변 바닥에 소독수를 뿌리고 1분 후 극세사 걸레로 닦으면 좋다

30분 청소 루틴

- **칫솔 소독:** 소주컵에 10퍼센트 구연산수(또는 식초)를 넣고 칫솔을 5분 담근 뒤 햇빛에 말린다(소주컵 1에 칫솔 1, 전자레인지 30초, 소금물, 구강청결제(+물) 등 다양한 소독법이 있다).
- **욕실 청소:** 청소물(과탄산소다 1스푼+따뜻한 물 1리터+주방세제 1스푼, 선택)을 만들어 욕실 전체를 청소한다. 청소는 깨끗한 곳에서 더러운 곳으로, 높은 곳에서 낮은 곳 순으로 한다.

분기별 청소 (마지막 주 수요일)

한 달에 한 곳씩 나눠서 청소하면 대청소처럼 부담스럽지 않다. 30분 루틴에 5분만 더 추가하면 충분하다.

- **샤워기:** 청소 시작 전 큰 비닐에 청소물을 담아 샤워기를 담근 뒤 묶어둔다. 1시간 후 솔로 문지르고 헹군다. 의료용 실리콘 호스는 스테인리스보다 물때가 덜 끼어 청소가 훨씬 수월하다. 5분 컷.
- **천장:** 밀대에 소독수를 뿌려 가볍게 닦기
- **환풍기:** 가정마다 다르지만, 커버 분리 후 소독수나 세제 물로 안팎을 닦아준다.

Tip

- 교체 주기: 칫솔과 샤워망은 2달에 한 번 첫째 주 수요일에 교체한다. 교체한 건 청소용으로 재사용한다.
- 찌든 물때: 청소 시작 30분 전 구연산수를 뿌려 불려둔다.
- 세정력 강화: 찌든 때에는 주방세제, 샴푸, 바디워시 등 계면활성제를 과탄산소다와 같은 양으로 청소물에 넣는다. 다른 성분의 세정력이 더해져 청소 효과와 개운함이 좋아진다. 나는 데실글루코사이드 원액이나 EM 순비누를 가루 내어 넣는다.
- 청소솔 관리: 청소솔에 낀 머리카락은 다른 솔로 빗질하듯 빼낸다. 평소엔 소독수를 뿌리고, 주 1회는 과탄산소다물에 담가 세척한다.

목요일, 거실 청소 루틴

청소 전 이렇게 하면 더 좋아요

공용 공간인 거실을 관리하는 날. 청소가 수월하도록 소파, 러그 위 불필요한 물건은 미리 정리해둔다.

매일 1분 습관

청소기로 바닥 먼지를 제거할 때, 러그 매트도 함께 신경 써서 청소한다. 소파, 러그, 커튼에 이물질이 묻으면 바로 닦아서 얼룩을 방지한다. 창문 유리에 묻은 지문이나 얼룩도 그때그때 닦기.

30분 청소 루틴

- **첫째 주: 소파 청소**
  - **가죽:** 마른 수건으로 먼지 닦기 → 청소기로 틈새 먼지 제거 → 소파 전용 클리너로 닦기(나는 유통기한이 지난 바디로션, 핸드크림을 사용한다. 크림의 오일 성분이 피지, 기름얼룩 제거와 가죽 영양에 도움을 준다.)
  - **패브릭:** 청소기로 먼지 제거 → 오염 부위는 물 살짝 적신 극세사 천으로 원 그리며 부드럽게 닦기 → 스팀 청소기 사용(선택 사항) → 소독수 분사 후 건조
  - **커버 분리형:** 커버 분리 → 건조기 먼지 털기 코스 → 울 코스로 세탁(나는 두 달에 한 번 세탁한다)

- **둘째 주: 러그 매트 청소**

  물세탁이 안 되는 러그는 먼지 흡착을 위해 베이킹소다 또는 굵은 소금을 뿌리고 30분 후에 청소기로 빨아들인다. 2년에 한 번 전문 세탁소에 맡긴다. 주방매트 등도 함께 세탁.

- **셋째 주: 창문 청소(외창은 6개월에 한 번 창문 로봇 청소기로)**

  창문에 소독수 뿌리고 밀대로 위에서 아래 방향으로 닦기. 나는 쓰리잘비에 극세사 천을 씌워 사용한다. 잘 닦인다.

- **넷째 주: 창틀 청소**

  창틀 먼지는 전용 청소 툴로 제거 → 소독수 뿌리고 헌 양말로 닦아내기. 찌든 때엔 탄산소다물 사용. 붓으로 창틀을 고루 적신 후 헌 양말로 닦아낸다.

- **다섯째 주: 커튼 세탁 또는 블라인드 청소**

  - **커튼 세탁:** 하루에 한 쌍(2장) 정도만 세탁하면 부담이 없다. 결과적으로 커튼 1장당 3~4개월 주기로 세탁하게 된다(30평 기준).

  - 레일에서 커튼 분리 → 커튼 핀은 빼지 않고 안쪽으로 가게 작게 접음 → 고무줄로 고정 후, 양말로 한 번 더 감싼다 → 세탁망에 넣고 중성 세제+울 코스 세탁 → 레일에 걸어 자연건조

  - **블라인드:** 닫힌 상태에서 마른 수건이나 먼지떨이로 먼지 제거 → 반대쪽도 같은 방식으로 청소

금요일, 가전 청소 루틴

청소 전 이렇게 하면 더 좋아요

사용하는 가전이 많으면 그만큼 관리하는 수고도 따라온다. 꼭 필요한 가전만 소유해 청소할 일 자체를 줄이는 것이 중요하다. 행주를 가전 가까이에 두면, 눈에 보일 때 바로 닦을 수 있다. 식단표대로 식재료를 소진하면 금요일은 냉장고 청소가 훨씬 수월하다. 친환경 세제를 사용하면, 합성세제 찌꺼기가 남지 않아 세탁조, 세제 투입구도 자주 청소할 필요가 없다. 청소를 줄이기 위해서라도 천연 세제를 고려해본다.

매일 1분 습관

냉장고 속 더러움이 보일 때 바로 닦으면 주 1회 청소가 쉬워진다. 세탁 후, 세탁기 도어 고무패킹의 물기를 바로 제거하고, 세제 투입구를 열어 건조시킨다(구연산 린스를 사용해 매번 세척하지 않는다). 건조기 사용 후 먼지를 비우고 닦아두면 청결 유지+전기세 절감 효과가 있다.

30분 청소 루틴

- **첫째 주: 냉장고 청소**

   간단하게는 소독수로 닦고, 정리한다. 나는 두 칸씩 물건을 꺼내고, 닦고, 비우고 정리를 반복한다. 3개월에 한 번은 선반을 꺼내 물세척한다.

- **둘째 주: 냉동고 청소**

  소독수는 뿌리면 바로 얼어 닦기 어려워 물세척이 효과적이다. 나는 선반 한 칸씩 빼서 물세척, 비움과 정리를 한다. 하루에 다 못해도 괜찮다. 루틴만 지키면 충분하다.

- **셋째 주: 공기청정기와 청소기 청소**

  - **공기청정기:** 청소기로 필터 먼지 제거, 외관은 소독수로 닦는다.

  - **청소기:** 먼지통 비우고, 필터 및 브러시 헤드 분해 → 물세척 가능 부위는 물세척, 불가능한 부분은 소독수+헌 양말로 닦는다(나는 락앤락 용기 전용 세척솔을 사용한다). → 자연건조 후 조립

- **넷째 주: 세탁기와 건조기 청소(나는 격월로 한다)**

  - **세탁조:** 과탄산소다 2컵을 넣는다. → 통살균 버튼 작동(통살균 버튼이 없으면 온수 모드로 작동 → 물이 찼을 때 정지 → 2시간 방치→ 표준 코스로 마무리)

  - **세제통 세척:** 배수 호스 잔수 제거, 배수망 청소는 3종 세트로 진행한다.

  - **건조기:** 내부 필터 & 외부 필터 청소 → 외부 필터 넣기 → 물 1리터 천천히 붓기 → 내부 필터 넣기→ 콘덴서 케어 버튼 작동

- **다섯째 주 : 계절에 따른 가전 청소**

  에어컨이나 제습기의 필터 먼지를 제거한다(필요시 물 세척 후 완전 건조). 제습기 물통(탄산소다물), 가습기 물통(온수+구연산 2스푼+세척 모드 작동)을 세척하고 내부와 외부를 소독수로 닦는다.

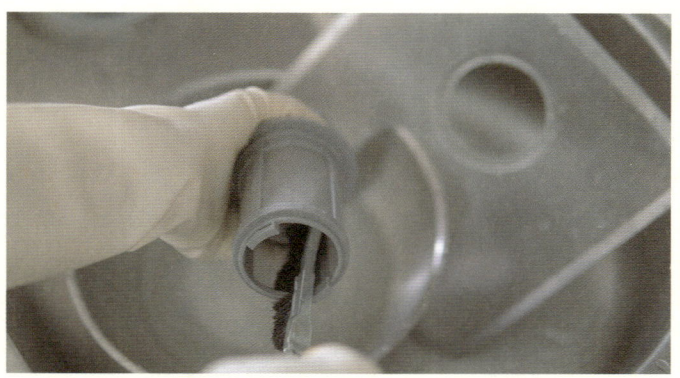

다둥이맘을 살리는 다이어리

다이어리를 쓴다는 건, 내 하루를 돌아보며 나를 지키는 작은 의식이다. 삼형제를 키우는 일상 속에서 흔들리는 마음과 생활의 균형을 조금이나마 다잡고 싶었다. 처음엔 '나, 엄마, 아내'의 균형을 생각했고, 둘째가 밤잠을 잘 자기 시작하면서는 '가사, 육아, 일, 취미생활'로, 셋째를 낳은 후엔 '육아, 건강, 비움, 채움(성장)'처럼 삶의 결에 맞춰 조금씩 조정해왔다.

루틴을 만드는 건 거창한 계획이 아니라, 지금 내게 꼭 필요한 것 한 줌을 붙잡는 일이다. 막둥이가 두 돌 즈음에는, 남편을 위한 감사 일기 세 줄이 새로 생겼다. 그리고 얼마 전부터는 '행복 모먼트' 공간이 생겼다. 먼슬리 한 칸에 하루의 행복한 순간을 담는 것. 작은 행복만 모아 보는 재미가 쏠쏠하다. 삶의 흐름과 변화가 느껴지는 기록이 신기하고, 가끔은 재미있다.

일요일 저녁이면, 한 주의 중심이 될 목표를 간단히 적는다. 그리고 데일리 칸으로 넘어가 해야 할 일로 가득한 '투 두(to-do) 리스트' 대신, 반복되는 루틴을 귀여운 아이콘으로 그려 넣는다. 다이어리도 마음도 덜 부담스럽고, 훨씬 즐겁다.

하루를 시작할 땐 가장 위에 마음을 단단하게 해줄 한 문장을 적는다. 한동안은 며칠간 "매 순간 성실히, 알뜰히, 정성껏, 나답게"라고 적었다. 거창한 확언보다, 지금 이 하루를 잘 살아내고 싶은 마음으로. 패션 디자이너이자 유튜브 크리에이터 장명숙의 『햇빛은 찬란하고 인생은 귀하니까요』의 여는 글 속 문장이 마음에 들어서다.

"매순간 나는 성실히, 알뜰히, 정성껏, 내 인생을 살기 위해 노력 했다고."

난 여기에 '나답게'를 덧붙였다. 아이 셋을 키우며, 나답게 지켜야 할 것이 많아졌으므로. 최근에는 한 문장 대신 길고 긴 확언을 다시 쓰기 시작했다.

아이들을 위한 칸은 마련해뒀지만 계획을 가득 적지 않는다. 첫째는, 아이가 적어둔 플래너를 확인하며 자기주도 학습을 돕는다(사춘기가 시작된 후로는 '칭찬' 한 단어만 적기도 한다). 둘째는, 아이가 궁금해했던 걸 메모해 대화 나눌 수 있도록. 셋째는, 오늘 읽을 그림책 몇 권과 함께, '색', '자연', '모양'처럼 하루의 대화 주제를 적는다. 아기와의 대화가 좀 더 풍성해진다.

독서는 읽은 페이지 수만 적고, 운동은 하고 나서 기록만. 요즘 내게 중요한 건 '비움'과 '정리'. 하루에 하나, 버리고 정리하면 충분하다. 서랍 한 칸의 불필요한 물건을 비우고 정리하는 식. 작은 성취감은 차곡차곡 쌓여 삶의 질서를 만들어준다. 청소는 날마다 다른 요일별 청소 루틴을 적고, 채움은 성장을 위한 공부를, 자유 칸에는 일정이나 필사, 감사 일기를 자유롭게 적는다.

기록의 사전적 의미는 '후일에 남길 목적'으로 적는 것이라지만, 나에겐 오늘을 지키는 방법이다. 보이지 않는 집안일, 마음 쏟은 육아, 어쩌면 아무도 모를 수 있는 이 수고들을 나는 알고 있다. 그러니 남긴다. 한 줄씩, 나를 위해.

매일, 나를 위해 적는 이 시간이 당신에게도 조용한 힘이 되기를.

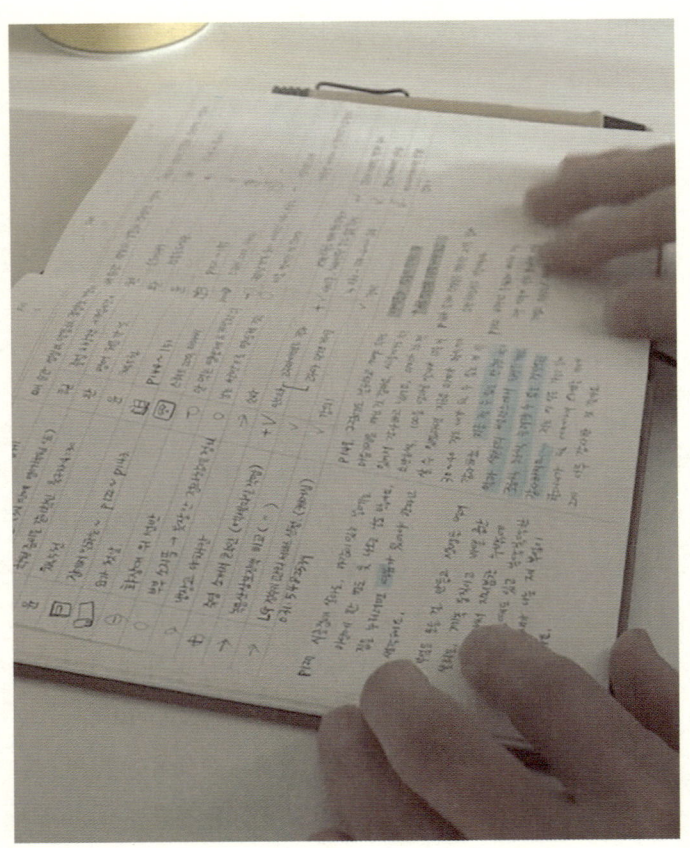

약속과 챙김의 오로라

"이 시간에 이름을 붙여볼 사람?"

"내가 지어볼게, 엄마. 오로라 어때? 오로라처럼 예쁜 대화의 시간이니까."

"오, 너무 좋다. 오로라."

우리는 9시 반쯤이면 자연스레 한자리에 모인다. 각자의 하루를 마친 뒤, 함께하는 오로라 시간이다. 좋았던 일, 전하고 싶었던 이야기, 함께 보고 싶었던 영상들을 나눈다. 그리고 감사 기도로 하루를 마무리한다. 이 시간에 빠지지 않는 것이 있다. 바로 플래너와 용돈기입장 쓰기. 벌써 몇 해째 반복 중이지만, 6개월 이상 꾸준히 해본 적은 없다. 하지만 나는 안다. 아이들이 언젠가 자기 의지로 이 습관을 갖게 되길 바라며, 오늘도 그냥 또 시도하는 중이라는 것을. 올해는 왠지 다르다. 아이들이, 자라났다. 아이들이라서, 가족이라서 나는 지켜주고 싶은 무형의 것들이 있다.

그리고 아이들 역시 자신이 원하는 챙김이 있더라. 우리 아이들이 좋아하는 건 마사지다. 특히 첫째는 자세가 불편했는지, 자기 전이면 어깨와 등을 만져달라고 조르곤 한다. 나는 기꺼이 어깨를 눌러주고, 발뒤꿈치로 발바닥을 꾹꾹 밟아준다. 간지럼을 타던 둘째도 발 마사지만큼은 좋아한다. 짧고 단순하지만, 꽤 만족스럽고, 무엇보다 사랑받는 기분이 드는 일이다. "잘 자, 사랑해." 이 한마디와 함께라면, 하루의 끝은 언제나 따뜻하다.

우리가 서로 지켜주고 싶은 약속도 있다. 가족이 모여 편히 쉬는 공용 공간에는 개인 물건을 두지 않기. 식탁과 소파, 원탁 테이블 위에는 문제집, 큐브, 패드, 문구류가 자리를 오래 차지하지 않도록 얘기한다. 그래서 거실에서 자주 쓰는 것들은 카트에 자리를 정해 단순하게, 언제든 쉽게 꺼내고 정리할 수 있도록 했다.

거실은 늘 단정했으면 좋겠다. 언제든 쉬고, 책을 읽고, 이야기를 나눌 수 있는 공간. 최근엔 소파를 마주 보게 배치하고 테이블을 중심에 놓으니 그 공간이 더욱 가족 공간다워졌다. 요즘 우리집은 체스 붐이다. 누군가 먼저 판을 펴면 어느새 다른 식구들이 모여든다. 거실 한가운데, 체스판을 중심으로 모인 우리 가족. 그 풍경은 마치, 오로라 같다. 소란했던 하루의 끝자락에, 잠시 반짝이는 고요.

정돈된 생활이
선물하는
자유의 리듬

이혜림

The
Book
of
Living

"살림이란

나의 생활을 내가 감당 가능한 수준으로 만들어 놓는 작업 같다.

예쁘게 보이는 것보다 내가 편한 살림,

무리하지 않고 딱 80퍼센트만 하는 살림,

규칙을 만들어 가족 모두가 스스로 할 수 있는 살림.

나는 내 마음이 편한 살림이 좋다.

우리집이 나뿐만 아니라 함께 사는 가족이

밥 먹고 씻고 자고 쉬는 데 어떠한 불편도 없는,

늘 편안한 공간이었으면 좋겠다."

홀가분한 생활

약정 서비스 상품에 호되게 당한 적 있다. 이사를 자주 다니던 시절, 오피스텔 엘리베이터에 붙어 있던 월 7,700원이라는 전단지 광고에 홀려 지역 인터넷을 설치했다. 기사님이 설치하러 오신 당일이 돼서야 알게 됐는데, 단돈 7,700원짜리 요금제는 어쩐 일인지 본사에서 막아버리는 바람에 가입이 불가하다고 했다. 할 수 없이 14,300원짜리 요금제를 선택했고, 연이어 거추장스러운 가입들이 이어졌다. 1년 약정 가입, 특정 쇼핑몰 자동 가입, 월정액 기타 서비스 의무 가입…. 그 당시 오피스텔 관리 사무소에서 소개해주신 인터넷 회사는 무약정에 월 15,000원이었는데, 돈 조금 아껴보려다가 오히려 더 코가 꿰인 형국이 되고 말았다. 그날 울며 겨자 먹기로 인터넷을 설치했고, 이후 이사를 할 때 약정을 해지하며 다시 한번 번거로운 경험을 해야 했다. 남편과 나는 다짐했다. "우리 인생에 더 이상의 약정은 들이지 말자."

요즘 정수기, 가습기, 공기청정기 등 값비싼 가전은 구입보다 의무 약정이 걸려 있는 렌탈 서비스를 이용하는 것이 당연해졌다. 수십만 원에서 수백만 원짜리 가전을 월 몇만 원이 안 되는 금액으로 이용할 수 있고, AS나 관리도 저렴하게 받을 수 있으니 선호하는 분들이 많다. 단순 계산법으로는 렌탈이 소비자에게 이득인 것처럼 보이지만, 꼼꼼하게 따져보면 꼭 그렇지도 않다. 렌탈비 할인을 받기 위해 함께 발급받은 카드의 실적을 채우는 것도 일이고, 미처 챙기지 못해 할인이 누락되는 달의 쓰린 속은 그 누구도 달래줄 수 없다.

가장 큰 문제는 약정 기간인데, 내가 더 이상 안 쓰고 싶거나 불만족스러워도 해지할 수 없고 (수십만 원의 위약금을 지불해야 한다.) 정해진 기간은 사용하지 않아도 비용을 지불해야 한다. 생활이 바빠 모든 가전의 약정을 챙기기도 힘드니, 재약정을 걸며 불필요한 소비 활동을 이어가기도 한다.

핸드폰도 마찬가지다. 단말기 할부 수수료는 무려 5.9퍼센트. 2년에 한 번 핸드폰 단말기 할부 약정이 끝날 때마다 새 기기로 교체하는 것이 당연한 소비가 아니라는 걸 알고 나니 물건을 달리 보게 됐다. 나는 이제 핸드폰을 통신사 약정 없이 자급제로 완납하고 알뜰폰 요금제를 사용한다. 단말기 할부금도 약정 위약금도 없다. 언제나 내가 원하면 해지할 수 있는 자유로움을 덤으로 얻는다. 단말기 값을 일시불로 완납하고 알뜰폰 요금제를 쓰면 통신비 지출까지 줄일 수 있다.

인터넷은 월 납입금 차이가 너무 커서 최소한의 약정을 걸어 사용했었는데, 그마저도 얼마 전에 끝났다. 약정 만료일을 앞두고 고객센터에 문의하면 추가 할인이나 기타 혜택을 받을 수 있다. 우리집은 100메가바이트 요금제만 쓰는 심플한 집이라 추가 혜택은 2년 약정에 7만 원 상품권 증정. 혹은 무약정에 월 납입금 2,200원 할인을 받을 수 있었다. 당연히 무약정 혜택을 선택하며 비로소 100퍼센트 약정 없는 삶을 살게 됐다. 우리집에 더 이상의 약정은 없다. 아주 홀가분하고 가벼운 삶이다.

서로에게 미루지 말기

결혼하고 나서 남편과 나의 생활 습관이 완벽하게 정반대라는 것을 알게 되었다. 나는 아침에 일어나면 이부자리부터 먼저 정리하고, 밥을 먹고 나면 바로 설거지를 하고, 외출하고 돌아오면 입었던 옷부터 정리하고 쉬는 사람이다. 남편은 이 모든 것이 나와 반대인 사람이었다. 어차피 또 누울 거니까 아침의 이부자리 정리는 의미가 없고, 설거지는 더 이상 쓸 그릇이 없을 때 하는 것이며, 화장실 청소는 핑크색 곰팡이가 더는 참을 수 없을 만큼 번졌을 때 하는 거라 여겼다. 신혼 초반에는 주말 부부였는데, 주말마다 신혼집에 가서 내가 제일 먼저 하는 것은 늘 청소였다. 남편은 매번 하지 말라고, 그냥 쉬자고 하지만, 눈에 보이는 이상 나는 편히 쉴 수가 없었다. 함께 살기 시작했을 때도 내가 제일 먼저 했던 것은 신혼집 대청소였다. 그동안 묵은 때와 창틀에 새카맣게 붙어 있는 곰팡이들을 싹 닦고 나니 어찌나 개운한지, 지금 다시 생각해도 속 시원하다.

모든 걸 미리 해두는 것과 바로 정리하는 습관을 가진 나와 최대한 미뤘다가 한번에 해치우는 습관을 가진 남편. 성향은 반대지만 사랑하는 사이니까 괜찮을 줄 알았다. 그러나 조금씩 힘에 부쳤다. 잔소리 대신 내가 몸을 움직여 정리하는 것도 한두 번이지, 날마다 생활이 되니 어떤 날에는 속이 부글부글 끓어올랐다. 어느 날 남편을 가만히 앉혀두고서 마음을 꾹꾹 눌러 담아 이야기했다. 이제는 혼자 사는 게 아니라 함께 사는 생활이다. 혼자일 땐 편하게 내 마음대로 하고 살아도 상관없지만, 우리가 함께 살게 된 이상 서로 맞추고 배려하며 사는 것이 필요하다. 혼자 살 땐 당신이 하기 싫어서 미뤄둔 일을 당신이 내킬 때 하면 되지만, 이제는 당신이 미루면 내가 하게 된다. 모든 것을 다 맞춰 달라는 것이 아니다. 다만 당신이 입고 쓰고 씻으며 발생한 뒷정리는 스스로 해줬으면 좋겠다. 당신이 벗은 옷은 당신이 정리해서 넣어두고, 샤워하고 나면 수챗구멍의 당신 머리카락은 당신이 치우고, 볼일 보면서 소변이 튄 것도 화장실 나오기 전에 정리해줘라. 당신이 하기 싫어하는 일은, 나도 하기 싫어하는 일들이다. 당신이 하기 싫어서 미루고 싶을 때마다 그 대신 그 일을 모두 다 내가 하는 거라 생각해줬으면 좋겠다.

그 이후 남편이 변했다. 알아서 척척 자신의 뒷정리와 청소를 했다. 덕분에 나도 살림이 한결 수월해졌다. 이 대화는 우리 부부가 함께 생활하는 데 있어 꼭 필요한 과정이었다. 똑같은 살림처럼 보여도, 남이 어지르고 더럽힌 것을 내가 대신 치우는 것과, 우리가 함께 생활하는 공간을 단정하고 깨끗하게 정돈하는 일은 완전하게 다른 의미의 행위라는 것을 알게 했다. 결혼한 지 8년이 훌쩍 지났지만 남편은 요즘도 종종 이야기 한다. "당신이 하기 싫어하는 일은 나도 하기 싫어. 너가 그 일을 미루면, 너 대신 그 일을 내가 다 하는 거야. 근데 나도 하고 싶지 않아." 그 말을 듣는데 머리를 띵 얻어맞은 것 같았다고.

그날 이후 우리집은 늘 단정하고 깨끗하다. 주로 청소와 정리를 내가 도맡아서 하긴 하지만, 불만은 없다. 함께 살기 위한 규칙을 서로 잘 지키고 있기 때문이다. "각자 어지른 것은 각자가 알아서. 서로에게 미루지 말 것." 우리집의 유일한 생활 규칙이다.

당근 마켓 완판녀

요즘 우리집은 당근 마켓을 120퍼센트 활용하고 있다. 더는 사용하지 않는 살림살이와 물건을 비울 때도 요긴하게 활용하지만, 필요한 물건이 생겼을 때 새것을 사기보다 당근 마켓을 먼저 확인해 중고로 구입한다. 몇 년째 당근 마켓에서 판매자로 활동하다 보니, 어떻게 하면 괜찮은 물건을 알아보고 잘 구입할 수 있는지 나만의 노하우도 생겼다.

나는 당근 마켓에 물건을 올리면 보통 당일에 거래가 되고, 2~3일 안에는 완판이 된다. 터무니없이 가격을 깎아달라는 사람도 없고, 잠수를 타거나, 돈을 지급하지 않는 등의 소동을 겪은 적도 거의 없다. 잘 팔기 때문이다.

잘 판다는 것은, 구매자 입장에서 "이 거래는 무조건 이득이야! 반드시 내가 사야만 해!"라는 마음이 들게끔 하는 것이다. 비결은 시세보다 저렴하게 판매하는 것. 그리고 사진을 예쁘게 찍어 올리기. 밤에 형광등 불빛 아래에서 찍은 사진보다는 낮에 자연광 아래에서 찍은 사진이 훨씬 자연스럽고 예쁘다. 판매하는 물건 근처에 잡다한 것들은 모두 치우고 깔끔한 배경에서 찍는 것도 큰 도움이 되고, 옷이나 액세서리 같은 경우는 내가 일상에서 착용한 모습을 함께 올리면 더 호응이 좋다. 애초에 추가 질문이 들어오지 않도록 상세하게 설명하는 것도 중요하다. 사이즈와 특징, 장점을 쓰고, 흠이나 결함이 있을 경우 사진과 함께 기재한다. 그 때문에 가격을 더 저렴하게 내놓았다는 것을 어필하면 추후 번거로운 일이 줄어든다. 조심하는 부분은 감정적인 설명을 부연하지 않는 것이다. 아무리 내가 좋아했고 잘 쓰던 물건이었을지라도, 감정적인 문구는 배제하고 어디에서 구입했는지, 사이즈가 몇인지 최대한 객관적으로 적는다(감정적인 스토리텔링보다 신뢰감을 높일 수 있다).

하나의 꿀팁을 더 곁들이자면 조급해하지 않는 것. 이미 시세보다 충분히 저렴한 가격이라는 생각이 들면, 안 팔릴까 봐 지속적으로 가격을 내리거나 추가 가격 흥정을 수락하지 않는다. 보통 판매자의 입장에서 아까운 마음이 드는 물건과 조금 아쉬운 조건일 때 완판으로 이어질 확률이 높다. 그러니 글을 올리기 전 가슴에 손을 얹고 이 조건으로 이 물건을 판매할 때, 나라면 과연 신이 나서 바로 구입할 것인가? 생각해보고 조건과 가격을 책정하곤 한다.

우리집 테이블은 당근 마켓에서 4만 원에 구입했다. 놀러오는 손님들마다 한 번씩은 꼭 칭찬하는 테이블인데 급하게 이사 가는 신혼부부가 아주 저렴하게 내놓아서 잽싸게 데려왔다. 텃밭을 오가고 동네 산책할 때마다 타는 자전거 역시 당근 마켓에서 8만 원에 샀고, 얼마 전 남편은 청재킷을 2만 5천 원에, 운동화는 2만 원에 구입해서 날마다 만족하며 입고 쓴다. 당근 마켓을 통해 중고 물건을 사고파는 것에 익숙해지자, 물건을 대하는 태도도 변했다. 언제든지 다른 이에게 갈 수도 있다는 생각에 내 물건을 좀 더 소중히 대하며 쓰게 되고, 좋은 가격에 이웃에게서 데려온 물건은 고마운 마음에 더 잘 쓰게 된다.

몇 년의 추억을 한 권의 일기장에 정리하는 법

무수히 반복되는 살림을 하다 보면 그날이 그날 같아서 무력하게 느껴질 때가 있는데, 일기를 쓰면 매일 똑같이 흘러가는 것 같아도 단 한순간도 같은 날이 없다는 걸 알아차리게 된다.

내가 쓰는 일기 형식은 굉장히 단순하다. 너무 바쁘거나 일신상의 이유로 며칠을 건너뛴다 하더라도 상관이 없다. 한 페이지에 그 날의 날짜를 적고 일기를 쓴다. 오늘 하루를 페이지에 꽉 채우는 게 아니라 쓰고 싶은 만큼만, 간단하게, 몇 줄이면 충분하다. 중요한 건 페이지마다 날짜가 있어서, 그다음 해에도 그다음 해에도 동일한 날짜에 그날의 일기를 쓰는 것. 그럼 몇 년간의 일기를 한 페이지에서 한눈에 확인할 수 있다. 꾸준히 쓰기만 한다면 5년, 10년의 추억을 단 한 권의 일기장에 정리할 수 있다.

일기를 쓸 때마다 그 페이지에 담긴 작년, 재작년의 일기를 읽게 되는데 작년의 오늘 나는 이런 생각을 했구나, 이런 음식을 먹었고 어떤 감정을 느꼈구나, 그렇게 과거의 나를 잠시 만나게 된다. 5년간의 하루하루를 매일 읽고 또 쓰다 보면 '오늘'이라는 하루가 좋아질 수밖에 없다. 평범하다고 생각했던 내 인생이 사실은 매일 특별하고 늘 새롭다는 걸 깨닫게 된다.

내가 쓰는 일기장은 무인양품에서 나온 '1일 1페이지 노트 문고본 사이즈'인데, 367페이지로 이루어져 있어서 처음부터 끝까지 쓰면 딱 1년이 지난다. 하루에 서너 줄의 일기를 쓴다고 하면 한 페이지당 딱 5년치의 하루를 쓸 수 있다. 가격도 몇천 원대로 저렴한데 종이 질도 좋고, 무엇보다 노트가 작고 가벼워서 여행 중

에도 가지고 다니며 쓰기 좋았다(1년간의 세계여행을 떠날 때도 가지고 다니며 매일의 추억을 기록했다). 재작년에 한 권의 노트를 꽉 채워 쓰고 다른 브랜드의 노트로 바꿔보았는데, 영 불편해서 결국 다시 무인양품 1일 1페이지 노트로 돌아왔다.

일기장의 맨 뒤 페이지에는 평생 지니고 싶은 가치나 소원, 버킷리스트 등을 적어둔 종이를 끼워둔다. 매일 꺼내 보는 건 아니지만 보일 때마다 한 번씩 읽어보면 의욕 충전 120퍼센트 가능하다. 그리고 매해 조금씩 버킷리스트가 바뀌는 것 같아도 언제나 변하지 않는 인생 목표와 가치가 있다는 것에 새삼 놀라기도 한다.

양말 한 장으로 끝내는 집 청소

무선 청소기가 고장 나서 A/S센터에 보내는 바람에 청소기 없이 살아야 했던 적이 있다. 청소기가 없는 동안 정전기포나 걸레를 끼워 쓰는 밀대 하나로 바닥 청소를 해야 했다. 밀대 청소를 한 지 한 달쯤 지나자 요령이 생겨서 매일 오전 5분 컷으로 개운하게 실내 바닥 청소를 마치곤 했다. 처음엔 청소기 없이 불편할 줄 알았는데, 밀대 청소가 오히려 편하다고 느껴져 요즘도 청소기 대신 밀대로 청소를 끝내는 날이 많다.

처음 밀대 청소를 시작했을 때, 정전기포와 물걸레포를 번갈아 끼워가며 청소했다. 한 번 청소할 때마다 두 장의 썩지 않는 쓰레기가 나오는 게 마음이 불편해서 방법을 바꿔야 했다. 그러다 알게 된 방법은 헤진 수면 양말을 이용하는 것. 겨울용 극세사 수면 양말인데 재질 덕분에 바닥 먼지도 잘 달라붙고, 무엇보다 달라붙은 먼지들이 물로만 가볍게 헹궈도 잘 떨어져서 청소 후 세척하는 과정이 아주 간편하다(걸레 빠는 거 제일 싫어하는 집안일). 처음엔 수면양말 그대로 밀대에 끼워서 사용하다가 끼우고 빼는 과정이 또 번거로워서 양말을 잘라 넓게 펼쳐서 사용하고 있다. 목이 짧은 발목 양말을 걸레로 쓴다면 굳이 자르지 않고도 밀대에 잘 끼울 수 있을 것이다.

극세사 재질의 수면양말을 밀대에 잘 끼우고 나면, 처음에는 힘을 주지 않고 살살 밀대 머리를 S자 형태를 그리며 지그재그로 바닥을 밀면서 큰 먼지들과 머리카락을 뭉쳐 모은다. 그렇게 집안 먼지를 싹 가볍게 훑고 나면 양말에 붙은 머리카락과 먼지들

을 툭툭 떼어내어 쓰레기통에 버린다. 이 정도만 해도 얼추 청소가 끝난다. 머리카락과 큰 먼지들을 떼낸 양말을 세면대에서 비눗물을 묻혀서 빤다. 그리고 양말을 빠는 김에 세면대도 한번 문질러서 간단하게 닦아준다. 매일 세면대를 청소한다고 생각하면 번거롭지만, 양말 빠는 김에 청소하는 건 쉽다. (여기서 시간 여유가 좀 더 있다면) 젖은 양말로 물걸레질을 한번 해준다. 이미 큰 먼지들과 머리카락을 다 청소했기 때문에 그리 더러운 게 묻진 않을 것이다. 수면양말이 극세사 재질이라 먼지가 잘 달라붙지만 그만큼 또 잘 떨어져서 쉽게 빨아 쓸 수 있는 게 제일 큰 장점이다. 게다가 아주 잘 마른다. 그래서 매일 쓰고 매일 빨고 매일 말려도 냄새가 안 난다.

이렇게 바닥부터 세면대 청소까지 10분도 채 안 걸린다. 청소기를 쓸 때는 소음이 크기 때문에 이른 아침이나 늦은 밤에는 청소를 못 했는데, 밀대 청소는 시간에 구애 받지 않고 할 수 있다. 게다가 양말 청소법은 정전기포, 물걸레포처럼 한 번 쓰고 버리는 게 아니라 환경에도 가계 경제에도 도움이 된다. 혹시 청소기가 너무 시끄럽거나 무겁거나 유지 관리하는 게 귀찮아서 더 쉽고 간편한 청소법을 찾고 계신 분이 있다면 이 수면양말 밀대 청소법을 추천한다.

(극세사 걸레는 다이소 등 마트에서도 쉽게 찾을 수 있습니다. 굳이 양말이 아니어도 좋아요!)

제습제는 만들어 씁니다

매년 여름이 오기 전 미리 챙기는 살림이 하나 있다. 바로 집 안 구석구석에 제습제를 새로 채워 넣는 것. 조금이라도 방심하면 곳곳을 잠식하는 곰팡이 때문에 항상 부지런히 챙기고 있다. 보통은 플라스틱통에 담긴 습기 제거제를 사서 옷장과 서랍장 등에 깊숙하게 넣어둔다. 습기를 가득 머금고서 통에 물이 찰랑찰랑 가득 차면 싹 버리고, 다시 새 플라스틱 통에 담긴 습기 제거제로 교체한다. 대부분 그렇게 한다. 나 역시 그랬다. 그런데 어느 날 갑자기, 해마다 이 플라스틱통을 버리고 새로 또 사서 옷장에 넣어두는 행위를 앞으로 평생 해야 한다고 생각하니 아찔했다.

그래서 한동안 제습제를 안 써보기도 했는데, 평소 잘 안 입어서 옷장에 보관만 해둔 남편의 정장이 습기를 가득 머금고는 펴지지 않는 주름이 생겨버렸다. 해결해보려고 세탁소에 가져갔더니 옷장에 제습제를 꼭 넣어두라고, 습기 때문에 옷이 다 상하는 거라 하셨다. 그렇다고 썩지도 않는 플라스틱 통을 자꾸만 사긴 싫고, 좋은 방법이 없을까 고민하다가 직접 만들어서 써야겠다는 결론이 났다. 그날 이후 우리집은 해마다 제습제를 직접 만들어 쓰기 시작했다.

준비물은 간단하다. 이미 물이 가득 차서 비워야 할 타이밍의 플라스틱 제습제 통과 대용량 염화칼슘만 있으면 된다. 실제로 시중에 판매하는 습기제거제 통에 적힌 성분표를 보면 염화칼슘 100퍼센트라고 쓰여 있다. 나는 보통 인터넷쇼핑몰에서 3킬로그램짜리 염화칼슘 한 봉지를 사서 쓴다. 쿠팡에서 3킬로그램 기준 4천 원대로 구입 가능하다. 더 소용량인 1킬로그램짜리도 있고 이보다 더 대용량도 구입할 수 있으니 필요한 양을 계산해서 구입하면 된다. 제습제 한 통당 약 200그램의 염화칼슘이면 충분하다.

제습제 만들기는 성가실 수 있어도 방법은 매우 간단하다. 일단 물이 꽉 찬 플라스틱통의 뚜껑을 열어주고, 칼을 이용해 얇은 종이를 통의 라인을 따라 살짝 찢어준다. 그리고 종이를 벌려서 컵라면의 물을 따라 버리듯 조심스럽게 물을 비워낸다. 깨끗한 물로 몇 번 헹궈준 뒤에 염화칼슘을 통에 담아주면 된다. 제대로 통을 깨끗하게 헹궈 말린 뒤에 쓰고 싶다면 종이를 모두 떼어낸 뒤에 깨끗하게 씻고 헹궈 말리면 된다. 그리고 뚜껑을 다시 닫아서 원래 있던 자리로 돌려주면 제습제 만들어 쓰기는 끝.

우리집엔 성인 둘만 살고, 제습제는 구석에 보관하여 툭 쳐서 엎어트리는 일 자체가 없으니 칼로 찢은 종이를 테이핑 하며 쓰진 않는다. 하지만 아이를 키우는 집이나 조금 더 완성도 있는 제습제를 만들고 싶다면 종이를 아예 다 떼버리고 투습지 혹은 한지를 사서 붙이면 된다. 조금만 검색하면 쉽게 구입할 수 있고, 다이소에서도 판다. 딱풀로도 잘 붙는다고 하니 참고하시길.

식목일에는 패딩 세탁을

매년 2~3월이 되면 남몰래 눈치싸움을 하게 된다. 꽃샘추위까지 지나고 이제 패딩을 세탁해서 넣어도 되겠지 싶어서 정리를 하고 나면 그날 밤엔 귀신같이 기온이 뚝 떨어져서 김샜던 적이 한두 번이 아니다. 그러다 살림 고수님께 조언을 들었다. "패딩은 매년 식목일에 세탁하면 됩니다." 박수치며 환호했다. 그래, 3월 말까지도 추울 때가 있으니 4월은 돼야 하는구나. 이후로 우리집 공식 패딩 세탁일은 식목일이 되었다. 두꺼운 코트와 니트들도 식목일 즈음해서 정리를 한다. 이렇게 딱 나만의 시기를 정해두고 나니 언제 세탁할지 고민할 필요도, 흔들릴 필요도 없어 살림이 아주 명쾌하고 단순해졌다.

살림 초보였던 시절, 겨울 의류는 대부분 세탁소에 드라이클리닝을 맡기곤 했다. 옷을 뒤집어 상표를 살펴보면 늘 '온니 드라이클리닝'이라고 적혀 있기도 하고, 세탁기로 잘못 돌렸다가 옷이 줄어들거나 상해서 버린 적이 많았기 때문이다. 하지만 상표에 온니 드라이클리닝이라고 적힌 의류 중에서도 소재에 따라서 물세탁이 가능하다. 드라이보다 오히려 물세탁이 효과적인 옷들도 더러 있다. 게다가 패딩 같은 경우는 세탁소에 맡겨도 물세탁을 하기 때문에 주의만 잘 기울인다면 집에서도 충분히 세탁 관리하며 입을 수 있다. 이제는 꽤 비싼 값을 주고 구입한 코트류를 제외하고는 대부분 모든 의류를 집에서 직접 세탁해서 입는다. 세탁 비용이 절약되는 건 물론이거니와, 스스로 관리하며 입게 되니 오히려 더 깔끔하게 입으려고 노력하게 된다.

빨래를 잘하는 거의 모든 방법

빨래를 잘하는 것에도 방법이 있다. 알맞은 세제와 알맞은 물 온도, 알맞은 세탁법만 숙지하면 누구나 잘할 수 있다. 얼룩과 땀은 높은 온도에서 잘 지워지니 물 온도를 40도 이상으로 맞춰 세탁하고, 색이 진한 의류와 니트류는 반드시 찬물로 세탁해야 한다. 색이 진한 의류는 높은 온도에서 물이 빠질 가능성이 높고 니트류는 크기가 줄어들기 때문이다. 화이트 색상이나 순면으로 된 의류, 침구류, 수건 같은 경우는 때가 타기도 쉽고 청결하게 관리할수록 좋으니 60도의 높은 온도로 세탁하는 것도 좋다. 변색된 화이트 색상의 의류, 침구류는 과탄산소다를 한 티스푼씩 함께 세탁기에 넣고 돌려주면 표백 효과가 있어 새하얗게 관리하기 수월하다.

세제는 가루 세제, 물 세제, 캡슐 세제가 있는데 주요 성분은 다 비슷비슷해서 취향과 상황에 따라 사용하면 된다. 다만 겨울에는 여름보다 상수도에서 나오는 물 온도 자체가 너무 차기 때문에 가루 세제를 사용할 경우 세제가 덜 녹기도 한다. 겨울에는 헹굼을 추가하거나 물 온도를 높여주는 것이 좋다. 세제를 많이 쓰기보다는 적당량 쓰는 것이 의류 손상을 방지한다. 드럼 세탁기는 의류가 위에서 아래로 떨어지는 낙차를 이용해 세탁하는 원리이기 때문에 거품이 많이 나면 되레 세탁에 방해가 된다. 그래서 거품이 덜 나는 드럼 세탁기 전용 세제 상품이 나오는 것. 그러나 일반 세제를 써도 무방하며, 조금 덜 넣으면 될 뿐이다. 일반 세탁물은 일반 세제를 쓰고, 니트류와 블라우스, 패딩 등을 세탁할 땐 중성 세제(울세제)를 사용한다. 일반 세제와 중성 세제의 차이점은 Ph. 일반 세탁세제는 세정력이 강한 알칼리성에 가깝고 중성 세제(울세제)는 PH가 중성이다. 니트, 울, 캐시미어처럼 약한 소재는 알칼리성에 취약하기 때문에 일반 세제로 세탁할 경우 훼손될 가능성이 높다. 그래서 세정력은 좀 덜해도 옷감 손상을 줄여줄 수 있는 중성 세제를 이용해 세탁하는 것이 좋다.

지퍼와 단추, 장식 디테일이 있는 옷들은 의류와 세탁기 손상을 줄이기 위해 뒤집어서 세탁하고, 속옷과 청바지도 뒤집어서 세탁하면 오염이 더 잘 빠진다. 구겨지기 쉬운 옷과 니트류는 반드시 망에 넣어 세탁하고 패딩도 뒤집거나 지퍼를 끝까지 잠근 뒤에 망에 넣어 세탁하면 훼손되지 않고 잘 빨린다. 수건과 어두운 색 의류는 함께 세탁할 경우 수건에서 나온 흰색 티끌들이 어두운 색 의류에 다 붙어버려 지저분해짐으로 반드시 분리세탁 해야 한다.

패딩은 세탁 후 그늘에 뉘어서 말려야 하며, 말리면서 중간 중간 막대기로 두드리며 세탁으로 뭉쳐 있는 충전재를 풀어주면 좋다. 얼추 다 마르면 건조기에 리프레시, 패딩 코스로 한 번 돌려주면 새것처럼 보송보송해진 패딩을 만날 수 있다.

단정한 집들의 한 끗 차이

아름다워 보이는 공간들이 있다. 고급스러운 호텔 룸과 근사한 인테리어 쇼룸이 그렇다. 이런 공간들은 하나같이 공통점이 있다. 바로 생활 물건과 잡동사니가 없다는 것. 공간을 복잡하고 너저분해 보이게 하는 물건들이 하나도 없다 보니 연출자 마음 대로 그저 아름답게만 보일 수 있는 공간으로 꾸미기 쉽다.

사람이 생활하는 '집'이라는 공간은 호텔 룸, 인테리어 쇼룸과는 다르다. 아무리 물건을 적게 가지고 산다 한들, 생활에 꼭 필요한 물건들을 모조리 치울 수도 없고, 또 그 필수품들이 전시하듯 꺼내 보여도 충분할 만큼 아름답지도 않다.

이렇듯 지극히 평범한 집을 근사한 쇼룸처럼 만드는 것은 어려운 일이지만, 깨끗하고 단정해 보이는 공간으로 만드는 것은 가능하다. 몇 가지 팁만 적용해도 금세 다른 공간처럼 변한다. 아래는 내가 호텔 룸을 다니며 따라 하게 된 팁, 그리고 에어비앤비 공용숙박을 운영하며 경험으로 터득한 '깨끗하고 단정해 보이는' 몇 가지 기술이다.

현관에는 아무것도 두지 않기

현관은 우리집의 첫인상과 같다. 대충 벗어 흐트러진 신발, 분리수거 하려고 모아둔 쓰레기, 아직 뜯지도 않은 택배 박스 등을 쌓아둔 모습은 첫인상을 망가뜨린다. 현관에는 아무것도 없이, 언제나 깨끗하게. 신발을 모두 신발장에 넣을 수 없다면 최소한 가지런히 정리라도 해두는 습관을 들이는 게 좋다. 현관이 깨끗하면 우리집에 오는 손님에게도 좋은 인상을 남기지만, 밖에서 힘들게 일하고 들어오는 지친 나 자신에게도 좋은 선물이 된다.

가전, 가구 위에 물건을 올려두지 않기

테이블, 책상, 식탁, 협탁, 싱크대 위에 물건을 올려놓고 생활하지 않는다. 특히 식탁 같은 경우는 어디에 둬야 할지 모르겠는 잡동사니를 대충 올려놓고 쓰는 경향이 있는데, 잡동사니 특성상 날이 갈수록 쌓이는 양이 늘어난다. 반드시 모든 물건에 제자리를 찾아 넣어주고 대충 올려놓는 물건들을 정리해둘 것. 집에 들어와서 제일 먼저 시선이 닿는 쪽 가전, 가구 위의 물건만 싹 치워도 시선이 한결 시원해지고 집이 깔끔해 보인다.

작은 디테일. 싱크대와 욕실 수전을 깨끗하게 관리하기

물때와 얼룩 등이 지기 쉬운 싱크대의 수전과 욕실 수전만 반짝반짝 빛나게 닦아 놓아도 공간이 훨씬 청결해 보인다. 반대로 아무리 집을 깨끗하게 청소해도 수전에 물 얼룩과 지문이 가득하다면 완성도가 심하게 떨어진다. 그래서 집에 손님이 올 땐 언제나 싱크대와 세면대 수전을 한번 더 깨끗하게 닦아놓는 편. 평소물을 쓰고 나서 한 번씩 작은 행주(전용 수건)로 닦아주는 습관을 들이면 언제나 반짝반짝 빛날 만큼 깨끗하게 유지할 수 있다. 손님이 올 경우 욕실의 수건을 새 수건으로 갈아놓고, 화장실의 휴지도 호텔 룸처럼 예쁘게 접어놓는 것도 매우 작은 디테일이지만 손님 입장에서 감동하게 되는 포인트.

인테리어 소품은 최소한으로

잘 모를 땐 여백의 미가 최고다. 아무리 좋은 백자 도자기를 가지고 있어도, 수십 개의 인테리어 소품들 사이에 놓여 있는 것과 아무것도 없는 원목 협탁 위에 딱 하나 놓여 있을 때 그 가치가 다르게 느껴진다. 인테리어에 대해 잘 모른다 싶을 땐, 여백의 미가 최고다.

나만의 옷장 정리 규칙

오죽했으면 옷을 걸어둔 행거가 넘어지고, 그 일을 계기로 미니멀 라이프 에세이 책까지 쓰게 됐을까. 미니멀 라이프를 지향하면서 비우기 가장 힘들었던 물건 중 하나가 옷이었다. 그만큼 나는 가진 옷이 많았고, 옷을 좋아했다. 물론 지금도 여전히 옷을 좋아한다. 예쁜 옷을 입고 외출할 때마다 기분이 참 좋고, 마음에 꼭 드는 옷을 쇼핑할 때는 세상 누구보다 행복해진다. 단지 과거와 달라진 것이 있다면 옷장을 스스로 통제하고 관리할 수 있게 되었다는 점이다.

이전에는 행거가 무너질 정도로 많은 옷을 소유하고 있었음에도 끊임없이 옷을 사들였다. 사놓고 한 번도 안 입은 옷은 물론이고, 가격표도 미처 안 뗀 옷도 많았고, 비슷한 색상과 디자인의 옷을 반복해서 사는 바람에 낭비도 심했다. 그때 나는 내가 어떤 옷을, 얼마나 가지고 있는지 인식조차 하지 못했다. 그러니 옷 관리라는 것은 그저 머나먼 나라의 일이었다.

누구나 한 번쯤 이런 생각을 해보았을 것이다. "아, 입을 옷이 너무 없다. 옷 좀 사야지." 옷장에 옷이 가득한데 입을 옷이 없다는 건 거짓말이고, 옷이 너무 많아서 무슨 옷을 입어야 할지 모르겠다는 말이 조금 더 진실에 가깝다. 손이 안 가서 안 입는 옷, 사이즈가 안 맞아서 안 입는 옷, 안 어울리는 것 같아서 안 입는 옷, 얼룩지거나 수선이 필요해서 안 입는 옷과 내가 평소 잘 입는 옷들이 뒤죽박죽 섞여 있으니 옷장을 열 때마다 입을 옷이 없다는 말이 먼저 나올 수밖에 없다.

안 입는 옷을 싹 비우고, 내가 좋아하고 잘 입는 옷들만 선별하여 정리해둘 필요가 있다. 옷의 질과 수량을 관리하며 주기적으로 적절한 쇼핑을 더하면 몇 벌 없는 옷만 가지고 있어도 더는 입을 옷 없다는 말이 결코 안 나온다.

옷 정리는 한 번쯤 날을 잡고 다 뒤집어엎는 게 가장 효과가 좋다. 옷장 속 옷을 모조리 꺼내어 방 한가운데에 쌓아놓고 내가 가진 옷의 양을 시각적으로 마주하는 시간을 갖는 것이다. 그다음엔 가장 최근 1년간 한 번이라도 입었던 옷들만 선별하여 옷장에 다시 건다. 선별된 옷들을 제외하고는 앞으로도 입을 일이 없는 옷들이니 그대로 비워도 좋다.

하지만 한번에 그렇게 하기 쉽지 않은 분들은 큰 박스나 봉지 등에 담아 잠시 치우고 생활해보기를 추천한다. 선별한 옷으로만 생활해보다가 박스 속에 담아둔 옷이 필요한 순간이 오면 그때 다시 꺼내어 입으면 된다. 이 과정을 매년 반복하다 보면 유난히 손이 잘 가는 스타일의 옷도 파악이 되고, 어느 정도의 옷을 가지고 있으면 생활이 원활하게 굴러가는지도 알게 되고, 무엇보다 내가 가진 옷이 머릿속에 명확하게 그려진다.

옷 관리에서 중요한 것은 개수를 통제하는 것이다. 집과 옷장과 지갑의 크기는 한정되어 있으니 옷장 크기에 맞게 항상 비슷한 수량을 유지하는 것이 좋다. 나는 옷걸이를 질 좋은 원목 소재로 통일해 바꾸면서 옷걸이의 개수를 통해 옷을 관리하기 시작했다. 사고 싶을 때, 필요하다 싶을 때는 한 벌 두 벌 쇼핑도 하면서 자유롭게 옷을 들이고 비운다. 새 옷을 샀는데 옷을 걸 옷걸이가 부족한 시기가 오면 쇼핑을 중단하고 옷을 비운다.

또 한 가지. 계절별로 편한 옷과 차려입는 옷으로 분류해서 딱

세 벌의 코디를 지정해둔다. 여름에 편하게 입는 옷, 겨울에 차려입을 때 입는 옷 등 시즌별, 상황별에 맞춰 세 가지씩 스타일을 정해두면 어떤 상황이 와도 고민 없이 옷을 챙겨 입을 수 있다. 넘치는 종류와 부족한 종류 파악도 쉬워 무분별한 쇼핑을 예방하는 효과도 있다.

우리집의 옷걸이 개수는 남편과 내 것 포함해서 총 82개다. 부부가 각각 40개씩 쓰고 여분으로 하나씩 갖고 있는 셈인데, 때에 따라 남편이 더 쓰기도 하고 내가 더 쓰기도 한다. 그래도 언제나 82개의 옷걸이를 넘지 않는다. 요즘은 날이 갈수록 빈 옷걸이가 많아지고 있는데, 그럼에도 옷장을 열면 입을 옷이 충분하다고 느낀다.

게으른 사람들을 위한 미니멀 청소법

나는 집 안에서 뒹굴거리는 시간을 좋아한다. 아무것도 하지 않고 나른하고 느긋하게. 다만 정돈되어 있지 않은 지저분한 집이 아니라 말끔하고 깨끗한 집에서 누리는 뒹굴거림을 좋아한다. 그래서 뒹굴거리기 전 선행되어야 하는 것은 청소다. 집안일이 쌓인 공간에서는 아무리 쉬어도 쉬는 것 같지 않기 때문이다. 어수선한 공간에서 뒹굴거릴 때면 '미루고 있는 집안일'이라는 숙제가 나를 질질 끌고 다니는 것 같은 찝찝함이 있다. 그래서 날마다 부지런히 청소를 한다. 더 잘 쉬기 위해서다.

어떻게 하면 조금 더 쉽게, 빨리 청소할까? 청소를 하지 않아도 집이 깨끗해 보이게 하려면 어떻게 해야 할까? 게으르고 싶어서 부지런히 청소하는 나의 살림법, 청소는 싫지만 깨끗한 집에 살고 싶은 사람들을 위한 팁을 공유해본다.

물건을 비운다

아무리 청소를 잘해도 물건이 많은 집은 절대 깨끗해 보이지 않는다. 주기적으로 물건을 선별해 더는 쓰지 않거나 수명을 다한 것들을 비운다. 적은 물건, 많은 여백은 청소와 정리에 큰 도움이 된다. 물건만 제자리에 잘 정리해두면, 청소기 한 번 돌리는 것만으로도 집 전체가 말끔해진다.

청소하기 싫은 공간일수록 매일 청소한다

나는 물때와 곰팡이가 유난히 견디기 어렵다. 그래서 싱크대와

욕실은 매일 청소한다. 저녁 설거지를 마친 후 청소용 수세미에 세제를 묻혀 싱크대와 수전을 닦는다. 하루 한 번, 3분이면 충분하다. 욕실도 샤워할 때마다 줄눈을 솔로 가볍게 문지르고, 샤워 후엔 스퀴지로 물기를 제거한다. 수전은 수건으로 닦으며 관리한다. 욕실 사용과 동시에 정리까지 끝내는 것. 물곰팡이 걱정 없이 깔끔한 욕실을 유지할 수 있다. 청소를 미루면 더 더러워지고, 결국 더 많은 시간과 에너지가 든다. 애초에 깨끗할 때 청소하자. 매일 조금씩만 관리해도 늘 청결을 유지할 수 있다.

'하는 김에' 하는 청소

티슈 한 장을 쓰고 버리기 전 창틀을 닦는다. 양치하면서 세면대를 닦고, 샤워할 때 따뜻한 물이 나오길 기다리는 동안 욕실 바닥을 닦는다. 설거지 하는 김에 싱크 볼도 함께 닦고, 세탁기 사용 후엔 문과 틈새를 훑는다. 이처럼 '하는 김에' 하는 청소를 습관화하면 집은 늘 깨끗하게 유지된다. 깨끗한 상태가 유지되기 시작하면 그 자체가 동기가 된다. 일부러 시간을 들이지 않아도 되니 청소가 덜 부담스럽다.

부칠 짐은 없습니다

여행은 언제나 좋다. 특히 가장 설레는 순간은 여행을 계획할 때와 공항으로 떠나는 길이다. 공항에서 입국 수속을 밟을 때마다 듣는 말은 늘 같다. "부칠 짐은 없나요?" 그럴 때마다 늘 웃으며 대답한다. "네, 없습니다."

여행 짐이 무거워질수록 기동성은 줄고 피로는 늘어난다. 짐이 많으면 위탁 수하물을 부쳐야 하고, 도착해서는 짐이 나올 때까지 오랫동안 기다려야 한다. 대중교통 이용도 어렵고, 숙소에 먼저 들러야 하며, 길을 잃기라도 하면 고생은 배가된다.

물건을 줄이며 삶의 여유를 얻은 나는 여행도 그렇게 바꾸고 싶었다. 여행 짐을 줄이기 시작했다. 처음엔 걱정도 됐다. "이걸로 여행이 가능할까?" 하지만 가능했다. 충분했다. 혼자 떠난 3박 4일 일본 여행에서는 7킬로그램도 안 되는 쇼퍼백 하나만 들고 갔다. 위탁 수하물이 없으니 공항에서 바로 빠져나왔고, 숙소에 들르지 않고 바로 여행을 시작할 수 있었다. 식당, 카페, 마트, 공원까지 어디서든 가볍게 움직였다. 짐 푸는 시간은 단 3분. 체크 아웃도 간편했다.

지금도 나는 2박 3일이든 일주일이든 혼자 여행할 땐 보스턴백 하나, 둘이 함께 가는 여행도 기내용 캐리어 하나로 충분하다. 여행 짐의 대부분은 옷과 '혹시 몰라서' 챙기는 물건이다. 여벌 옷은 최소한으로, '혹시 필요할지도' 모른다는 생각이 들면 '정 필요하면 사서 쓰자'고 마음먹는다. 실제로 가서 급히 산 물건은 거의 없었고, 현지에서 산 물건은 여행의 기념이 되기도 했다.

짐은 파우치 단위로 나누어 챙긴다.

- 옷 파우치 • 속옷, 양말 • 세안 도구, 메이크업 제품
- 핸드폰, 핸드폰 충전기, 에어팟, 멀티탭 • 책 혹은 노트, 지갑, 여권

없으면 없는 대로 잘 지낸다. 요즘은 어디서든 필요한 건 쉽게
살 수 있으니, 여행에 정말 많은 짐은 필요 없다. 이제 내 여행
짐은 출발 직전 10분이면 싸고, 도착해서 3분이면 풀고, 귀국할
때도 3분이면 정리가 끝난다. 덕분에 여행의 부담은 줄고, 여유
는 늘었다.

홈메이드 딸기모찌 만드는 법

쫄깃한 찹쌀떡 안에 통딸기 한 알이 통째로 들어 있는 딸기모찌. 카페나 관광지 맛집, 인터넷 쇼핑몰 등 어디에서나 판매하지만, 개당 3천 원 이상으로 마음껏 먹기엔 가격이 부담스러운 편이다. 하지만 이제는 집에서 셀프로 만들어 먹는다. 비주얼은 다소 투박할 수 있어도, 맛은 수준급이다. 잘 익은 제철 딸기와 맛있는 찹쌀떡만 준비하면 어떤 맛집 못지않은 딸기 모찌가 뚝딱 완성된다.

딸기 꼭지를 따고 깨끗이 씻어 물기를 말린다. 찹쌀떡은 반으로 잘라 접시에 놓고, 잘린 단면 위에 딸기를 하나씩 얹어주면 끝. 시원한 커피나 홍차와 곁들이면 훌륭한 티타임이 된다.

떡이나 딸기 크기가 커서 먹기 불편하다면, 각각 작게 잘라 샐러드처럼 담아 포크로 찍어 먹어도 좋다. 위에 콩가루, 미숫가루, 연유 등을 뿌리면 더 근사한 디저트가 된다.

조금 더 예쁘게 만들고 싶다면, 떡에 홈을 내고 벌려 딸기를 넣은 뒤 오므려주면 된다. 시중 제품처럼 그럴듯한 모양이 된다.

시장 떡집에서 찹쌀떡 두 팩에 5천 원, 딸기 한 팩에 5천 원. 딸기 모찌 3개 값으로, 두 사람이 배부르게 먹을 만큼 만들 수 있다. 이것이야말로 만 원의 행복이다.

요즘 나는 뭔가 맛있는 것을 밖에서 사 먹고 나면, 집에서도 만들 수 있을까를 먼저 떠올린다. 식비도 아끼고, 성분 좋은 재료로 건강하게 먹을 수 있으며, 스스로 만들어 먹을 수 있다는 자신감에 뿌듯하다.

순한 세제로 편하게 살림하기

고무장갑 없이 산다. 설거지 뒤 장갑을 씻어 말리고 보관하는 일이 번거롭고, 한쪽만 찢어져도 새로 사야 하는 상황이 반복되다 보니, 내 성향에는 아예 없는 쪽이 맞았다. 없이 지내 보니 불편함은 없고, 오히려 관리할 살림살이가 줄어 편하다.

맨손으로 설거지를 하면 그릇에 기름기가 남았는지 확인하기도 쉽고, 미끄러져 그릇이 깨질 위험도 적다.

이렇게 맨손으로 살림하다 보니 세제 성분에도 더 민감해졌다. 독한 화학 세제는 피하고, 맨손으로 써도 안심할 수 있는 순한 세제를 선택한다. 그래서 주방 청소에는 설거지용 세제를, 욕실 청소에는 세안 비누나 샴푸를 대신 사용한다.

여러 제품을 써보며 깨달은 건, 세상에 특별한 세제는 없다는 것. 용도는 결국 하나다. 오염을 지우고 깨끗함을 유지하는 것. 유행하는 고가의 세제보다, 매일 손을 부지런히 움직이는 것이 더 효과적이다. 주방세제로 주방을 닦고, 손 비누로 욕실을 청소해도 충분했다.

주방, 욕실, 창문, 변기, 곰팡이, 운동화… 다양한 구역의 청소를 위해서 각기 다른 전용 세제를 갖춰야 할까? 살림을 업으로 삼지 않는 이상, 그렇게 많은 종류의 세제는 필요 없다. 나에겐 주방세제, 세탁세제, 비누와 샴푸, 그리고 약간의 락스, 알코올, 탄산소다면 충분하다. 세제들이 차지하던 자리가 비워지면, 집도 더 편안해진다.

집은 빛

본가에서 멀찍이 떨어진 대학에 입학하면서 나의 독립이 시작됐다. 기숙사의 단체 생활이 싫어서 자취를 시작했고, 대학교 앞 자취방은 내가 처음으로 선택해서 살게 된 첫 집이었다. 개인적인 취향보다는 가격을 가장 우선순위에 두고서 고른 집이었다. 집에 빛은 잘 들어오는지, 방음은 잘 되는지, 수압이 약하진 않은지, 벽에 곰팡이는 없는지, 웃풍은 없는지, 집을 고를 때 따져야 할 많은 사항을 제쳐두고 월 30만 원 예산에 맞춰 방을 덜컥 계약했다.

나만의 집이 생겼다는 사실만으로도 행복했었다. 연세 360만 원짜리 작은 방은 아주 오래되어 다 쓰러져가는 낡은 원룸 빌라의 최상층인 3층에 있었다. 복도 가장 끝에 위치한 방이라 겨울엔 웃풍이 있었고 여름엔 모든 열이 내려와서 무척이나 더웠다. 수압은 셌지만, 세면대가 따로 없어 쭈그리고 앉아 세수를 해야 했고, 샤워 한 번 하면 변기까지 물이 다 튀었다. 세탁기는 빌라 공용이라서 빨래 한번 하려면 빠른 눈치가 필수였다. 방음도 좋지 않은 편이라 이웃집에 누가 놀러오는 날이면 나도 함께 수다 떠는 기분이 들었고, 일 년쯤 지나니 이웃이 좋아하는 예능 프로와 음악 취향까지도 섭렵할 수 있었다. 그래도 마냥 좋았다. 그곳은 나를 품어준, 오직 나만을 위한 첫 집이었으니까.

이후 조금씩 내게 맞는 집을 고를 수 있는 재주가 생겼다. 돈을 벌기 시작한 것이다. 결혼한 뒤로는 최소 1년에 한 번 이상 이사를 다녔고, 약 1년간 떠났던 세계여행에서는 매달 다른 집에 머물렀다. 여러 집을 거치면서 나만의 취향이나 무조건 피해야 하는 조건들도 생겼다.

지금의 내게 집이란 온전한 안식처와 같다. 집에 머무는 동안 내 마음이 편안한지를 자주 살핀다. 공간의 크기나 집의 위치, 주변 편의시설, 대중교통 편의 등은 크게 개의치 않는다. 공간의 크기는 상황에 따라 충분히 맞춰 살 수 있다. 생활 소음도 감수할 수 있고, 집의 구조나 인테리어도 주어진 것에 그저 족하는 마음으로 산다. 그보다 내가 중요하게 생각하는 건, 집 안으로 들어오는 볕의 유무. 남향, 서향, 동향 모두 상관없이, 집 안으로 볕이 깊숙하게 들어오는지이다. 햇빛이 깊숙하게 들어오는 시간에 물끄러미 볕을 바라보는 순간을 좋아하고, 그 볕을 쬐며 가만히 앉아 사부작사부작 무언가를 하는 순간도 무척이나 즐기기 때문이다. 매번 집 안으로 예쁘게 쏟아지는 볕이 있는 집이 좋다. 정말로 '예쁘게 쏟아지느냐'는 두 번째 문제. 조금이라도 볕이 들어오는 집이라면, 그 볕이 가장 아름답게 빛날 수 있는 공간으로 만든다. 깔끔하게 정돈하고 단정하게 가꾸며 내 마음에 쏙 드는 집으로 조금씩 만들어간다.

언젠가 집을 짓는다면, 이런 집이어야 한다!

해외 여러 나라에서 살아보는 긴 여행을 하며, 다양한 집에 머물렀다. 호텔, 호스텔, 체인 아파트, 현지인의 생활공간까지. 기회가 될 때마다 더 낯설고 생소한 형태의 공간을 찾아 지내보려 했다. 그중 가장 인상 깊었던 집은 스위스의 산 중턱에 위치한 에어비앤비 숙소였다. 관광지가 아닌 깊은 자연 속 마을, 기차를 두 번 갈아탄 후 다시 산을 올라 도착한 곳이었다. 호스트가 어린 시절 부모님과 함께 지었다는 2층 주택의 1층이 우리가 머무는 공간이었다.

현관문을 열면 보슬보슬한 잔디의 아담한 정원이 펼쳐졌다. 숲과 나무에 둘러싸여 매우 프라이빗했다. 이른 아침엔 이슬 맺힌 잔디밭을 맨발로 걸었고, 낮엔 의자를 정원에 두고 커피와 브런치를 즐겼다. 세탁을 한 날엔 볕 좋은 정원에 빨래를 널었다. 처음 경험한 정원 라이프는 자연과 함께 호흡하는 기쁨을 알려주었다.

집 안은 단순했다. 침실엔 침대와 옷장, 편안한 의자 하나. 거실에는 작은 싱크대와 식탁 겸 책상. 작지만 충분한 욕실. 무엇보다 인상 깊었던 건 집의 크기에 비해 많고 큰 창들. 집 어디서든 창밖의 자연을 바라볼 수 있었다. 동틀 무렵의 햇살, 해질 무렵의 하늘이 언제나 곁에 있었다. 그 집에서 보낸 열흘 동안 나는 확신했다.

"언젠가 내가 집을 짓는다면, 이런 집이어야 한다."

자연 가까이에 있지만 안전하고 편안한 공간. 너무 작지도, 너무

크지도 않은, 딱 적당한 크기의 집. 지금은 남편의 일로 도심 아파트에 살고 있지만, 언젠가 고즈넉한 시골 마을로 귀촌해 그 숲 속의 집처럼 소박하지만 아름다운 내 공간을 만들고 싶다.

없이 살아보는 1박 2일의 캠핑

캠핑을 나가면 잠을 많이 잔다. 스르륵 눕자마자 깊은 잠에 빠진다. 내가 자주 가는 캠핑장은 와이파이도 전기도 안 되는 자연주의형이라, 밤엔 할 일이 없어 일찍 잠들고 아침엔 새소리에 일찍 눈 뜬다. 일어나면 텐트 밖으로 나와 새벽 공기를 마시며 의자에 앉는다. 냄비에 물을 붓고 커피를 끓인다. 매미, 딱따구리, 까마귀 소리를 들으며 숲속 경치를 구경하고 커피를 마신다. 이 여유가 참 좋다.

캠핑을 다니다 보면 아빠 생각이 난다. 어릴 적 여름방학이면 계곡 옆 텐트에서 지냈고, 식사는 늘 바비큐와 라면이었다. 비 오는 날엔 감자와 고구마. 돌멩이를 의자 삼아 앉는 아빠는 철저한 미니멀리스트였다. 당시엔 모두가 그렇게 캠핑하는 줄 알았지만, 지나고 보니 아빠만의 간소한 캠핑 방식이었다. 지금 내가 그 스타일을 따라 하고 있다는 걸 깨닫는다. 따로 배운 적 없어도 자연스레 몸에 밴 방식이다.

남편과 나는 한 번에 들 수 있을 만큼만 짐을 챙긴다. 텐트는 3초만에 설치 가능한 원터치 텐트, 침구는 집에서 덮는 이불을 보자기에 싸 온다. 자충 매트, 의자 두 개, 보관함 겸 테이블 하나. 자잘한 짐은 미니 구이바다, 텀블러, 커피 티백, 세면도구, 수저 정도다. 음식은 밀키트처럼 준비하거나 테이크아웃을 활용하고, 아침은 라면이나 간단한 음식으로 해결한다.

캠핑의 핵심은 '단순함'이다. 먹는 것도, 쓰는 것도 간단하게. 그래서 우리는 캠핑에서 더 많이 자고, 깊게 사색하고, 온몸으로

'살아 있음'을 느낀다.

짐이 적고 가벼우면 마음이 편하다. 그러기 위해선 "있으면 좋지만 없어도 되는 것"들을 과감히 빼야 한다. 불편함은 조금 있지만, 마음은 더없이 평안하다. 이틀간의 단출한 삶은 물건에 대한 감사와 동시에 거추장스러움도 일깨워준다. 캠핑은 매번 내 삶의 방향을 다시 단순하고 가볍게 정비해주는 경험이다.

신혼 살림

결혼하고 첫 신혼집은 남편이 1년 조금 넘게 혼자 살고 있던 원룸 자취방이었다. 결혼 준비와 남편의 대학원 논문 준비가 겹쳐서 정신이 없었고, 전세 계약 기간도 1년여 남아 있는 상태였다. 여러모로 시간과 돈을 아끼기 위해 '일단 집은 신혼여행 다녀와서 알아보고 움직이자'고 생각했다. 그렇게 신혼여행 다녀와 보따리 들고 들어간 남편의 자취방에서 1년 6개월 정도를 살았다. 지금 생각해보면 턱없이 부족하고 불편할 것만 같은 작은 집에서 보낸 18개월의 신혼 생활은 올해 9년차인 나의 결혼 생활을 통틀어 가장 빛나는 시간이었다. 1인 가구에 맞춤형으로 지어진 작은 원룸에서 두 사람이 함께 살려면 많은 짐을 비워야 했고, 꼭 필요한 물건만 들여야 했으며, 그 과정 속에서 시행착오를 겪으며 나는 물건과의 관계를 올바르게 정립할 수 있었다.

신혼생활을 시작할 때 가장 많이 하는 실수는 제대로 갖춰진 집에서 시작하고 싶어서 물건을 무턱대고 사들이는 것이다. 인터넷과 오프라인을 드나들며 '필요할 것만 같은' 물건들을 사기 시작한다. 유명한 살림 유튜버들의 영상을 보면 사고 싶은 물건은 화수분처럼 끊임없이 늘어난다. 어제는 이케아에 갔고 오늘은 코스트코에 갈 거고, 내일은 다이소에 갈 예정이다. 멈출 수 없다. 이 물건이 있으면 내 삶이 이만큼 풍요로워질 것 같고, 저 가전이 있으면 내 생활이 저만큼 편리해질 것만 같다. 그러나 생각만으로 들인 물건은 무용지물이 될 때가 많다. 나는 일단은 없이 살다가 필요한 것이 생기면 그때 사는 것을 추천한다. 집에 당연

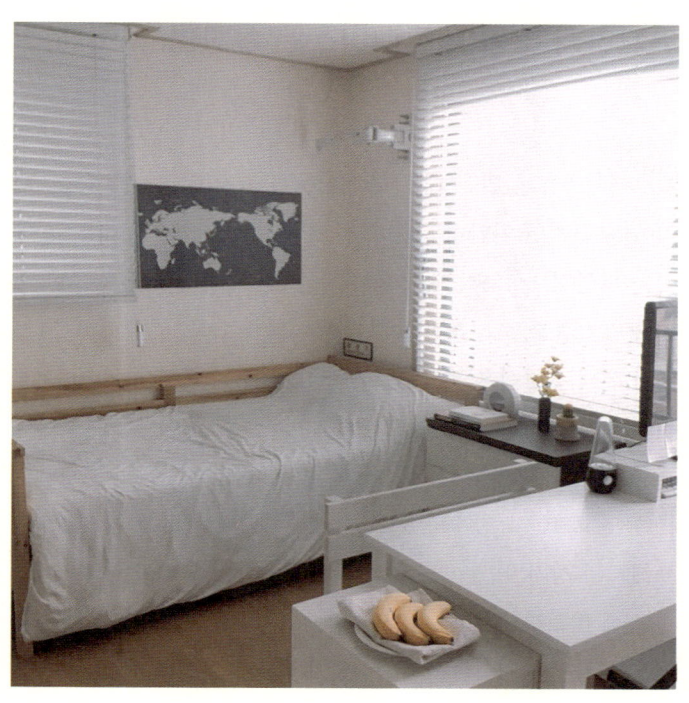

히 이 정도는 있어야 한다고 여겼는데 막상 없이 살다 보면, 없어도 괜찮다, 오히려 좋구나 하는 경험을 하기도 한다.

나는 전자레인지 없이 사는 것을 상상도 못 해봤는데, 남편의 자취방에는 전자레인지가 없었다. 전자레인지를 따로 둘 공간도 없던 상황이라, 에잇 이사 가서 사야겠다 생각하고 일단 없이 살았다. 그러니 오히려 좋았다. 전자레인지가 없으니 인스턴트와 냉동식품을 멀리하게 됐다. 음식을 보관해뒀다가 데워 먹을 수도 없으니 먹을 만큼만 요리하고 많은 양의 배달 음식도 자제하게 됐다. 점점 더 매일 신선하고 건강한 음식을 먹게 됐다.

거창하지 않은 제로웨이스트 살림법

제로웨이스트란 말 그대로 쓰레기를 만들지 않고 생활하는 방식이다. 하지만 인간이 단순히 먹고 자고 살아가기만 해도 쓰레기는 필연적으로 생긴다. 그래서 무조건 완벽하게 실천하려 하면 부담스럽고, 오히려 지속하기 어렵다.

내가 선택한 방식은 "할 수 있는 만큼, 생활 속에서 자연스럽게." 첫 시작은 브리타 정수기였다. 여름마다 생수를 사 마시는 게 죄책감으로 다가오던 어느 날, 전기 없이 작동하는 브리타 정수기를 들였고 4년째 만족하며 쓰고 있다. 물론 한 달에 한 번 필터 쓰레기는 생기지만, 이는 업체가 수거해 재활용하고, 생수병 수십 개에 비하면 훨씬 나은 선택이다.

이후 소창 행주와 천연 수세미를 사용하기 시작했다. 소창은 옛날 기저귀로 쓰이던 면소재로, 삶아 써도 환경호르몬이 나오지 않고 흡수력도 좋아 행주와 수건으로 모두 쓰기 좋다. 일반 수건보다 훨씬 오래 쓰고, 오히려 부드러워진다. 천연 수세미는 덩굴 식물을 말려 만든 것으로, 설거지용 비누와 함께 쓰면 거품도 잘 나고 위생적이다. 한 달쯤 쓰고 나면 작아지는데, 그때는 마음 편히 버릴 수 있다. 식물이기 때문에 자연으로 돌아간다.

그렇게 하나하나 바꿔나갔다. 액상 세제 대신 비누, 캡슐 커피머신 대신 원두 머신, 일회용 비닐봉지는 사용하지 않고, 포장 많은 배달 음식도 줄였다. 장을 적게 보고, 먹을 만큼만 만들어 음식물 쓰레기도 줄였다. 점차 제로웨이스트 '살림'이 제로웨이스트 '생활'로 이어졌다.

물론 잘 안 되는 날도 있다. 수입산 과일을 먹기도 하고, 피곤한 날엔 배달 음식을 주문하기도 한다. 친환경 소재와 지속 가능성 사이에서 혼란스러울 때도 있다. 하지만 뭐라도 해보는 것이 안 하는 것보다 백배, 천배 낫다.

비 오던 어느 날, 우산에 씌울 비닐을 새로 뜯지 않고 쓰레기통에 가득 버려진 헌 비닐을 꺼내 썼다. 처음엔 조금 멋쩍었지만, 내겐 익숙해진 습관이다. 그런데 그날, 그 모습을 본 아저씨 한 분이 새 비닐 대신 나처럼 쓰레기통에서 헌 비닐을 꺼내셨다. 나는 새 비닐 두 장을 아낀 셈이었다. 그 이야기를 SNS에 올리자, 헌 비닐 쓰기에 동참하겠다는 댓글이 줄줄이 달렸다.

말보다 실천. 내가 조용히 매일 실천하는 작은 습관 하나가 나의 생활을 바꾸고 자연스럽게 옆 사람에게 전해진다.

고양이 시간

나에게는 고양이 시간이 있다. 계절에 따라 조금씩 다르지만 보통은 오후 세 시에서 다섯 시 사이. 하루 중 가장 나른해지는 시간이자 아무것도 하지 않아도 되는 시간을 나는 고양이 시간이라고 부른다. 하루치 살림을 끝내놓고, 운동도 다녀오고, 다음 날 먹을 장도 봐두었고, 도서관에서 책도 빌려 왔고, 점심 식사를 마치고 저녁 식사 밑손질까지 모두 마친 시간. 그러니까 내게 해야 할 일이 아무것도 남아 있지 않은 그 시간, 부유하는 먼지마저 나른해 보일 정도로 집 안 공기가 여유로워지는 그 시간을 나는 고양이가 되는 시간이라 말한다. 따스한 햇살을 온몸으로 한껏 쬐며 낮잠 자는 게 가장 행복한 고양이가 되는 시간이다.

그 행복한 시간, 보통 커피 한 잔을 내려두고 책을 읽는다. 매일 똑같아 보이는 일상 속에서 나만의 즐거움을 찾는 방법이다. 고양이 시간을 기꺼이 편안한 마음으로 누리기 위해 매일 해야 하는 집안일과 귀찮아서 미루고 싶은 운동을 오전 시간에 모두 마무리 짓는다. 어느새 나의 규칙적인 루틴이 되었다.

창 너머 반대편 아파트로 넘어간 햇살을 보며, 저곳에도 나처럼 하루 중 지금 이 시간을 마음껏 즐기는 사람이 한 사람 정도는 있었으면 좋겠다고 생각한다. 이 여유가 얼마나 귀하고 감사한 것인지 누군가와는 나누고 싶다.

137리터 냉장고와 297리터 냉장고

신혼 초, 우리집 냉장고는 150리터도 되지 않았다. 원룸 옵션으로 딸려 있던 아주 작은 냉장고. 특히 냉동실은 아이스크림 몇 개와 만두 한 봉지를 넣으면 꽉 찼다. 하지만 이 작은 냉장고가 내 살림 인생에서 얻은 가장 큰 행운 중 하나였다. 작은 공간에 식재료를 넣고 정리하고 먹기 위해 고군분투하는 과정에서 냉장고 정리법, 음식 보관법, 장보기 요령 등 많은 것을 자연스레 익혔다.

처음에는 음식을 자주 버렸다. 둘이 하루 두 끼 먹는데도 식재료는 네다섯 식구 분량으로 샀다. 당연히 다 먹지 못하고 상하거나 곰팡이가 피어 버리기 일쑤였다. 그러다 건강과 식재료에 관심이 생기고, 생협에서 질 좋은 식재료를 사면서 식비가 확 늘었다. 비싼 재료를 사니 버려지는 게 아까워졌고, 자연스럽게 식재료를 아끼게 되었다. 필요한 양만 사고, 바로 손질해서 보관하고, 남김없이 다 먹으려 노력했다.

그렇게 식비는 줄고, 식탁의 질도 떨어지지 않았다. 정돈되고 간결한 식생활이 만족스러웠다. 음식물 쓰레기도 줄었다. "두 사람이 먹는 음식은 생각보다 많지 않다!" 이 단순한 깨달음은 냉장고 속에 여백을 만들었다. 과거엔 작다고 느꼈던 137리터 냉장고가 오히려 넉넉하게 느껴졌다. 일주일 분량만 장을 보고, 다 먹고 나서 다시 채우는 식으로 생활 패턴을 바꾸고 나자 냉장고는 늘 정돈돼 있었고, '오늘 뭐 먹지?'라는 고민도 줄었다.

지금은 297리터 냉장고를 쓰지만, 그때 익힌 습관은 그대로다.

싸고 많은 양보다, 조금 비싸더라도 먹고 싶은 걸 적당히 사서 남기지 않는다. 음식물 쓰레기의 대부분은 채소 껍질이나 꼭지다. 밥도 늘 먹을 만큼만. 냉장고가 주기적으로 텅 비니 정리나 청소도 간편하다. 냉장고 문을 열지 않아도 안에 뭐가 얼마나 남았는지 머릿속에 그려진다.

냉장고가 작았기에 식생활이 단순해졌고, 덕분에 지금까지도 냉장고는 내 삶에서 가장 질서를 잘 유지하는 공간이다.

냉파 안 하는 방법

대체로 일요일엔 장을 보지 않는다. 있는 식재료를 최대한 소진해 냉장고를 비우는 날. 이 원칙 하나만으로도 식재료 관리가 훨씬 쉬워진다.

요리를 잘한다는 건, 예전엔 밥 짓고 반찬 만드는 게 전부라고 생각했다. 적절한 간, 적당한 익힘, 예쁜 플레이팅. 그러나 본격적으로 살림을 시작하며 알게 됐다. 요리는 그 앞뒤의 모든 과정까지 포함된다는 것. 신선한 재료 고르기, 남은 식재료 보관하기, 말끔한 뒷정리까지 포함되어야 진짜 요리다.

결혼 8년차, 살림과 요리를 전문가 수준으로 빼어나게 잘하는 것은 아니지만, 뭐든 쉽고 간단하게 하는 것을 좋아하는 내 스타일의 살림은 어느 정도 만들어진 것 같다. 특히 냉장고를 깔끔하게 쓰며 주기적으로 내용물을 비우고 식재료를 신선하게 유지하며 낭비 없이 알뜰하게 다 먹는 습관을 잘 유지하고 있다.

냉장고를 깔끔하게 관리하는 가장 쉬운 방법은 냉장고 안의 음식들을 주기적으로 싹 비우면서 신선한 재료들이 들고 나는 순환을 유지하는 것이다. 애초에 식단을 짤 때 식재료가 비슷한 음식끼리 묶어 구성하면 더욱 좋다. 예를 들어, 냉장고 속 남은 양배추와 깻잎을 소진하기 위해 아래 식단을 구성했다.

> **떡볶이** (떡, 어묵, 양배추, 깻잎)
> **닭갈비·깻잎쌈** (닭고기, 떡, 양배추, 깻잎)
> **길거리 토스트** (식빵, 계란, 양배추, 햄, 치즈)

김치햄볶음밥, 계란국, 양배추샐러드 (김치, 햄, 계란, 양배추)

어묵국, 버섯가지볶음 (어묵, 버섯, 가지)

냉장고 속 남은 식재료를 먼저 확인하고 중복된 식재료를 가지고 할 수 있는 다양한 식단을 짜면 장바구니도 간단해지고, 음식물 쓰레기도 확실히 줄어든다.

• 냉장고 정리법

윗칸: 유통기한 임박 재료, 육류, 가공식품

중간칸: 밑반찬, 계란

아래칸: 손질된 채소

채소칸: 손질 전 생채소, 과일

각 칸의 용도를 정하면 요리 전 필요한 작업이 한눈에 파악됨. 냉장고가 비는 속도도 자연스럽게 체크 가능

• 남은 식재료 보관법

고무줄이나 집게로 간편하게 봉지 보관 (소분용 용기는 설거지만 늘림)

샐러드 전용 스테인리스 용기 지정: 양상추, 상추, 양배추 등 교대로 보관

채소는 씻지 않고 보관: 바닥에 키친타월 또는 면포를 깔아 수분 흡수. 뚜껑 닫기 전 키친타월을 덮어 보관

상태 안 좋은 채소는 따로 보관해 먼저 소비

빙수 기계 없이 팥빙수 만드는 법

어릴 적 하교 후 가장 먼저 들르던 곳은 학교 근처 큰아버지 댁이었다. 큰아버지 댁에는 손잡이를 빙글빙글 돌리면 얼음을 갈아주는 수동 빙수 기계가 있었고, 큰어머니는 그 기계로 늘 팥빙수를 만들어주셨다. 얼음 위에 우유를 살짝 붓고, 달콤한 팥과 젤리, 떡, 초코 소스를 얹어 건네주시던 손맛. 입에서 살살 녹는 그 시원한 맛은 어린 시절 여름의 가장 행복한 기억으로 남아 있다.

나는 여전히 팥빙수를 좋아한다. 하지만 여름 한철 쓰자고 집에 빙수 기계를 들이고 싶진 않아, 늘 카페에서 사 먹곤 했다. 그러다 몇 년 전 SNS에서 '기계 없이 팥빙수 만들기'가 유행하며 나도 집에서 빙수를 만들어 먹기 시작했다. 방법은 아주 간단하다. 우유에 연유를 섞어 지퍼백에 넣고 80퍼센트 정도만 얼린 다음 손으로 잘게 부숴 그릇에 담고, 그 위에 팥을 얹어 먹는 것.

또 다른 방법은 멸균우유팩(200밀리리터)을 그대로 얼린 뒤, 포장을 벗기고 칼로 잘라서 얼음처럼 사용하면 된다.

하지만 내가 가장 즐겨 쓰는 방법은 더 간단하다. 한살림 생협에서 판매하는 '우유 꽁꽁'이라는 유기농 우유 아이스크림을 활용하는 것. 일반 아이스크림보다 성분이 착하고 달달해서 빙수용으로 제격이다. 껍질을 벗긴 후 주방가위로 잘게 썰어 그릇에 담고, 한살림의 빙수 팥을 얹는다. 여기에 미숫가루나 콩가루, 그래놀라나 떡을 토핑으로 얹으면 완성. 충분히 맛있다.

밖에서 사 먹는 빙수보다 훨씬 간편하고, 성분도 안심할 수 있으

며, 양도 딱 1인분이라 남김 없이 다 먹는다. 그래서 여름이 오면 나는 예외적으로 냉동실에 우유 꽁꽁 다섯 개와 빙수 팥은 꼭 채워둔다. 아무것도 하기 싫은 여름날, 3분 만에 완성되는 홈메이드 빙수 맛은, 아무리 간소한 살림을 지향해도 절대 포기할 수 없는 여름 사치다.

루틴을 사랑하는 루티너

철학자 칸트는 매일 오후 3시 30분이면 산책을 나갔다. 그의 산책 시간은 워낙 정확해 동네 사람들은 칸트를 보고 시계를 맞췄다고 한다. 나에게도 칸트 같은 친구가 있다. 내가 한 달 살기 여행을 했을 때 머물렀던 에어비앤비 호스트 필립이다. 도착 첫날, 손님방 책상 위엔 그의 생활 루틴을 소개한 안내문이 놓여 있었다.

필립은 매일 아침 5시에 일어나 헬스장에서 운동을 하고, 집에 돌아와 스무디를 마신 후 샤워를 한다. 8시 전엔 정장을 차려입고 출근하고, 퇴근 후엔 간단한 식사를 하며 저녁 시간을 보낸다. 밤 10시 전엔 조용히 잠자리에 든다. 주말이 되면 친구를 만나거나, 정원 작업실에서 그림을 그리거나, 느긋하게 집에서 휴식을 즐긴다. 평일엔 단정하고 규칙적인 삶, 주말엔 여유롭고 자기다운 시간. 워라밸의 표본이었다. 망설임이나 미루기 따위는 찾아볼 수 없을 만큼 아주 간결한 동작으로, 필립의 하루는 똑같이 흘러갔다. 그때 알았다.

아, 루틴이 있다는 것은 하루하루를 심플하게 만들어 단정하게 정돈된 삶을 살아가도록 하는구나. 나도 원래 계획적인 편이었지만, 필립을 본 뒤 더 의식적으로 루틴을 실천하기 시작했다. 하루의 구조를 스스로 짜고 그 루틴대로 살아가는 삶은 나 자신에 대한 만족감과 자긍심을 안겨주었다.

아침에 일어나 이부자리를 정리하고 환기한 뒤, 욕실을 다녀와 세안과 스킨케어를 한다. 그다음 주방으로 가서 전날 설거지한 그릇을 정리하고, 커피를 내리는 동안 물 한 잔을 마신다. 이후 책상에 앉아 하루 중 가장 중요한 일부터 시작한다. 오전 9시가 되면 청소기를 돌리고, 운동을 다녀온 뒤 간단히 점심을 먹는다. 이후 남은 시간은 살림이나 외출, 독서, 또는 다시 원고 쓰기로 채워진다. 하루를 잘 살았다는 기분은 세 가지에서 온다.

1. 제일 중요한 일을 먼저 해내는 것
2. 우선순위대로 루틴을 지키는 것
3. 남은 시간은 편안하게 흘려보내는 것

이런 하루를 보내고 나면 밤엔 아무 걱정 없이 푹 잔다. "오늘도 잘 살았다"는 기분이 마음을 채운다. 루틴은 에너지 소모를 줄여주는 훌륭한 도구다. 반복적인 일상을 루틴화하면 선택과 고민의 횟수를 줄일 수 있다. 특히 살림에 루틴을 적용하면 삶이 훨씬 단순하고 쾌적해진다. 나의 일주일 청소 루틴은 이와 같다. 한자를 연상하면 기억하기 쉽다.

월(첫 시작): 현관, 베란다, 다용도실 바닥 청소

화(火): 불 쓰는 주방 청소

수(水): 물 쓰는 욕실 청소

목(木): 창문, 창틀, 방충망

금(金): 가전 제품 관리

토(土): 패브릭 관리 (침구, 소파, 커튼)

일(한 주의 끝): 휴식 또는 주간 청소 보충

밥하기 싫은 날, 나의 필살기 메뉴

아무리 주부라도 매일 삼시세끼 밥을 하다 보면 어떤 날엔 이유 없이 손 하나 까딱하기 싫을 때가 있다. 밥을 하기 싫어도 남편은 정해진 시간에 출근하고, 나도 밥은 챙겨야 하니 어쨌든 뭔가는 해야 한다. 외식이나 배달 음식을 좋아하지 않는 데다, 특히 배달 음식은 '밥 하기 싫어서' 시킨 날엔 괜히 더 맛이 없고 많이 남게 된다.

그럴 때 나는 고민 없이 간장계란밥을 만든다. 계란, 간장, 고소한 참기름만 있으면 되니 간단하고 빠르다. 갓 지은 쌀밥에 계란 프라이 1~2개, 간장 한 스푼, 참기름 한 스푼 넣고 수저로 쓱쓱 비벼 먹으면 끝. 어릴 적부터 익숙한 이 맛은 지금도 여전히 든든하고 맛있다. 아무리 지쳐도 밥솥에 밥 짓고 계란프라이 하나 정도는 할 수 있으니, 외식이나 인스턴트로 때우지 않았다는 데서 오는 작은 만족감이 나를 다시 살림으로 끌어올려준다.

"오늘은 그냥 간장계란밥 먹을까?"

이 말은 우리 부부 사이에서 "나 오늘 조금 힘들어"라는 신호로 통한다. 누군가 이 말을 꺼내면, 체력이 남은 쪽이 밥을 하고 다른 쪽은 설거지를 하며 따뜻한 한 끼를 챙긴다.

간장계란밥조차도 하기 싫은 날엔 '한살림 생협'의 간편식이나 밀키트를 애용한다. 다른 제품과 달리, 재료가 단순하고 대부분 국산을 사용하며 첨가물도 최소화되어 있어 집에서 만든 것처럼 믿고 먹을 수 있다.

448

반려 텀블러 하나로 충분하다

우리집엔 텀블러가 네 개. 각각 역할이 있고, 더 예쁜 신상이 보여도 참고 쓴다. 입은 하나인데, 굳이 여러 개를 가질 필요가 있을까? '반려 텀블러'라는 말이 괜히 생긴 게 아니다. 스테인리스는 220회, 플라스틱은 최소 50회 사용해야 친환경 손익분기점을 넘긴다. 공짜 텀블러를 거절하고, 진짜 마음에 드는 하나를 골라 오래 쓰는 것. 그게 진짜 지속가능한 소비다. 관리만 잘 하면 10년도 거뜬하다.

- 올바른 세척법
  일반 주방세제로 부드럽게 세척
  사용 직후 세척 & 완전 건조 필수
  고무 패킹 분리해서 구석구석 닦기
  우유 음료 후엔 반드시 고무패킹 세척
  커피 얼룩·냄새 → 과탄산소다+뜨거운 물

- 넣으면 안 되는 것들
  짠 음식, 탄산음료는 금물: 스테인리스 내부에 손상 및 변질 위험
  스테인리스엔 물·커피·차만 담는 습관 추천

- 장시간 방치하지 않기
  외출 후 돌아오면 바로 세척
  음료가 남아 있어도 하루 이상 보관은 피하기

• 부속품만 교체해서 오래 쓰기

고무 패킹 등은 별도 구입 가능 여부 확인

브랜드 선택 시 부속품 교체 가능한지 먼저 체크하기

• 텀블러를 쓰고 현금 적립하기

'탄소실천포인트' 제도에 가입하면, 프랜차이즈 카페에서 텀블러를 이용하여 음료를 구입할 때마다 300원씩 인센티브 적립이 된다. 한 달간 적립된 돈은 매달 말일이 되면 통장에 입금된다. 게다가 카페에서 텀블러를 사용하면 100~400원씩 할인도 된다. 텀블러 이용 말고도 전자영수증 발급, 다회용기 사용 시에도 인센티브 현금이 적립되니 관심 있는 분들은 참고하시길. (https://www.cpoint.or.kr/netzero/main.do)

물건을 살 때 생각하는 3가지

10년 넘게 미니멀 라이프를 실천하며 살다 보니 소비에 대한 나만의 가치관이 생겼다. 강연이나 SNS를 통해 자주 듣는 질문 중 하나는 이것이다. "미니멀 라이프 하시면서 사고 싶은 물건이 생기면 어떻게 하세요?" 결론부터 말하자면, 참는 일은 없다. 다만 수많은 시행착오를 겪으며 자연스럽게 소비 전의 '생각'이 깊어졌을 뿐이다. 물건을 사는 것도, 물건을 쓰는 것도, 그리고 물건을 버리는 것도 언제나 현재의 나를 중심에 놓고 생각한다. 그러면 명확해진다. 어떤 물건을 사고, 어떤 물건을 사용하며 살아야 할지. 지금의 나는 다음 세 가지 원칙을 떠올린다.

영원한 건 없다

'이 옷은 10년 입어야지' '이 가방은 딸에게 물려줘야지' 같은 생각으로 구입하는 물건은 애초에 감당이 어렵다는 신호다. 옷은 체형이 바뀌면 못 입고, 유행은 언제든 변한다. 지금 당장 나에게 필요한가? 그것만이 기준이 된다.

취향은 변한다

오늘은 원목 가구가 좋아도, 내일은 스테인리스가 더 좋아질 수 있다. 계절이 바뀔 무렵 대형 세일이 들어가도, '내년의 내가 이 옷을 좋아할까?'라는 물음에는 답할 수 없다. 100만 원짜리를 20만 원에 산다는 건 80만 원을 아끼는 게 아니라, 20만 원을 내다 버리는 셈이 될 수도 있다.

오늘이 중요한 날이다

'너무 예뻐서 아껴 쓰는' 물건은 결국 제대로 못 써보고 버리는 일이 많다. 비싼 커피잔과 접시는 손님 올 때만 꺼내는 게 아니라, 모닝커피 마실 때 매일 쓰는 것이 맞다. 예쁜 옷도 중요한 날을 기다릴 게 아니라, 오늘 입고 오늘을 중요한 날로 만드는 편이 현명하다.

우리의 삶을 바꾼 최고의 소비

풀옵션 가전이 구비되어 있는 집에서 살다가 처음으로 아무런 옵션이 없는 아파트로 이사 왔을 때 사실 멘붕이었다. 독립해서 내 살림을 꾸리는 결혼 생활을 5년 넘게 해왔지만, 내 소유의 가전제품을 사본 경험이 없어서 당최 뭘 사야 할지 몰랐기 때문이었다.

세탁기 없이도 살 수 있지 않을까? 이런 생각으로 한 달간 코인 세탁방을 이용해봤다. 그 결과는 참담했다. 한 번 세탁과 건조하는 데 1만 5천 원가량이 들었고, 돈 좀 아껴보겠다고 건조를 생략하면 무거운 젖은 빨래를 들고 오느라 어깨가 욱신거렸다. 집 안 곳곳에 널린 빨래를 마르고 나면 개고, 또 개고…. 빨래가 곧 하루 일과가 되어버렸다.

결국 세탁기와 건조기 일체형 제품을 들였다. 결혼 후 처음 구입한 고가 가전이었다. 기대한 것보다 훨씬 만족스러웠다. 특히 건조기는 '가전으로 삶의 질이 달라질 수도 있구나'를 깨닫게 해줬다. 수건이 보들보들해졌다. 옷에 묻던 먼지가 사라졌다. 장마철 퀴퀴한 냄새에서 해방되었다. 이불 빨래는 더 이상 '날씨와 싸우는 일'이 아니다.

그동안 최신 가전에는 늘 "그거 없어도 잘 살았는데…" 하는 마음이 앞섰다. 그러나 직접 써본 후 생각이 달라졌다. 건조기는 우리의 살림을 덜어주고, 삶을 가볍게 해준다. 매년 남편과 함께 뽑는 '올해의 최고의 소비' 1위는 언제나 건조기다. 건조기 덕분에 빨래에 대한 고민과 걱정에서 완전히 해방된 삶을 산다.

이것만은 무슨 일이 있어도 해야 하는 일

아침에 자고 일어난 이부자리를 정리하는 것과 오전 중에 집 안 청소기를 돌리는 일은 내가 매일 하는 살림 루틴이다. 가볍게 손으로 탁탁 쳐서 먼지를 털어낸 베개를 침대 위에 가지런히 놓고 헝클어지고 구겨진 이불을 활짝 펼쳐 구김 하나 없이 말끔하게 정리해둔 침대를 보는 일은 언제나 기분이 좋다.

흐트러진 물건들을 제자리에 정리해주고, 온 방 안을 돌아다니며 청소기를 돌린 뒤 청소기 필터에 쌓인 먼지까지 비우고 나면 내 마음까지 깨끗해진다. 굴러다니는 먼지 하나 없이 말끔한 집 안, 호텔처럼 단정하게 정리된 침실을 보면, '자, 이제 오늘 하루를 제대로 시작해볼까'라는 의욕이 생긴다. 산뜻한 시작이다.

사람마다 기본이라고 생각하는 게 있을 것이다. 최소한 이것만큼은 무슨 일이 있어도 해야 하는 일. 혹은 이 정도는 해줘야 날마다 흔들리지 않고 나를 지켜낼 수 있다고 믿는 일. 나에게 있어 기본은 내가 자고 일어난 자리를 정리하는 일, 내가 머무는 공간을 깨끗이 청소하는 일이다. 최소한 이 정도의 기본은 매일 유지하자는 마음으로 아침부터 부지런히 움직인다. 기본이라는 것은 기분에 따라 내가 내키는 대로 할 때도 있고 안 할 때도 있는 게 아니니까. 그만큼 중요해서 기본인 거니까.

자기 전 매일 같은 곳을 청소하는 이유

마지막 저녁 식사를 마치고 나면 설거지를 하면서 하루 종일 요리해서 먹고 마시고 했던 싱크대까지 설거지하듯 청소한다. 수전부터 싱크대 안쪽과 바닥, 거름망, 수챗구멍 안까지 모두 싹싹 문질러 닦고 헹군다. 마지막으로 싱크대 상판과 벽, 가스레인지까지 알코올을 뿌려 행주로 닦아내고 나면 하루치 고생한 주방이 문을 닫는다. 평소 매일 저녁마다 똑같은 방식으로 마무리 청소를 하기 때문에 찌든 때가 없어 5분 안쪽이면 금세 마친다.

그리고 자기 전에는 늘 거실을 '아무것도 없는 상태'로 세팅 해둔다. 테이블 위의 책과 물잔, 컵 자국, 너저분한 볼펜꽂이, 노트북 등을 제자리에 둔다. 어차피 그다음 날에도 똑같이 꺼내 쓸 물건들이지만, 아침에 단정한 거실 풍경을 마주할 때, 그 상쾌한 기분으로 시작하는 하루의 질이 다르기 때문이다. 곧 얼마 안 가 다시 어지러워질지라도 말이다.

언젠가 남편에게 물었다. "여보, 삶은 뭐라고 생각해?" 빨래 개고 있던 남편은 주저 없이 말했다. "삶? 무너트리고 다시 쌓는 과정의 반복이지." 그 말이 좋아서 오래도록 마음에 담아두고 살았다.

살림 역시 그런 것 같다. 무너트리고 다시 쌓는 과정의 반복. 곧 더러워질 것을 알지만 치우고, 다시 치워야 할 것을 알면서도 어지르는 것. 그런 반복이 곧 살림이다. 그러니 나는 여전히 매일 자기 전 주방을 닦고 거실을 비워둔다. 고단한 하루를 시작할 내일의 나에게 주는, 오늘 나의 선물인 셈이다.

미니멀 서류 정리법

예전엔 다양한 서류와 문서, 보험 증서 등을 보관하느라 책장 한 칸을 다 썼는데 이제는 책장의 한 뼘 정도의 공간만 있어도 충분하다. 자기만의 규칙을 정하고 한 번 제대로 정리해두면 그다음부터는 어렵지 않다. 가족들과 서류 정리 규칙을 공유해두면 찾을 때마다 서로를 탓하지 않을 수 있다.

우리집의 서류와 문서는 파일 하나와 서류 박스 하나가 전부다. 몇 년에 걸쳐 체계적으로 비워내며 정리를 했고, 이제는 주기적으로 연말이나 연초에 한 번씩 비워내고 채우며 살고 있다. 각각의 서류 파일이 규칙적으로 정리되어 있어 남편도 나도 필요한 서류가 있을 때마다 알아서 쏙쏙 쉽게 찾아 쓴다.

1. 아주 중요하거나, 영구적인 보관이 필요한 서류는 갈색 중요 서류 파일에 보관한다.
2. 그 외의 서류, 문서 보관은 화이트박스에 보관한다.
3. 단기적으로 확인 후 버리게 될 문서는 그냥 눈에 보이는 곳에 올려둔다. (예: 테이블 위)
4. 연말이나 연초에 화이트박스를 꺼내어 비울 문서를 추려내며 버린다.

특히 더 이상 필요 없는 서류와 문서를 비우는 과정이 굉장히 중요하다. 주기적으로 비워내지 않으면 매해 서류는 늘고, 그 양이 점점 비대해지면서 정리 자체를 포기하게 된다.

- 갈색파일

중요 서류 보관. 우리 부부의 재산, 신상, 보험, 커리어 관련 문서 등 영구적으로 가지고 있을 필요가 있는 문서를 보관한다. 내부는 집 / 차 / 보험 / 신상 / 남편커리어 / 아내커리어, 이렇게 섹션별로 정리를 해두었다.

- 화이트박스

중요 서류 외의 모든 서류를 보관하는 박스다. 가입한 보험 상품 설명서, 보험 약관 / 가장 최근의 종합검진 결과 서류 / 남편과 연애 시절부터 주고받은 편지 / 관리비, 공과금 관련 서류 / 병원 진료 내역서, 영수증, 상세내역서 등

이따금 남편이나 지인에게 받게 되는 카드와 편지 등은 그해에 쓰고 있는 다이어리의 뒤쪽 포켓 안쪽에 보관한다(업무상 받게 되는 명함들도 이곳에 보관한다. 보통은 핸드폰에 저장해두니까). 덕분에 매년 쓰던 다이어리 안에는 그해에 주고받은 편지, 카드, 명함, 사진 등이 함께 보관된다. 5년간 소중히 간직하고 있다가 처분한다.

1. 주기적으로 문서들을 비우고 새로 추가되는 서류들은 잘 정리해서 넣는다.
2. 이 하나의 박스 이상의 서류 보관은 되도록 지양한다.
3. 5년 이상 가지고 있지 않는다.

간단해서 기특한 청소법

살림을 하다 보면 들이는 시간에 비해 결과가 만족스럽지 못할 때가 종종 있다. 가령 아무리 설거지를 해도 김치 냄새가 빠지지 않는 반찬통이 그렇고, 애써 수세미로 박박 닦았는데도 기름때가 지워지지 않는 주방 환풍기 필터가 그렇다. 이럴 때 필요한 건 똑똑한 살림 선배님들로부터 전해져 내려오는 지혜. 그냥 무작정 청소하는 것보다 훨씬 편하고 쉽게 할 수 있는 방법 몇 가지를 공유해보고자 한다.

냄새나는 김치통

강하게 내리쬐는 햇볕에 말린다. 김치 냄새에 따라서 하루이틀이 아니라 사나흘 이상 볕 아래 두어야 하는 경우도 있지만, 어쨌든 대부분의 냄새는 햇볕에 말라 다 날아간다. 김치 냄새뿐만 아니라 여러 가지 강한 반찬 냄새에도 효과가 있다.

주방 환풍기 필터

자주 닦아주면 흐르는 물에 설거지 하듯 씻어내도 금방 닦이지만, 이미 묵은 때가 굳어진 필터는 쉽지 않다. 이럴 땐 필터가 다 들어갈 만큼 큰 지퍼백 안에 뜨거운 물과 주방세제, 탄산소다를 녹여 필터를 넣고 때를 불려주면 좋다. 이후 기름때가 어느 정도 제거된 필터를 안 쓰는 칫솔이나 수세미로 살살 문지르면 말끔하게 세척된다. 탄산소다만 넣어도 괜찮다.

태운 냄비

수세미에 베이킹소다를 듬뿍 묻혀서 태운 부분을 문지르면 탄음식이 벗겨지면서 잘 닦인다. 윤기가 사라지고 물자국이 생긴 스테인리스 주방 제품들을 같은 방식으로 닦으면 반짝반짝 빛이 날 정도로 깨끗해진다.

주방의 기름때 제거

기름기 많은 고기를 한번 굽고 나면 주방 싱크대와 벽, 가스레인지, 바닥까지 기름때로 초토화되곤 한다. 행주로 그냥 닦아내면 쉽게 안 지워지는 기름때는 물에 희석한 에탄올 스프레이를 만들어 흥건하게 뿌려주고 마른 행주로 닦으면 깔끔하고 쉽게 닦을 수 있다. 에탄올 대신 소주를 써도 좋다.

자기만의 방을 갖는다는 것

결혼하고 5년차가 되어서야 나는 나만의 방을 갖게 되었다. 사실 방 2개와 거실 겸 주방 하나로 이뤄진 10평 조금 넘는 우리의 집에서 오롯이 나만을 위한 공간을 갖는다는 건 불가능했다. 불만은 없지만 줄곧 아쉬움은 있었다. 때로는 혼자 조용한 공간에서 쉬고 싶고, 살림이 보이지 않는 독립된 공간에서 개인적인 일을 하고 싶은 마음도 컸으니까.

그런 아쉬움이 커지던 찰나, 우리 부부의 옷장이 있는 방에 나의 책상을 넣어보는 건 어떨까 싶었다. 옷을 고를 때 외에는 잘 안 들어가는 방이라 이참에 내 방으로 쓰면 좋겠다 싶었다. 그런데 옷장들 사이에 덩그러니 테이블 하나 넣고 앉아 있으려니 독립적인 공간 같은 느낌이 들지 않았다. 문득 커다란 옷장을 가운데에 배치하여 방을 쪼개는 아이디어가 떠올랐다. 옷장을 기준으로 절반은 옷방으로, 절반은 내 방으로.

나의 부탁에 흔쾌히 옮겨주는 남편이었지만, 방이 이게 뭐냐며 곧 빵 터졌다. 그런데 나는 마음에 쏙 들었다. 무려 5년 만에 갖게 된 나만의 방이었으니까.

옷장 뒤편으로 걸어 들어가면 책상과 의자 하나를 둘 수 있는 작은 공간이 생겼다. 작고 귀여워서 더 소중한, 오직 나만을 위한 방. 의자에 앉으면 맞은편 벽과 창밖 외에는 시야에 들어오는 것이 없었다. 충분히 아늑했다.

그 작은 공간에서 나는 매일 나만의 시간을 보냈다. 이른 아침엔 커피 한 잔 들고 들어가 책을 읽고 글을 썼고, 나른한 오후에는

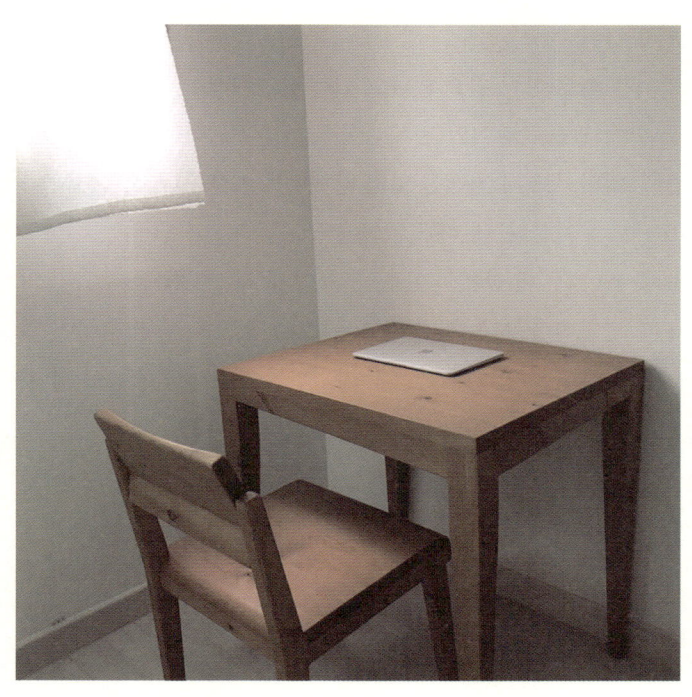

드라마도 봤다. 꽃을 사 오는 날엔 한 송이 꽂아두고, 바람이 불면 창문을 열어두기도 했다. 그곳에서 두 권의 책을 썼고, 에세이스트라는 이름도 얻었다.

어느 날 남편도 자기만의 방을 갖고 싶다고 했다. 책상 위를 싹 치우고 노트북을 올려주며 말했다. "여기가 이제 여보만의 공간이야." 다음 날부터 남편은 오전 8시만 되면 그 방으로 들어갔다. 처음엔 한두 시간 투자 공부만 하더니 요즘은 꽤 오래 머문다. SNS도 하고 책도 읽고, 게임도 한다. 가끔 내가 옷 정리를 하다 책상 위에 옷가지를 올려두면 그 즉시 나를 부른다. 여긴 자기 공간이니까 올려두지 말라고.

자기는 따로 방이 필요 없다고 했던 남편에게도, 비로소 자기만의 방이 생긴 순간이었다. 나만의 공간을 갖는다는 것은 여러 역할을 하면서도 나 자신을 잃지 않겠다는 마음이다. 가족 누구나 드나드는 거실과, 내 허락 없인 누구도 들어오지 못하는 나만의 방에 있는 건 내 안에서 아주 큰 차이다. 하고자 하는 행위의 의도도 달라진다. 가족에서 '나' 자신으로. 앞으로 남편의 삶이 얼마나 풍성해질지 기대가 된다. 자기만의 생각과 목소리도 더 깊어질 테고, 쉽게 흔들리지도 않을 것이다.

우리는 이 원고를 쓰는 시점에서 일주일 뒤에 새 집으로 이사를 간다. 결혼 7년 만에 갖게 되는 자다. 이사 후 가장 기대되는 것도 역시나 나만의 방이다. 옷이나 침대와 공간을 공유하지 않고 오직 나를 위한 방을 만들 수 있다. 거창한 무언가를 하려는 게 아니라, 그냥 내 방이 갖고 싶은 거다. 책상과 의자만 있어도 좋다.

누구에게나 자기만의 방은 필요하다. 한 뼘 크기의 공간이라도, 집과 일터를 벗어난 제3의 공간이라도 품을 수 있기를 바란다.

심플한 돈 관리

물건은 최소한으로, 살림은 간단하게 하는 것을 좋아하는 나는 돈 관리 역시 심플한 시스템으로 유지하는 것을 선호한다. 쉽고 간단하게 관리할 수 있어야 꾸준히 지속할 수 있기 때문이다. 눈을 감으면 훤히 그려지는 우리집의 자산 현황. 수입과 지출의 규모, 뚜렷하게 보이는 돈의 흐름을 만들기 위해 몇 년에 걸쳐 꾸준히 단순화시키는 작업을 해왔다.

예전에는 적금 이율이 조금이라도 더 높은 은행을 찾아 다니느라 시간을 많이 빼앗겼다. 신용카드와 체크카드의 혜택을 받기 위해서 사용 실적을 맞추느라 에너지도 많이 소모했다. 이번 달에는 장을 어디에서 얼마나 봤는지, 커피는 얼마나 많이 사 마셨는지 구구절절 꼼꼼한 가계부를 쓰느라 날마다 고생이었다. 예기치 못한 지출을 했는데 내가 작성해온 가계부 항목 어디에도 들어가지 않는 내역이면 또 다른 새로운 항목을 개설하느라 진땀을 뺐다. 한마디로 내가 돈에게 관리당하며 살았다. 돈은 언제나 복잡한 게 당연한 거라 여겼다. 그러나 복잡하고 어렵다고 느꼈던 살림이 오히려 덜어내고 나니 더 재밌고 만만해졌던 것처럼 돈 관리도 비슷했다. 가계부의 항목을 덜어내고 필요 없는 통장과 카드는 해지하면서 간결하게 만들어나가니 돈 관리가 조금 편해졌다.

가장 중요하게 생각하는 것은 지출 패턴. 무조건 단순한 것을 선호한다. 그래야 매달 결산하기도 쉽고, 머릿속에 돈의 흐름이 쉽게 그려져서 수중에 있는 돈을 내가 잘 컨트롤하고 있다는 '돈 관리'에 대한 자신감이 생기기 때문이다.

우리집의 통장과 지출은 세 가지로 나뉘어져 있다. 숨만 쉬어도 나가는 필수 지출인 고정지출과 식비와 생필품 비용을 비롯해 생활하며 쓰이는 생활지출. 그리고 경조사, 여행 등 갑작스럽게 발생되는 이벤트 지출을 책임지는 특별지출(연간비). 고정지출, 생활지출, 특별지출(연간비) 이렇게 세 가지로 분류된 지출은 각각의 통장이 있고, 각 계좌별로 연결한 카드를 이용하여 소비 지출을 한다.

남편의 월급날이 되면 제일 먼저 월급통장에서 그 달의 저축 금액을 뚝 떼어내어 적금 통장과 주식 계좌로 이체한다. 그리고 한 달의 생활비 예산을 생활지출 통장으로 이체한다. 그다음 월급 통장에는 고정지출 비용만 남겨두고 남은 월급을 모두 특별지출 통장으로 이체한다. 특별지출 통장은 비상시 꺼내 쓰기 위한 비상금 명목도 있어서 언제나 잔고를 500만 원 정도를 유지하도록 관리한다. 만약 잔고가 500만 원 이상이 넘을 만큼 쌓이면 남은 금액은 적금 통장이나 주식 계좌로 이체한다.

월급날이 되면 항상 이 패턴으로 돈을 움직이고, 다음 월급날이 될 때까지 각각의 통장 안에 있는 돈으로 한 달을 살아간다. 몇 개월만 시도해보면 저절로 예산 생활이 유지되면서 애써 가계부를 쓰지 않아도 우리집 돈의 흐름이 보이기 시작할 것이다. 돈 관리는 가급적 심플하게, 덕분에 남는 시간과 에너지는 돈 공부에 쓰고 있다.

돈 정리부터 시작하기

빨간 지갑을 사면 돈이 잘 들어온다! 장지갑을 쓰면 부자가 된다! 이런 말들이 유행하던 때가 있었다. 이런 말을 흘려듣는 사람이 있는가 하면 귀를 쫑긋 세우고 진지하게 받아들이는 사람도 있다. 나는 후자다.

빨간색 지갑을 쓰면 돈이 잘 들어온다고 해서 대학교 입학 기념으로 빨간색 지갑을 사서 썼다. 그다음엔 '비싼' 장지갑을 쓰면 부자가 된다고 해서 직장 생활을 하면서 명품이라고 일컫는 브랜드의 장지갑을 썼고. 심지어 현금을 두둑하게 넣고 다녀야 좋다고 해서 20~30만 원씩은 늘 넣고 다녔다.

지폐는 지갑 안에서 편히 쉴 수 있게 가지런히 넣고 다녀야 한다고 해서 일렬종대로 지폐 금액에 따라 선생님들 얼굴이 착착 보일 수 있게 정리해서 다니기까지 했다. 책에서 말하는 대로 모범생처럼 잘 지키고 따르는 사람이 바로 나였다. 그 덕분에 실물로 만져지는 돈을 귀하게 대하고 지갑 안을 깨끗하게 정리하면서 돈을 소중히 대하는 태도를 배울 수 있었다.

지금 5년 정도 쓰고 있는 지갑은 똑딱이로 여닫는 방식의 카드 지갑이다. 중지갑→장지갑→지갑 없는 생활을 거쳐 나의 소비 패턴과 가장 잘 맞는 카드 지갑으로 정착했다. 한 손에 착 감기는 작은 크기로 가방 없이 지갑만 들고 다니기에도 부담이 없다. 지갑에는 꼭 필요한 것들만 넣고 다닌다. 영수증과 포인트 카드는 따로 모으지 않고, 사진과 추억의 편지도 넣어두지 않는다. 내게 지갑은 오직 신분 확인과 돈을 위한 공간. 신분증과 도서관

대출증, 지출을 위한 카드 세 장을 들고 다닌다.

- **고정지출 신용카드**
  모든 고정지출이 달에 한 번 결제되는 카드. 매달의 고정지출로 신용카드 실적이 충족되어 교통/커피/영화 등을 할인 받아 쓰고 있다. 신용카드 결제일을 14일로 설정해두면 전월 1일~말일까지의 카드대금이 빠져나가는 거라 전월 실적 체크하기도, 돈 관리하기에도 편하다.

- **생활비 체크카드**
  실적 상관 없이 1퍼센트 포인트 적립되는 체크카드로 생활비 지출을 한다. 매월 생활비 통장 안에 있는 금액만큼 써야 하니 자연스럽게 지출 통제가 이뤄진다.

- **연간비 신용카드**
  실적 상관없이 항공 마일리지가 쌓이는 신용카드로 고정/생활지출 외의 소비를 할 때 쓴다.

결제 수단을 최소화하면 소비 생활도 단순해지는 효과가 있다. 늘 돈이 들고 나가는 지갑 속을 정리하고, 수입과 지출 항목에게 제자리를 만들어주면 직관적으로 나의 소비 패턴이 눈에 보인다. 단정해진 재정 상태가 좋아서 혹은 한눈에 보이는 나의 소비 패턴을 반성하게 되어 중구난방 흥청망청 쓰고 싶지 않아진다. 이런 이유로 나는 오프라인에서 지출할 때도 모바일/페이 결제도 하지 않는다. 할인 혜택이나 적립 혜택에 따라 자주 새로운

카드를 발급하고 여러 장의 카드를 쓰는 방식 또한 좋아하지 않는다. 당장은 카드사에서 주는 혜택을 받지 않는 데서 오는 손해가 아까운 것 같지만, 언제나 일관된 방식으로 돈을 관리하는 데서 오는 낭비 없는 생활과 자연스러운 절약이 주는 이익이 훨씬 크다. 미니멀한 소비 생활의 시작은 지갑 정리라고 할 수 있다.

가계부 생활

나는 매일 일기 쓰듯 가계부를 쓴다. 가계부는 내가 어디에서 돈을 벌고 어디에 돈을 쓰는지를 착실한 비서처럼 정확하게 알려준다. 적나라하게 드러나는 숫자 앞에서 낱낱이 파헤쳐지는 나의 소비 습관을 똑바로 들여다보는 것은 돈을 잘 벌고 잘 쓰고 잘 모으고 싶다면 꼭 필요한 과정인 것 같다. 어깨를 으쓱하게 된다면 잘 하고 있는 거고, 보는 사람이 없는데도 괜히 부끄러워진다면 그건 곧 나의 소비를 반성해야 할 타이밍인 것이다.

수입 지출이 생길 때마다 가계부 앱을 켜고 기록한다. 가계부 앱은 10년 넘게 편한가계부 유료 버전을 쓰고 있는데, 자산관리/수입지출관리/항목별 결산을 한눈에 볼 수 있어서 편리하다.

매달 말일에는 노트북을 켜고 엑셀 가계부에 월간 결산을 한다. 엑셀 가계부는 프로그램을 잘 만지는 분들이 보기에는 너무 엉성할 정도로 어설프지만, 내가 직접 만들어서 몇 년째 내 입맛에 맞게 고쳐 쓰는 홈메이드다. 연간 양식을 이용하여 한 페이지에 1년치를 한눈에 볼 수 있도록 하고, 항목별 연간 예산을 설정해두고 매달 남은 연간 예산을 계산하며 월간 예산을 정하고 피드백 하고 있다.

가계부 항목은 가급적 단순화한다. 그저 이 돈이 어디에서 왔고 어디로 갔는지 그 꼬리표를 명확하게 알 수 있을 정도로만 체크한다.

〈수입 항목〉

- 근로 소득: 일해서 버는 돈
- 시스템 소득 : 자산이 벌어오는 소득
- 부수입 : 누군가 베풀어준 소득

현재는 젊어서 근로 소득이 가장 많지만 미래에는 시스템 소득의 항목과 비중을 늘리는 방향으로 계획하고 노력하며 살고 있다. 부수입은 누군가 내게 베풀어준 것이므로 언제나 감사한 마음으로 기록한다.

〈지출 항목〉

- 고정지출 : 주거, 보험, 통신비, 부부 용돈(각각)
- 생활지출 : 식비, 자동차, 주유비, 교통비, 생필품, 의료, 기타
- 특별지출 : 풍요지출(부부를 위한 돈), 나눔지출(타인을 위한 돈)

우리집의 독특한 지출 분류 방식이 있는데 바로 특별지출이다. 우리 부부를 위한 지출(풍요지출)과 타인을 위한 지출(나눔지출)로 나누어 기록한다. 풍요지출은 부부의 품위 유지비, 여가 생활, 운동비가 있겠고, 나눔지출은 양가 부모님 용돈, 경조사, 식사 대접, 기부금 등이 해당된다.

항목을 보면 알다시피, 특별지출은 먹고사는 데 꼭 필요한 생존형 지출이 아니다. 그보다는 인생을 보다 풍요롭게 살기 위해 쓰는 돈이다. 필수 지출이라기보다는 욕구 지출에 가깝다고 볼 수 있다. 그래서인지 절약해야겠다는 생각을 하면 제일 먼저 지갑을 닫게 되는 지출 항목이기도 하다. 하지만 역설적으로 내가 돈

을 쓰며 느끼는 행복은 대개 이곳에서 나오는 경우가 많았다. 부모님께 드리는 용돈, 친구들과 함께하는 밥 한 끼, 남편과 떠나는 여행, 새 원피스 쇼핑….

그래서 고민 끝에 이 항목들을 생활비에서 분리시켰다. 1년 예산을 세워두고 그 안에서만큼은 마음껏 쓰며 행복을 누리자는 마음으로 '특별지출'이라는 이름을 붙여서 관리한다. 부부 각자의 품위 유지비 연간 한도를 정해놓고 옷이나 신발 등을 사고 싶을 때면 서로 눈치 안 보고 각자의 연간 한도 내에서 자유롭게 지출한다.

양가 부모님께 드리는 비용도 각각 부모님 통장을 분리해서 관리, 매년 연간 한도를 정해놓고 그 안에서 자유롭게 쓴다. 1년간 쓰고 남은 돈은 다음 해로 이월해서 쓰고 있다. 나이 들수록 부모님께 드는 비용은 의료비 등 점점 더 많아질 수밖에 없으니 젊을 때부터 조금씩 적립하며 쌓아두고 있다. 양가에 선물을 드리고 싶을 때면 부부가 서로의 눈치 보지 않고 통장 내에서 자유롭게 쓸 수 있으니 덕분에 가정이 화목하다.

긴축 재정에 들어가는 해에는 항목별 연간 한도가 줄어드는 경우도 발생하지만, 어쨌든 소비를 완전히 통제하는 건 아니기 때문에 큰 어려움은 없다. 오히려 예산이 줄어들면 줄어든 대로, 많아지면 많아진 대로, 상황에 맞춰 금액에 맞춰 어떻게 하면 더 행복하게 소비할 수 있을까 부부가 서로 머리를 맞대고 궁리한다. 돈 관리가 게임처럼 나날이 재밌어진다.

예산 안에서 먹고사는 삶

생활비 관리에서 가계부 쓰는 것만큼이나 중요한 것은 예산 짜기다. '이만큼 벌고 이만큼 썼습니다' 하고 기록하는 것만으로도 의미 있겠지만, 진정한 돈 관리는 '이만큼 벌어서 이만큼 쓰겠습니다' 하고 나의 한도를 스스로 정하며 그 한도를 지키는 과정에서 시작된다. 소비에 끌려가지 않고 내가 나의 돈을 컨트롤하며 살아갈 수 있을 때 비로소 액수와 상관없이 '돈이 부족하다는 마음'에서 벗어날 수 있다.

나는 몇 년째 예산 생활을 하고 있다. 예산 내에서만 먹고산다. 매년 연초에 새해 목표를 세우며 재정 계획과 함께 연간 예산을 짠다. 그 연간 예산을 12로 나누어 월간 예산을 만들고, 월 예산으로 한 달을 산다. 매달 금액이 조금 들쭉날쭉 해도 1년 예산 안에서 융통성 있게 조절하면서, 결과적으로는 1년치의 예산 안에서 먹고산다.

예산을 짜는 이유는 아주 단순하다. 내가 가진 돈은 한정되어 있고, 나는 그 돈을 보다 잘 쓰고 싶기 때문이다. 한정된 돈 안에서 미래를 위해 저축도 해야 하고, 당장 생활도 해야 하고, 여행도 가고 싶으니까 나의 필요와 욕구에 맞춰 우선순위를 정하고 돈을 잘 분배한다. 그것이 예산의 역할이다. 그렇게 분배한 규모에 맞게 돈을 잘 쓰기만 한다면, 남은 돈은 저절로 모인다. 애쓰지 않아도 통장에 돈이 쌓이는 생활을 경험하게 된다.

이번 달 식비 예산이 3만 원 남아 있는 우리집의 예를 들어보자면, 오늘 남편이 치킨 먹고 싶다고 해서 2만 4천 원을 지출하고 치킨을 사 먹었다. 치킨 사 먹고 나니 남은 예산은 6천 원. 오후에 남편과 산책길에 나가서 맥주와 아이스크림을 구입하고 5천 원을 더 지출했다. 식비 예산은 이제 천 원이 남았고 이번 달의 마지막 날인 내일은 자연스럽게 무지출 확정이다. 텃밭에서 수확해 온 감자가 집에 잔뜩 있으니 이걸로 뭘 해 먹으면 좋을지 궁리해볼 예정이다. 만약 먹고 싶은 게 있다면 이틀 뒤에 시작되는 새 달에 사 먹으면 된다. 예산 안에서 '여기까지만 써야 돼!'라는 통제의 마음보다는 '이 안에서 자유롭게 쓰자'는 마음으로 생각의 전환을 조금만 하면 예산 생활이 즐거워진다.

지출뿐만 아니라 수입 역시 예산을 정해놓으면 다달이 꼬박꼬박 들어오는 월급에 더 큰 감사를 느끼게 되고 그 외의 돈을 더 버는 것이 얼마나 힘든 일인지도 알게 된다. 푼돈이 푼돈처럼 느껴지지 않는 순간이 온다. 꼭 필요한 곳, 좋아하는 곳에 돈을 잘 쓰기 위해 애초에 내게 가치가 없는 곳엔 돈을 안 쓰고 싶어진다. 분명 이전과 버는 돈은 같은데, 쓰는 방향과 한도가 생기면서 마음에 여유가 생긴다. 예산 생활의 큰 장점이다.

자급자족 텃밭 라이프

도심 속에서 텃밭을 가꾼 지 만 3년이 지났다. 처음 시작은 코로나 시기에 마음 붙일 곳 없이 답답하고 자연이 고픈 감정이었다. 영화 〈리틀 포레스트〉를 보면서 대리만족만 하다가 '못 할 게 뭐야, 나도 할래!' 조금은 충동적인 마음으로 텃밭을 시작했다. 힘들 것 같아서 하기 싫다는 남편을 설득해서 집 근처 주말농장을 계약했다. 1구좌, 5평짜리 텃밭, 1년 사용료가 15만 원이었다.

텃밭과 농사에 관한 배경지식 하나 없이 무턱대고 해맑게 시작했다. 오히려 몰라서 더 즐거웠다. 소꿉놀이 하듯 남편과 함께 땅을 파고, 비료를 섞고, 씨앗을 심고, 싹이 트는 걸 기다렸다. 새싹이 나오고 줄기가 커지고, 꽃이 피고 열매를 맺는 그 과정을 땀 흘리며 겪어냈다. 마치 한 편 한 편의 드라마와 같았다.

만나고 싶은 사람 못 만나고, 가고 싶은 곳 못 가고, 하고 싶은 것들을 마음껏 하지 못하는 제약 속에서 마음이 울적할 때마다 나는 자전거를 타고 텃밭으로 갔다. 그곳에서 종일 부드러운 땅을 밟고 촉촉한 흙을 만지고 새소리를 들으며 푸성귀를 수확했다. 허리를 굽히고 앉아 무아지경으로 잡초를 뽑다가 집에 가는 길에 토마토를 따서 대충 바지에 쓱 닦아 한입 베어 물 때면 언제 울적 했냐는 듯 마음이 단순한 기쁨으로 찬찬히 차올랐다. 텃밭은 나만의 섬, 나만의 작은 위안, 나만의 리틀 포레스트였다.

봄에서 여름, 여름에서 가을이 되면서 텃밭에서 직접 가꾼 채소들이 우리집 식탁 위에 자주 오르기 시작했다. 농사일이 익숙해질수록 텃밭에서 기르는 작물의 종류가 많아졌고 장바구니 들고 마트에 가는 일이 줄어들었다. 집에서 직접 만들어 먹는 것들이 늘었고, 자연스럽게 식비가 줄었다.

먹거리는 마트가 아니라 땅에서 온다는 아주 단순하고도 당연한 깨달음을 얻은 뒤로, 나는 식비를 줄이고 우리집 먹거리의 자급률을 높이는 데 적극적으로 노력했다. 이따금 관성적으로 마트에 장 보러 갔다가도 텃밭에 가면 먹을 수 있는 것들이 수두룩한데 그걸 돈 주고 사려니 멋쩍고 아까워서 빈 장바구니로 도로 나오기도 여러 번. 그렇게 고작 5평도 안 되는 작은 텃밭 덕분에 먹거리의 독립이 조금씩 이루어졌다.

작년에는 텃밭이 쉬는 겨울에 곶감 빼먹듯 조금씩 꺼내 먹으려고 저장 식재료를 만드는 데에 집중했다. 시래기를 삶아 말리고, 채소를 썰어 말리고, 무와 감자를 저장했다. 김장을 하고 피클을 만들었다. 요즘 같은 세상에서 겨울을 나기 위해 가을부터 먹거리를 썰고 말리고 담그는 행위는 어쩜 비효율적으로 보일 수도 있겠다. 그러나 땅에서 뿌리내리고 자란 튼튼한 자연의 맛, 제철 작물이 가지고 있는 건강한 맛이 무엇인지 알게 된 이상 나는 이전의 삶으로 돌아갈 수 없게 되었다.

오늘도 텃밭을 가꾼다. 부드러운 땅을 밟고 촉촉한 흙을 만지며 이 다음 계절의 먹거리를 위한 씨를 뿌리고 모종을 심는다. 돈 주고 사 먹는 것이 당연하다고 여겼던 김치를, 이제는 만들어 먹는 것이 당연하다는 마음으로 담가 먹는다. 사 먹을 줄만 알았던 빵도 직접 구워 먹는다. 가지가 많이 수확되는 철에는 가지 피자를 구워 먹고, 푸성귀가 많이 수확될 땐 샐러드 파스타를 만들어 먹으면서 산다. 스스로 먹거리를 길러 만들어 먹는 생활 속에서 나의 살림은 점점 더 단단해진다.

도시에서 텃밭 라이프를 즐기는 몇 가지 방법

지자체 관할 주말농장

자체적으로 주말농장을 운영하는 지자체가 있다. 행정 복지센터나 시청 쪽에 문의하면 관할 부서로 연결하여 자세히 알려준다. 연령대나 가족 수 등 지원 자격에 제한이 있는 곳도 있지만 대체적으로는 지역 주민은 모두 지원 가능하다. 일 년에 3~5만 원으로 밭 대여비가 저렴하다는 장점이 있으나, 보통 추첨제로 뽑고 인기가 많아 지원해도 낙첨될 가능성도 크다.

사설 주말농장

개인 주말농장이 있다. 대여비가 1구좌당 10만 원~20만 원선으로 지자체 주말농장보다 비싸기는 하지만 선착순 혹은 예약 방식으로 계약하기가 조금 수월하며 사설인 만큼 오두막도 있고, 농기구 대여도 가능하며, 편리한 수로 등 시설이 좋은 곳이 많다. 인터넷에 지역명+주말농장 등으로 검색해보면 비교적 쉽게 주변 주말농장 여부를 확인할 수 있다. 마땅히 정보가 나오지 않으면 지역 맘카페에 문의해보는 것도 좋은 방법이다. (저는 이렇게 찾아서 계약했습니다.)

아파트 주민 텃밭

요즘 많이 늘고 있는 추세의 아파트 주민 텃밭. 아파트의 공용 공간에 땅을 개간하거나 텃밭용 화분을 놓고 주민 대상으로 텃밭을 운영하기도 한다.

베란다 텃밭, 옥상 텃밭

주변에 주말농장도 없고 커뮤니티 형식의 텃밭도 전무하다면 집에서 실내에서 작게 키워보는 방법이 있다. 볕이 8시간 이상 잘 들어오는 베란다 혹은 옥상이 있다면 텃밭용 화분과 흙을 구입해 키워볼 수 있다. 노지에서 키우는 맛에 비하면 덜하겠지만, 잎채소는 비교적 잘 자라는 편이다.

살림하기 싫을 때

몸과 마음이 지쳐서 아무것도 하고 싶지 않던 시기가 있었다. 그 시기에 나는 아침에도 밤에도 씻으러 욕실에 들어갈 때 형광등 대신 작은 초를 켰다. 마음이 너무 힘들 땐 밝은 형광등 불빛조차도 자극이 세서 초를 켜기 시작했던 것이, 어느새 힘들 때마다 찾는 습관이 되었다. 처음엔 너무 어두워서 이거 제대로 씻을 수나 있을까 싶지만 그새 그 작은 불빛에 익숙해지곤 했다. 더 주의를 기울이게 되고, 의도적으로 모든 동작을 천천히 하게 됐다. 평소에 조금은 무심하고 익숙했던 행동 하나하나를 의식하게 되는 경험이었다. 그때 알았다. 아, '의식적인 행동'과 '의도적인 마음'이 새로운 감각을 열어주는구나.

매일 똑같이 반복되는 일상 속에서 때로는 살림이 너무 하기 싫어지는 때가 있다. 이럴 때 나는 의도적인 마음을 가지고 더 의식적으로 행동을 하려고 한다. 단순히 설거지 하나를 할 때도 귀찮다고 대충 하지 말고 일부러 정성을 다해 천천히 해본다. 수세미를 잡을 때는 손으로 수세미의 촉감에 집중하고, 비누거품을 내어 설거지 할 때는 그릇 하나 하나를 천천히 꼼꼼하게 닦아본다. 물로 다 헹궈낸 그릇들은 물기를 탈탈 털어 조심히 건조대로 옮겨 단정하게 포개어 정리해둔다. 그러고 나면 곧이어 내 안에서 신기한 일이 벌어진다. 하기 싫다고 툴툴거리던 목소리가 어느새 잦아들고 마음이 차분해진다. 그래서 살림이 하기 싫을수록 오히려 정성을 들인다. 나의 행동 하나하나를 의식하며 천천히 내 마음을 가꾸듯 소중하게 움직인다. 곧 마법이 일어난다.

비움은 밸런스 게임

물건을 비우는 방식은 크게 두 가지로 나뉜다. 일본의 유명 미니멀리스트 작가인 곤도 마리에가 말하는 것처럼, '오늘은 정리축제다'라는 마음으로 한번에 집 안을 완벽하게 비우고 정리하거나 혹은 매일 조금씩 비우며 정리하거나. 한번에 다 정리하는 방식은 확실히 전후 변화가 뚜렷해 효과가 매우 좋지만 단점으로는 며칠 앓아누워야 할지도 모른다는 점. 그리고 한번에 완벽하게 해내야 된다는 부담에 시작이 더 어렵다. 매일 조금씩 비우며 정리하는 방법은 만만해서 쉽게 시작할 수는 있지만 초반에는 효과가 미미한 편이라 사람에 따라 꾸준히 유지하기가 어렵다. 결국 흐지부지되는 경우가 많다.

그래서 내가 제일 추천하는 방법은 밸런스 게임의 딱 중간으로 살아보는 것이다. 한번에 다 정리하기엔 너무 부담되고, 매일 조금씩 하기엔 효과가 미미하고. 그러니 딱 그 중간, 완벽하게 정리하되 구역을 지정해서 비워보는 것을 추천한다. 가장 시작하기 수월한 구역은 범위가 작고 좁은 곳이다. 혹은 다른 가족들의 터치에서 비교적 자유로워서 비우기 쉬운 공간들. 현관이나 화장실처럼 작은 공간도 좋고 싱크대 위, 테이블이나 식탁 위처럼 집에서 시선이 가장 오래 닿는 공간을 공략해보는 것도 좋다. 내가 줄곧 마음속에서 숙제처럼 치워야지, 정리해야지, 버려야지, 하고 불편하게 끌어안고서 미뤄왔던 곳을 정리하는 것도 효과가 좋다.

어쨌든 중요한 것은 딱 한 군데 공간을 지정하여 내가 꿈꿔왔던

이상향의 모습으로 싹 치우고 완벽하게 정리해서 살아보는 것
이다. 현관이라면 밖에 나와 있는 신발들을 모두 신발장에 넣어
보고, 신발장이 꽉 차서 다 안 들어가면 더는 안 신는 신발과 물
건들을 비워본다. 당장 버리기가 아쉽다면 작은 상자나 봉투에
담아 내 눈에 안 보이는 곳으로라도 치워보자. 대충 빠르게 물티
슈로라도 현관 바닥의 먼지와 얼룩들을 닦아내보자. 그렇게 비
워내고 정리해서 우리집 현관을 내게 완벽한 공간으로 만들어
보는 것. 그리고 그렇게 완벽하게 변한 현관을 '경험'해보자.

물건 하나 나와 있지 않은 깨끗하고 단정한 현관이 원동력이 되
어 다른 곳의 비움도 적극적으로 실천할 수 있을 것이다. 당장
빨리 비우고 싶어서 주말 아침에 일찍 일어나게 될 것이다.

내가 편한 살림, 우리 가족이 좋은 살림

살림을 누군가 보란 듯이 잘할 필요도, 흠 잡을 곳 없이 완벽하게 해낼 필요도 없는 것 같다. 나에게 잘 맞고 우리 가족이 편한 살림이면 충분하다. 집에 놀러 온 손님이 내가 살림하는 걸 보고 이렇게 말씀하셨다. "혜림 씨는 남에게 보여주는 살림이 아니라 진짜 혜림 씨를 위한 살림을 하네요. 내가 편한 살림, 우리 가족이 좋은 살림이요."

곰곰이 생각해보니 나의 살림을 가장 정확하게 표현한 말이었다. 나는 내 마음이 편한 살림을 좋아한다. 우리집이 나뿐만 아니라 함께 사는 가족이 밥 먹고 씻고 자고 쉬는 데 어떠한 불편도 없는, 그저 편안한 공간이었으면 좋겠다. 그래서 되도록 단순한 동선의 물건 구성, 쉽게 연상되는 제자리 지정, 쉬운 집안일 시스템을 만들고 가족과 공유하는 데 공을 많이 들였다. 내가 전적으로 살림을 도맡아 하던 시절엔 아무래도 상관없었지만, 이제 맞벌이 체계로 남편과 바깥일도 살림도 같이 하게 되면서 단순한 살림 체계가 많은 도움이 된다.

이불과 베개, 테이블 크기와 의자 개수, 밥그릇부터 숟가락, 젓가락까지 모두 우리 부부가 쓸 만큼만 가지고 산다. 3인용이라고 하기엔 부족하고 2인용이라고 하기엔 조금 여유로운 살림.

이런 집에도 종종 손님이 오는데, 한두 명이 아니라 대여섯 명 이상의 그룹일 때도 있다. 앉을 자리도 부족하고 식기류도 부족하고 잠자리 침구류도 부족하지만 즐거운 시간을 보내기에 부족한 것은 없다. 너무 잘하려는 마음을 비웠기에 가능한 일이다.

원룸에 살 때 손님이 오면 우리집에서 가장 큰 캐리어를 엎어놓고 식탁보를 덮어 좌식 테이블처럼 썼다. 테이블이 작아 같이 밥을 차려 먹기에 부족할 때는 뷔페식으로 음식들을 모두 올려놓고 알아서 접시에 조금씩 담아 먹었다. 밤에는 여행용 침낭을 꺼내고 계절에 맞지 않는 이불들도 몽땅 끌어 와서 다 같이 깔깔거리며 잠을 잤다. 조금씩 부족하고 그래서 불편하긴 하지만, 그렇다고 해서 손님을 초대하지 못하는 것은 아니었다. 오히려 부족함 속에서 창의력이 샘솟고 평소와 다른 방식으로 살아보며 (나도 손님도) 신선하고 재밌는 추억을 만들곤 했다.

더 쉬운 살림

우리집 욕실 앞 행거의 목적

우리집 욕실 앞에는 다이소에서 구입한 행거가 하나 설치되어 있다. 젖은 수건을 바로 세탁하지 않고 빨래통에 젖은 채로 방치하면 금방 냄새가 나기 때문에, 다 쓰고 나서 젖은 수건을 잠시 널어두고 말리는 용도로 쓰고 있다. 주로 저녁에 샤워를 하기 때문에 밤새 수건은 바싹 마르고, 남편과 둘 중 먼저 일어나서 욕실에 들어가는 사람이 마른 수건을 정리해 빨래통에 넣는 보이지 않는 약속이 있다. 젖은 수건 말고도, 손세탁한 옷감들을 널어 말리기도 하고, 귀가 후 잠시 외출복을 널어 환기할 때도 쓰고 있다.

가족이 함께 하는 빨래 규칙

빨래통 옆에 각양각색의 크고 작은 세탁망이 들어 있는 작은 바구니를 두고 쓴다. 세탁은 하되, 건조기에 안 넣고 싶은 옷을 빨래통에 넣을 때, '이 옷은 건조기에 넣지 말고 자연건조 해주세요'라는 의미로 세탁망을 쓴다. 벗어서 빨래통에 넣을 때부터 각자 알아서 세탁망에 넣어두는 것. 이렇게 서로 세탁망 규칙을 만들어두면 누가 빨래를 하더라도 옷이 훼손되는 것을 막을 수 있고 혹시 옷이 훼손되더라도 책임 소재가 분명해져서 도리어 싸움이 줄어든다.

워셔블 가능한 실내 슬리퍼

실내용 슬리퍼는 바닥에 먼지도 잘 달라붙고 때도 잘 타서 관리
하기 힘들었던 살림 중 하나. 물세탁이 가능한 천슬리퍼로 교체
하고 나서 훨씬 편해졌다. 천슬리퍼를 여러 개 사다가 매일 아침
새 것으로 갈아 신는다. 양말처럼 세탁기로 물세탁, 건조까지도
가능해서 아주 편하다. 손님용 슬리퍼를 따로 둘 필요 없이 여러
개 있는 천슬리퍼를 꺼내어 주면 되니, 이마저도 편리하다.

여름 살림

어쩌다 보니 에어컨 없는 여름을 두 번이나 보냈다. 에어컨이 없는 집에서 살았다는 뜻이다. 옵션 없는 아파트로 이사를 한 후, 에어컨을 살지 말지 고민하는 과정에서 한 번쯤 에어컨 없이 살아보는 것도 좋겠다 싶어서 사지 않았다. 더위를 견디기가 너무 힘들면 그때 가서 사면 되는 거고. 그 핑계로 주변 숙소에서 하루 이틀 여행처럼 머무는 것도 좋겠다고 생각했다. 결론부터 말하자면 에어컨 없는 2년의 여름은 무척이나 뜨거웠지만, 그래서 더욱 충만하게 잘 보냈다.

에어컨 없이 살아본 덕분에 나는 많은 것이 변했다. 에어컨 없이 여름을 시원하게 나는 방법을 적극적으로 찾아다니기 시작했고, 여름의 온도에 적응할수록 여름 감기나 냉방병 두통 등에 시달리는 일도 사라졌다. 계절의 흐름과 함께 나도 좀 더 자연스럽게, 건강하게 사는 듯한 느낌이었다.

아이스팩 끼고 살기

마켓컬리, 오아시스 등 온라인 식품 배송을 받을 때 함께 오는 순수 100퍼센트 물이 담긴 아이스팩을 버리지 않고 냉동실 한 칸에 차곡차곡 챙겨둔다. 얼린 아이스팩을 수건이나 손수건, 천 주머니에 넣어 둘둘 말아 목 뒤, 겨드랑이, 팔 접히는 부분, 무릎 뒤, 허벅지 안쪽, 정수리 쪽에 올려두면 체온이 금방 내려가서 시원해진다. 여기에 선풍기까지 틀고 있으면, 이게 천국이라는 생각이 절로 든다. 잘 때 베개처럼 쓰기도 한다. 단점은 한여름에 아이스팩이 너무 빨리 녹는다는 점인데, 여러 개를 챙겨두고 녹을 때마다 교체해주고 있다. 아이스팩이 없다면 생수병, 페트병을 이용하면 된다.

암막커튼, 대나무발로 햇빛 가리기
거실과 방으로 들어오는 햇빛만 가려도 집 안 온도가 많이 내려간다. 빛이 투과되는 시폰 재질의 커튼보다 열을 흡수하는 대나무발, 햇빛을 완벽하게 차단해주는 암막커튼, 두꺼운 면 소재의 커튼이 효과가 좋다. 우리집은 평소 얇은 레이스커튼 한 장만 걸고 지내다가 여름이 되면 면 100퍼센트 소재의 겨울이불 커버에 핀을 꼽아 창문마다 달아주고 있다. 밤에 밝은 형광등, 조명을 켜지 않는 것도 도움이 된다. 여름밤에는 항상 조명을 최소화하고 지내고 있다.

대나무 매트, 냉감 매트 등 시원한 소재 잘 활용하기
대나무 장판, 대나무 매트처럼 바닥이나 침대에 깔고 자면 시원한 소재를 이용하는 것도 좋은 방법. 요즘은 냉감 매트, 냉감 이불, 냉감 잠옷 등 닿으면 체온이 내려가는 신소재의 여름 계절상품이 많이 나와 있다. 듀라론 소재의 냉감 매트와 이불을 사용하고 있는데, 확실히 일반 얇은 이불이나 매트를 쓸 때보다 시원하다고 느낀다. 냉감 잠옷도 좋다.

살림하는 시간 설정해두기
한낮에는 너무 더워서 몸 움직이며 살림하는 것이 힘들어지니, 한여름에는 가급적 동틀 무렵이나 해가 다 지고 나서 조금 기온이 내려가면 살림을 했다. 이른 아침에 미리 음식들 밑손질과 찌고 굽는 과정을 해두고 밥 먹기 직전에 살짝 데워 먹었고, 청소나 빨래도 한낮을 피해서 미리 해두거나 늦은 밤에 천천히 해두고 잤다. 에어컨이 있는데 적게 쓰기 위한 방법으로는 아예 가장 더운 한낮에 에어컨을 가동하면서 그 시간에 시원하게 밥, 살림, 청소를 싹 집중해서 하는 방식도 있다.

찬물 샤워, 얼음 족욕

더울 때마다 찬물 샤워를 하면 체온이 순식간에 내려가서 시원해진다. 낮에 너무 더울 때마다 핀으로 머리 꼽고 한 번씩 가볍게 찬물 샤워를 하면 개운하다. 마찬가지로 찬물에 얼음을 가득 담은 통에 발을 넣고 족욕을 하는 것도 효과가 좋다.

찬 성질의 음식 챙겨 먹기

각 음식마다 차가운 성질, 따뜻한 성질이 있다. 여름에는 되도록 찬 성질의 음식을 챙겨 먹으며 체온을 자연스럽게 낮춰준다. 오이, 미역, 배, 수박, 참외, 배추, 오징어, 돼지고기, 두부 등.

바닥에 눕기

선풍기 바람도 미지근하게 느껴지고 너무 더울 땐 그늘진 바닥에 덩그러니 누워 있는 게 최고다. 아무것도 안 하고 바닥에 누워서 아이스팩 끌어안고 있으면 찬찬히 시원해진다.

한낮에 너무 더울 땐 도서관, 카페, 마트

무엇을 해도 덥고 도저히 안 될 땐 에어컨 무임승차를 한다. 도

서관, 카페, 마트 등 에어컨을 시원하게 틀어둔 공간에서 머문다.

최후의 보루, 호텔 호캉스, 계곡 캠핑

에어컨 없는 집의 최후의 보루는 집을 아예 떠나버리는 것. 열대야를 버티기 힘들 때 집 근처 호텔에서 숙박하려고 몇 군데 알아두었는데, 에어컨 없는 집도 생각보다 괜찮아서 투숙해본 적은 없다. 주말에는 테이크아웃 포장 음식을 들고 종종 계곡 근처 휴양림에 가서 하루이틀 여름 도피 캠핑을 하는데, 물가가 확실히 기온이 낮아 시원하다. 에어컨 없이 살다 보니 자연이 주는 시원함을 누구보다 금세 알아차리며 잘 활용하고 있다.

먹거리만큼은 언제나 내 손으로

도저히 음식을 만들어 먹을 시간도 여유도 없다고 여길 만큼, 너무나 바쁜 일상이 계속되던 시기에 남편과 매일 같이 배달 음식을 시켜 먹은 적이 있다. 배달 음식이 물리면 밖에 나가 외식을 하고, 편의점에서 인스턴트 제품과 삼각김밥을 사 먹기도 하고, 그것마저 물리면 반찬가게에서 몇 가지 반찬을 사서 먹었다. 분명 다른 종류의 음식들인데, 나중에는 그 맛이 다 그 맛처럼 느껴졌다.

어느 날, 배는 고픈데 배달 음식, 외식, 편의점, 반찬가게… 그 어떤 선택지도 먹고 싶지가 않아졌다. 대안이 없어서 후다닥 쌀을 씻어 밥을 지었다. 대충 먹자는 마음으로 냉장고에 남아 있던 달걀 두 알과 묵은 김치를 꺼냈다. 묵은 김치를 가위로 대충 썰어 참기름에 볶아내고 계란프라이를 했다. 쌀밥 한 공기, 김치볶음, 계란프라이. 아주 간소한 밥상이 차려졌다. 남편과 정말 맛있게 먹었다. 별 거 없는데, 왜 이렇게 맛있지? 스스로도 의아해하면서 모처럼 달고 맛있는 식사를 했다.

사람은 밥심으로 산다는 말이 괜히 있는 게 아니다. 음식에는 그런 힘이 있다. 고작 밥 한 끼의 에너지가 누군가를 일으켜 세우기도 하고, 잘 살고 싶게끔 만들기도 한다. 어떤 음식을 어떻게 먹느냐에 따라 내 안에 채워지는 에너지가 달라지고, 때로는 더 헛헛해지기도 한다. 음식이 가진 힘을 경험하며 조금씩 더 확신한다. 먹는 것은 우리 삶에서 가장 소중한 일이라고. 그러니 바쁘다고 등한시해서는 안 된다고. 상다리 부러지는 진수성찬의

외식보다 찬물에 밥 말아서 김치 하나 두고 먹을지라도 집에서
직접 지어 먹는 것이 내 몸을 살게 한다.

만약 누군가 내게 살림의 모든 것을 남의 손에 맡긴다 하더라
도 이거 하나만큼은 직접 하고 싶은 게 있느냐고 묻는다면 나
는 망설임 없이 이렇게 답할 것 같다. 주방 살림은 반드시 내가
하고 싶다고. 먹거리만큼은 언제나 내 손으로 직접 만들어 먹
고 싶다고.

살림하면서
기쁜 순간을
오늘도
발견하는 중입니다

장석현

The

Book

of

Living

"하루를 마친 뒤 파자마를 고르고 갈아입는 일은
내게 하루에 '경계'를 긋는 일이다.
싱크대를 닦고 나면 눈에 띄는
컵, 바닥 먼지, 빨래 바구니가 다시 나를 부른다.
그래서 파자마로 갈아입는다는 건,
내가 오늘 할 일을 다 마쳤다는 자기 선언이다.
이왕이면 그 순간이 즐겁고 상쾌했으면 좋겠다.
그래서 그날 할 일을 되도록 그날 다 마무리하려고 한다."

여유의 이유

"아, 오늘 꼭 학교 가야 해? 엄마는 집에 있어서 좋겠다. 아무것도 안 하잖아."

아이의 이 한마디에 서운함이 몰려왔다. 초등학교 1학년, 학교 가기 싫다는 마음은 이해됐지만 '엄마는 아무것도 안 한다'는 말은 쉽게 넘길 수 없었다.

빨래를 하고 옷장을 정리하고, 식재료를 다듬고 요리하고, 설거지를 하고, 수건을 갈고, 온 집 안을 정돈하는 일이 '보이지 않는 일'이 된다는 사실이 속상했다. 아이에게 집안일 하나하나를 설명하면서 '생색내는 엄마가 된 걸까' 싶었지만, 동시에 내가 스스로 그 일을 '아무것도 아닌 일'처럼 여기고 있었는지도 돌아보게 되었다.

집에 있다고 해서 아무것도 안 하는 것이 아니라, 집에 있기 때문에 할 수 있는 일을 누구보다 많이 하고 있다는 것. 그걸 스스로 먼저 인정해주는 마음이 필요했다.

문제는 따로 있었다. 집안일을 온전히 해내지 못했을 때, 나 스스로 죄책감을 느꼈다는 것이다. 집이 어질러져 있으면 내가 무언가를 하고 있어도 마음이 편치 않았고, 그러다 보니 차 한 잔도 편하게 마시지 못했고, 책 한 권도 집중해서 읽기 어려웠다.

그래서 혼자만의 시간을 당당하게 누리기 위해 선택한 건 '집안일의 루틴 만들기'였다. 시간이 많이 드는 정리는 하루에 한 공간씩 쪼개서 집중했고, 오전이나 오후 중 한 타임에만 몰아서 집안일을 하는 구조를 만들었다. 루틴이 자리를 잡기 시작하자 마

음의 여유가 생겼고, 그 틈에 글을 쓰고, 책을 읽고, 사진을 찍는 시간이 자연스럽게 따라왔다.

아이가 학교에서 돌아와 현관문을 열며 환하게 웃는 얼굴을 보며, 엄마로서 집에 있다는 것의 의미를 다시 확인했다. 물론 언젠가는 아이의 세상에서 '엄마'가 차지하는 비중이 줄어들 테지만, 그때를 위해 나는 지금 나만의 영역을 만들어가는 연습을 하고 있다.

빨래할 때 신경 쓰는 것 3가지

어렸을 때 쇼핑을 하고 종이가방을 가지고 들어오면 엄마가 그 안에 들어있는 것들을 하나씩 보면서 왜 이렇게 관리하기 어려운 옷을 사왔냐며 한소리를 했었다. 니트, 구슬이 달린 옷, 섬세한 디테일의 옷들은 보기엔 예뻤지만 세탁하기 까다로운 옷이었다.

엄마의 잔소리를 못마땅해하던 내가 엄마가 된 지금, 이제는 내가 세탁하기 편한 옷을 고르고 있다. 7살인 딸과 쇼핑하러 나설 때는 아이가 입고 싶어 하는 것을 사줘야지 하다가도, 막상 아이가 반짝이가 잔뜩 붙은 원피스나 레이스가 달린 옷을 고르면 나도 모르게 '아니 그건…' 하며 다른 옷을 적극 추천하며 설득을 시작한다. 결국 아이가 고른 걸 사기는 하지만 세탁할 생각에 걱정부터 앞선다.

빨래는 세탁기가 해준다지만 빨랫감들이 세탁기에 들어가기 전부터, 세탁이 끝난 뒤까지 사람 손이 닿아야 한다. 심지어 세탁기도 관리해야 한다. 손빨래는 하지 못하지만 옷부터 수건까지 세탁을 할 때 신경 쓰는 것들이 몇 가지 있다.

세탁기 관리하기

물이 닿는 가전은 항상 물때와 곰팡이가 걱정이다. 세탁이 끝나면 항상 문과 세제 칸을 열어서 건조시키고 한 달에 한 번 전용 세제를 써서 통세척을 한다. 입구에 있는 고무패킹 사이사이에 있는 먼지와 물때를 닦고, 배수구 필터도 깨끗하게 세척한다.

(통세척 전용 세제: 프로쉬, 고무패킹/배수구 필터 청소할 때 사용하는 것: 무인양품 미니주걱, 행주)

세탁 전 젖은 것은 최대한 건조

사용한 수건, 땀에 젖은 옷을 곧바로 세탁할 수 있으면 좋겠지만, 보통 빨랫감들을 모아서 세탁하기 때문에 일정 시간 보관해야 한다. 그냥 바구니에 구겨 넣으면 세탁 후에 빨래를 한 건지 안 한 건지 알 수 없을 정도로 꿉꿉한 냄새가 난다. 그래서 세탁 전까지 빨래 전용 건조대에 걸어두거나 문손잡이에 걸어서 말린다. (세탁 전 수건 건조: 이케아 로그룬드 수건 스탠드)

세탁 전 얼룩 제거

유치원에서 돌아온 둘째의 옷을 보면 그날 점심에 무엇을 먹었는지, 미술 활동할 때 어떤 색의 물감이나 사인펜을 사용했는지 알 수 있다. 그대로 세탁기에 넣으면 얼룩이 옷에 그대로 남아서 아이들 옷은 세탁기에 넣기 전에 손빨래를 한다. 음식 얼룩엔 주방세제를 써서 살살 문지르고, 사인펜 얼룩은 소독용 에탄올을 발라서 없앤다. 얼룩 종류에 상관없이 성능 좋은 얼룩 제거제를 사용할 때도 있지만 얼룩 종류에 따라 효과적인 제거법을 알고 있으면 왠지 살림꾼이 된 느낌이 들어 뿌듯하다. (얼룩 제거제: 라버리, 레드루트 얼룩 제거제)

먼지 청소

10년차 전업주부이지만, 아직도 살림엔 서툴다. 나의 일상을 스스로 챙겨 본 건 결혼 전 자취 1년이 전부였다. 그마저도 회사일에 바빠 집은 그저 잠만 자는 곳이었고, 집안일보다는 자유가 더 소중했다. 당연히 결혼 후 처음 마주한 살림은 낯설고 버거웠다. 엄마나 할머니 어깨너머로 본 것을 흉내 내며 시작했지만, 아이 키우랴 설거지하랴 빨래하랴 정신없이 하루가 갔다.

둘째가 어린이집에 다니기 시작하면서, 비로소 '전업주부'로서 본격적인 살림이 시작됐다. 그제야 알았다. 늘 깨끗했던 부모님의 집은 저절로 유지되는 게 아니었다는 걸. 신발장이 정돈되어 있고, 서랍을 열면 옷이 가지런했던 것은 누군가의 수고 덕분이었다.

이제는 어느 정도 익숙해진 일도 있다. 아침마다 세탁기 돌리고 무선청소기로 바닥을 청소한 뒤 설거지하는 건 일상이 됐다. 건조기에서 꺼낸 빨래를 개어 붙박이장에 넣는 건 여전히 귀찮지만, 드라마를 보며 버틴다.

그나마 즐기는 건 먼지 청소다. 비염 탓도 있지만, 눈에 보이지 않던 구석의 먼지를 없애고 나면 왠지 개운하다. 걸레받이, 콘센트 위, 냉장고 뒤, 가구 밑까지 청소하면 '보이지 않는 데까지 내가 해냈다'는 뿌듯함이 있다.

먼지는 매일 청소를 해도 어느새 쌓인다. 대신 언제든 내가 원할 때 치울 수도 있다. 즐겨 쓰는 먼지 청소 도구는 다음과 같다.

- 스위퍼 더스터

  : 굴곡진 면도 잘 닦이고 먼지가 날리지 않아 애용한다.

- 틈새 청소도구

  : 납작하고 길어 냉장고 옆면, 가구 밑을 닦을 때 유용하다.

- 먼지 전용 걸레(캐치맙, 언더티 더스퍼)

  : 세탁해서 여러 번 쓸 수 있어 경제적이다. 캐치맙은 먼지흡착력
  이 좋아 가구 위나 바닥에 쌓인 먼지를 잘 닦아낸다. 단, 세척할 때
  는 고무솔로 문질러야 말끔해진다. 언더티 더스퍼도 먼지를 한곳
  에 모으기에 좋고 세탁이 비교적 간편하다. 유리를 닦을 때도 유용
  하다.

행주는 언제나 뽀송하게

아이들이 어릴 때는 물티슈를 달고 살았다. 아이가 초등학생이 되면서 물티슈 사용을 줄이고 행주를 쓰기 시작했다. 처음엔 번거롭고 불편했지만, 익숙해지고 나니 물티슈보다 훨씬 경제적이고 환경에도 좋았다.

행주는 사용 후 어떻게 관리하느냐에 따라 '불쾌한 냄새의 근원'이 되기도, '깔끔한 도구'가 되기도 한다.

식사 후 식탁 닦기, 싱크대 주변 정리, 조리 중 넘친 국물 닦기, 청소까지…. 행주는 반드시 깨끗하게 빨고 말려야 다시 사용할 수 있다. 특히 음식물을 닦은 행주는 냄새 관리가 중요하다.

행주 냄새의 원인은 두 가지다. 제대로 제거되지 않은 오염물질과 충분히 말리지 않아 생긴 습기. 해결법은 간단하다. 따뜻한 물에 주방세제와 과탄산소다를 풀어 행주를 담그고, 조물조물 세탁 후 하루 정도 담가두었다가 헹군 뒤 꼭 펴서 바짝 말리면 냄새 걱정 없이 사용할 수 있다. 이미 냄새가 난다면? 동일한 방식으로 세탁 후 마지막 헹굼에 식초물을 쓰면 살균 효과가 더해진다. 혹은 삶는 방법도 효과적이다. 가장 간편한 방법은 설거지 후, 따뜻한 물에 과탄산소다 2스푼을 풀어 행주를 담가두고 다음 날 아침 헹구기만 하면 끝! 복잡해 보여도 익숙해지면 전혀 어렵지 않다.

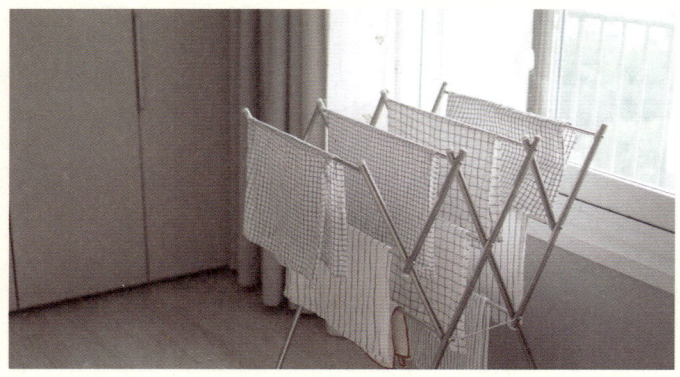

지금까지 사용해본 행주들

- 셀룰로오스 행주

  : 물을 적시면 부드러워지고, 액체 흡수가 뛰어나 식탁이나 바닥에 쏟은 것을 닦기에 적합하다.

- 소창 행주

  : 오래 쓸수록 흡수력이 좋아진다. 삶아 써도 부담 없다.

- 따꼬 행주

  : 여러 번 빨아 쓰는 반영구 행주. 얼룩에 집착하지 않아도 돼서 편하게 쓴다. 낡으면 현관이나 창틀 닦고 버리기 좋다.

- 이케아 키친클로스

  : 넉넉한 크기로 물기 닦기 좋고, 덮개용으로도 활용 가능.

- 언더티 극세사 행주

  : 기름기 제거에 강하고, 물만으로도 비교적 깨끗해져 사용이 간편하다.

행주 세탁할 때 자주 쓰는 도구

- 접이식 바구니

  : 사용하지 않을 때 접어 보관하면 공간을 차지하지 않는다.

- 마마포레스트 파워버블 클린파우더

  : 과탄산소다보다 오염 제거 속도가 빠른 느낌. 행주뿐 아니라 스테인리스 조리도구, 텀블러 세척에도 자주 쓴다.

아이들 방학이 오기 전 냉장고 정리

아이들 방학이 다가오기 전, 나는 늘 냉장고와 냉동실을 정리한다. 방학 동안은 아침, 점심, 저녁 세끼에 간식까지 챙겨야 하니 냉장고 안이 늘 준비되어 있어야 하기 때문이다. 하지만 단순히 식재료를 쌓아두는 것만으로는 부족하다. 냉장고에 들어간 음식이 음식물 쓰레기통이 아니라 아이들 뱃속으로 들어가게 하려면, 언제든 꺼내기 쉽고 조리하기 쉽게 정리해두는 게 중요하다. 잘 정돈된 냉장고는 식재료 낭비를 줄이고 가계에도 영향을 준다. 남은 재료를 끝까지 활용할 수 있으니 음식 쓰레기가 줄고, 식사 준비도 한결 수월하다. 무엇보다 "귀찮으니 시켜 먹자"는 유혹에 흔들리지 않는다. 배달 음식 주문 버튼을 누르기 전에 냉장고를 열어보게 되고, 필요한 재료가 정리돼 있으면 금방이라도 조리를 시작할 수 있다. 조리 시간이 배달보다 조금 더 걸릴 수는 있지만, 재료를 꺼내는 순간 이미 반은 준비가 끝난 셈이다. 우리집 냉장고는 양문형으로, 왼쪽은 냉동실, 오른쪽은 냉장실이다. 깊이가 있어 수납함을 넣어 서랍처럼 쓰고 있다. 김치냉장고는 사용하지 않는다. 김치를 자주 먹지 않기도 하고, 오래 보관하면 오히려 잊게 되어 결국 안 먹게 되기 때문이다.

냉동실 정리는 특히 더 신경을 쓴다. 한눈에 보이고, 쉽게 꺼낼 수 있어야 음식이 제 역할을 한다. 초반엔 수납바구니만으로 구역을 나눠 썼는데, 요즘은 전용 냉동 용기를 사용해 훨씬 보기 좋고 꺼내기도 편해졌다. 냉동실을 열었을 때 재료들이 가지런히 놓여 있으면 그 자체로 뿌듯하다.

주로 보관하는 것은 아이들 반찬용 돈가스, 함박스테이크, 손질해둔 채소들이다. 당근, 양파, 애호박은 잘게 썰어 한 끼 분량으로 나눠 냉동해두면 볶음밥이나 카레에 바로 넣기 좋다. 냉동실 속 재료들은 각자 자리가 정해져 있어, 열자마자 뭐가 필요한지 바로 알 수 있다.

냉장실은 상대적으로 자유롭게 사용한다. 김치와 장류는 맨 아래 칸, 채소는 첫 번째 서랍, 두부나 유부초밥 같은 가공식품은 두 번째 서랍에 둔다. 그 외에는 가지런히 정리하되 너무 빽빽하게 채우지 않으려 한다. 또 하나의 원칙은 맨 윗칸을 비워두는 것이다. 장을 보고 온 뒤 손질하거나 소분해야 할 재료를 올려두면 바로 눈에 띄어 처리할 수 있다. 덕분에 장바구니를 싱크대에 며칠씩 방치하는 일은 줄었다.

자주 쓰는 재료는 정해진 자리로

- 소분 & 전처리 보관
  : 당근·양파·애호박 등은 다져서 한 끼 분량으로 냉동
- 반찬 재료 준비
  : 돈가스, 함박스테이크 등 조리 직전 상태로
- 위치 지정
  : '채소칸', '생선칸', '간식칸'처럼 지정해두면 관리가 쉬워진다. 꺼낼 때 편하고, 비었을 때 바로 채워 넣을 수 있다.

물건과 헤어지는 법

나는 미니멀리스트는 아니지만, 집을 정리하면서 불필요한 물건은 비워야 한다는 사실을 분명히 알게 됐다. 지금 사용하는 것, 내가 좋아하는 것을 잘 보관하려면, 쓰지 않으면서 자리만 차지하는 물건부터 정리해야 한다.

유통기한이 지난 음식이나 쓰레기를 버리는 건 큰 어려움이 없었다. 하지만 멀쩡한 물건을 비우는 일은 달랐다. 언젠가는 쓸 것 같아서, 돈이 아까워서, 자원 낭비 같아서… 여러 번 고민만 하다 제자리에 돌려놓기를 반복했고, 그렇게 몇 달이 흘렀다.

10년 전 면접을 위해 구입했던 검은색 구두도 그랬다. 지금은 굽 높은 신발을 신을 일도, 그럴 여유도 없다. 하지만 그 구두를 보면 가장 예뻤던 시절, 열정적으로 살았던 나를 떠올릴 수 있어 버리지 못했다. 그러다 신발장에 공간이 없어 아이들 신발을 넣지 못하던 어느 날, '지금 내가 쾌적하게 사는 게 더 중요하지 않을까'라는 생각이 들었다. 그 순간, 미련 없이 그 구두를 꺼낼 수 있었다. 구두가 없어도 나는 그 시절의 나를 기억할 수 있고, 앞으로도 그렇게 살아갈 수 있을 거라는 믿음이 생긴 덕분이었다.

물건을 비우는 일은 항상 속 시원하지는 않았다. 결정을 내리기까지 갈등의 시간이 있었다. 하지만 그 시간을 통해 나는 과거의 나보다 미래의 나를 생각하게 되었고, 결국 나에게 필요 없는 물건이라는 사실을 받아들일 수 있었다. 지금은, 그 물건을 잘 써줄 사람에게 가는 것이 더 낫다고 믿는다.

물건을 잘 사용했다면 후회 없이 비울 수 있다. 오히려 비우기 어려운 건 제대로 쓰지 못한 물건들이다. 본전 생각 때문에 마음이 복잡해진다. 그래서 이제는 새 물건을 들일 때, 그 물건과의 이별 순간을 먼저 상상해본다. 우리집에서 제대로 쓰일지, 괜히 자리를 차지하다가 허무하게 떠나는 건 아닌지 말이다.

언젠가 쓸 것 같아 두었던 물건을 비운 뒤, 바닥에 있던 잡동사니들의 자리가 생겼다. 집이 보기 좋아졌고, 발에 걸리는 것도 없어졌다.

물건을 비우는 건 게임이 아니다. 급하게 할 필요 없다. 마음이 준비될 때까지 기다려도 괜찮다. 그런 시간이 쌓일수록, 나중엔 훨씬 더 빨리 결심할 수 있게 된다.

비우기 전, 스스로에게 던지는 질문

- "언젠가 쓸 것 같아서…"

  : 그 '언젠가'는 구체적으로 언제인가?

- "아깝고 본전 생각 나서…"

  : 혹시 이미 잃은 비용 때문에 합리적인 판단을 못하고 있는 건 아닐까?

- "멀쩡해서 버리기 어렵다…"

  : 진짜 필요한 사람이 지금 쓰는 게 더 낫지 않을까? (중고 거래는 빠를수록 좋다. 시간이 지날수록 물건의 가치는 떨어진다.)

신혼으로 돌아간다면 하지 않을 선택들

결혼한 지 10년이 되었다. 그동안 살림의 감각도 생기고, 생활 방식도 바뀌었다. 지금 이 시점에서 다시 신혼 시절로 돌아간다면 그때는 몰랐지만 지금은 확실히 하지 않을 선택들이 있다.

첫 번째는 "남들도 다 하니까"라는 생각으로 가구를 구입했던 일이다. 침대, 협탁, 장롱, 거실장, 화장대, 책상… 신혼집을 채운 가구들은 '구색 맞추기'에 가까웠다. 하지만 실제 생활과는 맞지 않았다. 좁은 13평 집은 가구로 가득 찼고, 쓰지 않는 것들이 공간만 차지했다. 화장을 하지 않으니 화장대는 쓸 일이 없었고, 함께 앉고 싶어서 구입한 큰 책상엔 둘이 나란히 앉은 적도 없었다. 결국 하나둘 비우다 지금 남은 신혼 가구는 침대 하나뿐이다.

두 번째는 세트 구입의 함정이다. 요리에 관심도 없고, 어떤 도구가 필요한지 모르는 상태에서 냄비와 그릇을 세트로 구입했다. 자주 쓴 건 냄비 두 개와 프라이팬 하나였고, 나머지는 거의 사용하지 않았다. 그릇도 마찬가지다. 6인 세트는 손님이 거의 없는 집엔 과했다. 결국 햇빛도 못 본 채 그릇장에만 쌓여 있었고, 설거지가 밀렸을 때만 억지로 꺼냈다.

다시 그때로 돌아간다면? 2인 세트만 준비하고, 필요한 것만 그때그때 채울 것이다. 숟가락도 네 개면 충분했다.

결국 이 모든 실수는 '나'와 '우리 가족의 생활방식'을 모른 채 한 선택이었다. 하지만 그런 시행착오가 있었기에 지금의 기준이 생겼다. 앞으로 20년 뒤엔 지금을 돌아보며 또 다른 후회, 혹은

뿌듯함을 느끼겠지.

- 신혼이라면 가구는 필요한 만큼만

   : 침대, 옷장, 2인 식탁, 작은 책상 정도로 시작

- 그릇·냄비 세트 대신 최소 구성부터

   : 2인 세트로 시작, 자주 쓰는 것만 개별 구입

지금 집안일 하고 있는 거 아닌데요?

제일 하기 싫은 집안일이 무엇이냐고 물어본다면 주저 없이 '빨래 개기'와 '설거지'라고 대답할 것이다. 큰 사고력을 요하지 않는 반복적인 일인데, 안 하면 쌓이고 또 쌓여서 더 큰 일이 되는 공통점이 있다. 그냥 쌓이는 것도 아니고, 복리로 쌓이는 듯하다. 하기 싫다고 안 할 수 없는 일이기에 결국 해내야 한다. 이 무료함을 이기기 위해 꺼내는 것이 있다. 무선 이어폰, 타이머, 카메라.

건조기에서 따끈따끈한 옷들을 꺼내 소파에 올려둔다. 안방 침대나 식탁이 아닌 소파 위에 두는 이유는, 드라마를 보면서 빨래를 개기 위해서다. 아니, 빨래를 개면서 드라마를 보는 건가? 그 순간만큼은 재미있는 드라마를 보는 거라고 스스로를 속이며 옷더미 옆에 앉는다.

TV를 틀고 OTT에 접속해 철 지난 드라마 중 재밌게 봤던 것을 재생한다. 처음 보는 드라마는 몰입하게 되어 손이 멈추기 때문에 피한다. 이미 여러 번 봤기 때문에 대사를 예측하면서 주인공들을 보다 보면 손이 저절로 움직인다. 1회가 끝나면 어느새 빨랫감들이 가지런히 정돈되어 있다. 드라마가 조금 질린다 싶으면 아무 생각 없이 웃을 수 있는 예능을 튼다. 가끔 다큐멘터리나 학습 콘텐츠 영상을 틀기도 하는데, 메모하고 싶은 순간이 종종 있어서 오히려 방해가 된다. 그래서 지루함을 달래는 용도로는 철 지난 드라마나 예능이 가장 적합하다.

설거지할 때는 무선 이어폰을 끼고 최신 드라마를 틀어놓는다.

주인공이 면접에서 떨어져 서럽게 우는 장면을 보며 그릇에 거품을 묻히고, 오락실에서 노는 장면에선 따뜻한 물에 헹군다. 드라마에 집중하다 보면 설거지가 어느새 끝나 있다.

드라마에 너무 몰입해 손이 멈추는 걸 막기 위해 타이머를 쓴다. 15분이나 30분으로 시간을 설정하고, 그 안에 끝내겠다는 마음으로 움직인다. 강제성은 없지만 줄어드는 빨간색 면을 보면 마음이 급해지고 손이 빨라진다.

도저히 어디서부터 손을 대야 할지 모를 때는 카메라를 꺼낸다. 어지러운 거실을 찍고, 정돈된 모습을 찍기 위해 부지런히 움직인다. 아무도 시키지 않았고, 보는 사람도 없지만 정리 전과 후의 사진을 나란히 보면 묘한 뿌듯함이 있다.

아이들이 집에 오면 어질러지는 건 시간문제지만, '내 사진첩에 또 하나 쌓이겠구나' 싶어 너그러워진다. 사진은 남아 있으니까.

피하고 싶지만 피할 수 없으니, 어떻게 하면 나를 적당히 속이며 해낼 수 있을까 고민했다. 드라마 보는 척하면서 빨래를 개고, 재미있는 게임을 하는 척하며 집안일을 한다. 집이 단정하게 유지되는 걸 보면, 아직까지는 잘 속고 있는 것 같다.

집안일을 버티게 해주는 3가지 도구

- 무선 이어폰

  : 드라마 보며 설거지

- 타이머

  : 시간 제한 미션으로 몰입

- 카메라

  : 전후 비교 사진으로 성취감 확보

반복의 연속

얼핏 보면 별것 아닌 것 같지만, 미루면 그 대가는 복리처럼 불어난다. 빨래를 며칠씩 미루면 하루에 세탁기를 몇 번씩 돌려야 하고, 소파 위에 쌓인 옷더미 앞에서 지쳐버리기 일쑤다.

그래서 결심했다. 한꺼번에 몰아서 하지 말고, 적은 시간을 들여 조금씩 하자. 그렇게 루틴을 만들기 시작했다. 루틴은 의식적으로 같은 방식을 반복하는 것이다.

처음엔 뭐든 다 따라 해보고 싶었다. 이불 정리, 청소, 정리, 빨래, 설거지까지 아침 시간에 모두 해내겠다고 욕심냈지만, 오래 가지 못했다. 금세 지치고, '나는 역시 부족한 사람이야'라는 자기 부정만 커졌다. 그래서 욕심을 내려놓고, 작고 단순한 것부터 시작했다.

빨래부터. 신을 양말이 없다는 말을 듣지 않기 위해, 양이 적어도 매일 세탁기를 돌렸다. 그게 익숙해질 무렵, 자연스럽게 거실 바닥이 눈에 들어왔다. 청소기는 시끄러우니 소리 없는 밀대걸레로 쓱쓱 밤새 쌓인 먼지를 밀었다. 그리고 전날 설거지한 그릇들을 제자리에. 이제는 아이가 깨기 전까지 이 과정을 생각하지 않아도 몸이 먼저 움직인다. 아침이면 속으로 '1, 2, 3'을 세고 일어난다. 세탁기를 돌리고, 거실을 정리하고, 설거지한 그릇을 정돈한다. 세탁기 알람이 울리면 빨래를 건조기에 옮기며 아침 살림 루틴이 마무리된다.

갑자기 변한 건 아니다. 그 사이엔 몇 달간의 시행착오가 있었다. 하지만 지금은 그 루틴 덕분에 빨래가 밀리지 않고, 아이들 등교 후 집에 들어오면 깔끔한 거실이 나를 반긴다.

- 빨래 먼저 돌리기
  : 양이 적어도 매일 습관처럼
- 거실 청소
  : 청소기 대신 밀대걸레로 소음 없이
- 그릇 정리
  : 전날 설거지한 것들을 제자리에
- 1, 2, 3 기상법
  : 머뭇거림 줄이고 빠르게 하루 시작

냉동실을 냉동실답게 쓰는 3가지 원칙

친정이나 시댁에서 받은 음식, 대용량 식품, 간편식 등도 먹을 자신이 없으면 일단 냉동실에 넣어둔다. 그런데 생각해보면 들어간 적은 많지만, 나온 적은 손에 꼽는다. 어느 날, 소분한 떡을 넣으려 문을 열었는데 더 이상 들어갈 공간이 없었다. 결국 냉동실을 정리하기로 결심했다. 아이스박스를 꺼내 하나씩 꺼내보니, 몇 년 전 산 포장도 뜯지 않은 황태, 첫째 돌잔치 떡, 신혼 때 산 대추와 생강까지. 차가운 타임캡슐을 연 듯한 기분이었다. 까만 봉지는 없었지만, 정체를 알 수 없는 비닐 덩어리들을 한참 들여다봐야 했고, 수분이 빠진 닭 안심, 유통 기한이 1년 지난 두부도 나왔다. 정리를 마치고 나니, 다짐이 필요했다. 냉동실은 쓰레기통도, 타임캡슐도 아닌 자원을 저장하는 공간이어야 하니까.

대량 구매하지 않기

: 입 짧은 가족이라면 특히 주의

: "연어 스테이크 반 남기고 못 먹었던 기억, 잊지 않는다"

주기적으로 점검하기

: 매일은 아니어도, 꺼낼 때마다 냉동실 안을 한 번 점검

: 흐트러지면 정돈, 오래된 건 앞으로 당기기

날짜 메모하기

: 식재료는 소분해서 넣고, 언제 넣었는지 기록

: 오래된 것부터 꺼내 먹을 수 있게 관리(예: 당근·양파·애호박 다져서 소분 / 유리 용기에 갓 지은 밥 냉동 등)

가장 좋아하는 냄비

살림을 하면서 가장 자주 쓰는 냄비는 스테인리스 냄비다. 무게, 크기, 재질 면에서 모두 만족스럽다. 하지만 자주 쓴다고 해서 좋아하는 냄비는 아니다. 우리집엔 전기압력밥솥이 없다. 매일 무쇠냄비로 밥을 짓고, 넉넉히 해서 냉동해둔다. 그 밥을 짓는 냄비가, 내가 가장 좋아하는 냄비다. 무쇠지만 내부는 밝은 아이보리, 외부는 하늘색이다. "손목 나간다"는 친정엄마의 걱정도 있었지만, 그걸 감안해도 이 냄비가 좋다. 음식을 뭉근하게 끓여준다거나, 색감이 예쁘다거나 하는 이유도 있지만 가장 큰 이유는 따로 있다. 취미로 쓴 후기 글이 우수 후기로 선정되었고, 상으로 받은 백화점 상품권으로 평소 갖고 싶었던 이 무쇠냄비를 구입했다. 그 순간의 감정, 정성과 시간이 담긴 보상처럼 얻은 물건. 좋은 감정이 냄비에 고스란히 새겨져 있다.

이전부터 눈여겨본 제품이었다. 밝고 화사한 데다 무쇠라는 점에서 주방을 환하게 밝히고, 부족한 요리 실력도 덮어줄 것 같았다. 금전적인 보상을 받을 일이 드물기에 내 노력으로 얻은 이 냄비는 내게 특별했다.

밥할 때마다 '너무 좋아~'라고 외치진 않지만 가끔 문득 냄비를 샀던 날의 기억이 떠올라, 입꼬리가 살짝 올라간다. 기능과 실용성, 가격도 중요하지만 좋아하는 감정이 담긴 물건도 충분히 '최고의 선택'이 될 수 있다는 걸 나는 이 냄비를 통해 알게 되었다.

살림 용품 추천

기능별로 필요한 제품을 모두 구입하지는 않는다. 그 물건을 보관할 공간을 내줘야 하고, 소모품이라면 경제적인 부담도 따르기 때문이다. 하지만 살림의 편함에 직접적으로 영향을 주는 제품이라면 이야기가 달라진다. 불필요한 물건이 늘어나는 것을 경계해왔지만, 이염방지티슈와 제습제를 사용해보고는 "이건 정말 내 살림을 편하게 해주는 물건이구나" 싶었다.

색이 빠지지 않을 거라 믿고 비슷한 톤끼리 세탁해왔지만, 어느 날 밝은 옷이 어딘가 모르게 칙칙해졌다는 느낌이 들었다. 그때 반신반의하며 구입한 것이 이염방지티슈였다. 세탁물을 잘 분리하면 된다는 생각에 굳이 쓰지 않았던 제품인데, 둘째가 좋아하는 옷의 색이 바래는 걸 보고 사용해보기로 했다. 검은 옷까지 넣을 용기는 나지 않아, 중간 톤의 옷들을 세탁기에 넣고 이염방지티슈 한 장을 함께 넣었다. 세탁 후 티슈는 회색으로 변해 있었다. 옷의 색 변화를 정확히 비교할 순 없었지만, 그 한 장이 이염을 막아줬을지도 모른다는 가능성만으로도 사용할 이유가 충분했다.

이번에 새로 구입한 파우치형 제습제도 만족스러웠다. 기존의 플라스틱 용기형 제습제는 부피가 크고, 물을 비우거나 염화칼슘을 보충하는 번거로움이 있었다. 무엇보다 언제 쏟아질지 모른다는 불안감이 컸다. 새 제습제는 납작한 파우치형으로, 서랍이나 선반에 놓아도 자리 차지가 없고 젤리형이라 물이 흐를 걱정도 없다. 효과도 좋다. 용기형보다 제습 기능이 더 우수하다는

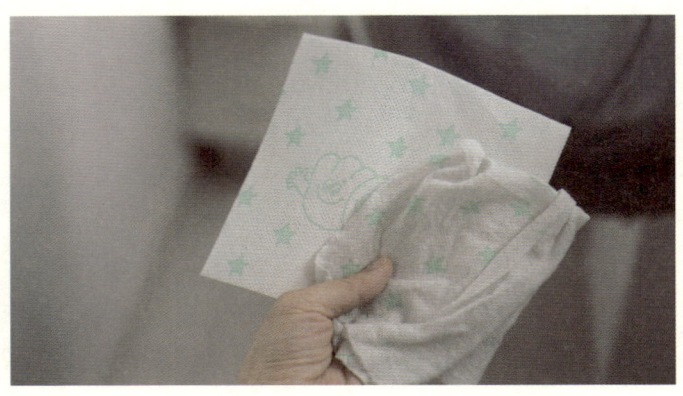

자료를 보며 신뢰가 생겼고, 사용 후엔 노랗게 변한 걸 그대로 쓰레기통에 버리기만 하면 된다.

곰팡이는 한번 생기면 없애기 어렵다는 걸 알기에 습도 관리에 신경을 많이 쓰고 있다. 제습기를 자주 돌리지만 바쁠 땐 놓치게 되는데, 이 제습제 덕분에 그런 시간에도 기본적인 습도 관리가 된다.

무조건 편함만을 추구하지는 않지만, 원할 때 편리하게 살림을 할 수 있다는 것, 그걸 가능하게 해주는 제품이 있다는 건 큰 위안이다. 당장 사용하지 않더라도 알고 있다는 것만으로도 든든한 조력자를 얻은 기분이다.

이것만 사면 끝인 줄 알았어요

외국에서 세탁기 없이 1년을 살아본 적이 있다. 더운 나라였기에 망정이지 두꺼운 니트나 솜이불까지 손세탁해야 했다면 한달도 못 버티고 귀국했거나, 1년만 쓸 비싼 세탁기를 샀을지도 모른다. 빨래하는 날엔 팔과 다리가 욱신거려서 한참을 쉬어야 했고, 시간이 지나 요령이 생겼지만 익숙해지고 싶지 않았다. 도대체 세탁기 없이 어떻게 살았던 걸까. 손빨래로 살아낸 이전 세대가 존경스럽고, 세탁기를 발명한 사람에게는 마음속으로 감사 인사를 한다.

세탁기가 생긴 덕분에 손빨래에서 해방되었지만, 이번엔 세탁기를 관리해야 하는 일이 생겼다. 손빨래처럼 힘들진 않지만, 주기적으로 챙겨야 하니 번거롭기도 하다. 그래도 삶을 편하게 해주는 기계들이 좋은 상태로 오래 함께하길 바라며 기꺼이 감수하고 있다. 건조기, 식기세척기, 청소기, 에어컨, 선풍기처럼 삶의 질을 올려주는 기계들은 내 살림 목록에 '관리'라는 항목을 추가하게 만들었다.

세탁조 청소나 식기세척기 내부 세척처럼 한 달에 한 번 또는 두달에 한 번 챙겨야 하는 일은 메모해둔다. 정해진 날에 몰아서하기도 했지만, 그날을 까먹는 일이 잦아 느슨한 계획으로 전환했다. 메모를 보고 대략 시기를 짐작해 챙기면 부담이 덜하다.

관리법은 제품 설명서를 먼저 확인한다. 요즘은 판매 기업의 공식 유튜브에 아주 친절하게 관리법이 정리돼 있다. 만든 사람이 알려주는 방법이 가장 정확하다는 믿음으로 확인하는데, 예상

보다 상세한 내용에 놀란 적도 있다. 한겨울 동파로 고생하던 시절, 고객센터에 전화했더니 해동뿐 아니라 동파 방지법까지 알려줘서 겨울 내내 걱정을 덜었다.

이런 경험들이 쌓이다 보니, 가전제품을 고를 때 '관리 난이도'는 중요한 기준이 된다. 아무리 예쁘고 편리해도 관리가 번거로울 것 같으면, 비교적 수월한 다른 제품을 찾게 된다. 결국 '내가 감당할 수 있는가'를 따진다. 어떤 제품은 그 불편함을 감수할 만큼 유용해서 샀고, 어떤 건 "차라리 내가 손으로 하겠다"며 안 산 것도 있다.

예를 들면 스팀청소기. 물통 입구가 좁아 내부 청소가 어려운 게 썩 마음에 들지 않았다. 그런데 한번 바닥을 닦아보고 나온 새까만 걸레를 보고는 "이건 필요하다"고 스스로를 설득했다. 이처럼 '관리의 불편함을 넘을 만큼의 가치'가 있을 때만 구입하게 된다.

가전을 쓰면서 편리함에도 대가가 있다는 걸 알게 됐다. '내가 기꺼이 감수할 수 있는가'가 살림의 기준이 된다.

- 드럼세탁기
    - : 통세척 전용 세제 + 통세척 모드
    - : 세제통 분리 세척, 고무패킹 곰팡이 제거
    - : 배수구 청소는 물 먼저 빼야 물바다 방지
    - : 정확한 관리법은 설명서나 제조사 채널 참고
- 건조기
    - : 먼지 필터 자주 비우기
    - : 필터 물청소(섬유유연제 찌꺼기 제거용)

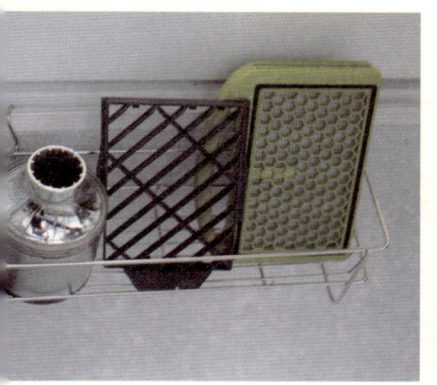 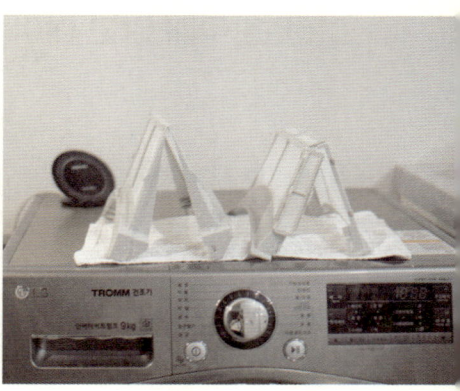

: 콘덴서 청소 및 내부 센서 관리도 필수

• 식기세척기

    : 내부 세척 기능 + 전용 세제 / 구연산 / 식초 사용

    : 내부 필터 주기적 청소

    : 필터에 음식물 찌꺼기 쌓이지 않게 애벌설거지

• 진공청소기

    : 필터 청소는 흡입력과 냄새 관리가 핵심

이런 건 구매 말고 대여

10년 전만 해도 혼수 가전을 구입하러 가면 냉장고, 세탁기, 청소기, TV, 에어컨 정도가 전부였다. 하지만 요즘엔 건조기, 식기세척기, 스팀청소기, 로봇청소기, 침구청소기까지 살림을 편하게 해주는 소형 가전이 정말 다양해졌다. 살림을 오래 하다 보니 관심이 생겨서 보이는 것일지도 모른다.

최근에 관심이 생긴 제품은 습식청소기였다. 아이들과 함께 쓰는 패브릭 소파에 색연필, 사인펜, 소스 자국이 하나둘 생긴다. 젖은 행주로 닦으면 얼추 지워지긴 하지만, 뭔가 찝찝한 자국이 남는다. 그때 습식청소기로 소파를 청소하는 영상을 보게 되었는데, 흡입된 물이 새까맣게 모이는 걸 보니 "우리집 소파도 저럴까?" 하는 생각이 들었다.

마침 거실엔 러그도 있어 있으면 좋겠다 싶었지만, 가격을 보는 순간 생각이 바뀌었다. "꼭 사야 할까?" "둘 공간은 있을까?" 현실적인 고민이 생겼다. 그러다 대여서비스가 있다는 걸 알게 되었고, 시험 삼아 2일 대여를 신청했다. 실제로 써보니 생각보다 힘이 들고 시간도 오래 걸렸지만, 청소 후 나온 물을 보고는 고생할 만했다는 생각이 들었다.

창문에 붙는 로봇청소기도 한번 써보고 싶었는데, 구입까지는 망설여졌다. 혹시 떨어질까, 몇 번 쓰고 안 쓰게 될까, 자리만 차지하지 않을까 싶었던 것이다. 대여로 써보니 아이 방 창문 바깥도, 손이 안 닿는 거실창 안쪽도 닦을 수 있었고, 손으로 닦으라 했으면 엄두도 못 냈을 일을 기계가 해주는 게 신기했다. 다만

구조상 바깥 창 아래까지는 닿지 않아 아쉬웠지만, 어느 정도 만족스러웠다.

크고 자주 쓰지 않는 가전 구매를 고민 중이라면, 대여는 훌륭한 대안이 될 수 있다. 비교적 적은 비용으로 사용해볼 수 있고, 사용 후엔 포장만 해서 반납하면 되니 보관이나 관리에 대한 부담도 없다. 로봇 창문청소기는 1년에 한두 번 필요할 때마다 빌려 쓰기로 마음먹었고, 습식청소기는 조금 더 고민해보기로 했다.

나에게는 가장 쉬운 신발장 정리

집에서 가장 마지막에 머무는 곳이자, 가장 먼저 마주하는 곳은 현관이다. 현관이 정돈돼 있고 청결하면 외출할 때나 돌아올 때 기분이 좋아지니, 다른 공간보다 더 신경 써서 관리하게 된다. 신발장 정리와 청소는 어렵지 않다. 오히려 정리를 다짐하면 가장 먼저 손이 가는 곳이 현관이었다. 내 손길이 가장 많이 닿은 공간이기도 하다. 기본이자 시작인 공간이다.

현관 수납은 신발장이 유일한데, 정리할 때 가장 중요하게 생각하는 것은 '마음먹었을 때 쉽게 정리할 수 있는 구조'를 만드는 것이다. 아이들도 스스로 정리할 수 있도록 신발장의 구조를 단순하고 명확하게 정리했다.

신발뿐 아니라 운동용품, 우산, 외출 시 챙겨야 할 자잘한 물건도 이곳에 수납한다. 이를 위해선 공간 확보가 우선이다. 안 신는 신발, 불편한 신발, 사이즈가 맞지 않는 신발을 비워 자리를 만든다. 만약 비울 수 없다면 신발정리대 같은 수납도구를 활용해 한 켤레 자리에 두 켤레를 넣는 식으로 수납력을 늘린다.

사용자별로 분류하는 것도 정리의 핵심이다. 가장 아래에는 키가 작은 아이들의 신발, 위쪽엔 어른들 신발을 넣고, 각자의 자리를 정해두었다. 제자리에 넣기만 하면 되니 누구나 쉽게 정리할 수 있다. 신발장 한쪽 구석에는 작은 수납함을 두어 마스크 비닐이나 택배박스 해체 후 나오는 쓰레기를 담는다. 어느 정도 차면 이 수납함째 들고 가서 버리면 된다.

키 큰 수납장엔 청소도구를 넣었다. 아이들 등교 후 집에 돌아와

신발장 문을 열면 빗자루를 꺼내는 동시에 바로 청소가 가능하다. 나와 있는 신발을 제자리에 넣고 바닥을 쓸면 끝. 정돈과 청소 시간을 합쳐도 5분이 채 걸리지 않는다. 자주, 조금씩 청소하면 깨끗한 상태를 오래 유지할 수 있다.

비 오는 날을 대비해 젖은 발을 닦는 마른 수건 몇 개도 준비해두었고, 종이가방은 튼튼한 것 한 개에만 담아 필요한 만큼만 보관한다. 장바구니와 3단 우산은 부착형 고리에 걸어두었다.

뒤죽박죽이었던 신발장이 정리하기 쉽고 청소하기 편한 공간으로 바뀌고 나니 큰 힘을 들이지 않아도 깔끔하게 유지된다. 신발장 하나 정리했을 뿐인데, 집 안 다른 공간도 공들이면 분명 더 편하게 관리할 수 있을 거란 희망이 생겼다.

- 비움과 공간 확보
  : 안 신는 신발은 비우고, 정리대 등으로 수납력 확장
- 사용자별 위치 지정
  : 아이는 아래, 어른은 위, 자리를 정해주면 정리도 쉬움
- 쓰레기 전용 수납함 마련
  : 마스크 비닐, 박스 등은 따로 모아 한 번에 버림
- 청소도구는 현관 안에
  : 정리 후 바로 쓸 수 있어 습관처럼 청소 가능
- 자잘한 물건도 '지정된 위치'에
  : 수건, 종이가방, 장바구니, 우산은 항상 같은 자리에

냉동실에 꼭 채워두는 식재료들

식재료 보관이나 냉장고, 그릇 정리는 자신 있지만, 아직 요리 자체는 쉽지 않다. 그래도 몇 년 하다 보니 익숙한 메뉴가 생겼고, 장을 보고 오면 냉동실에 들어갈 식재료는 손질해둔다. 이제는 패턴이 생겨서 냉동실에 없으면 불안한, 꼭 채워 넣는 우리집의 주력 식재료들이 있다.

소고기 간 것은 활용도가 높다. 토마토소스에 푹 끓여 스파게티에 올리거나, 간장과 설탕, 버터로 볶아 유부초밥에 얹기도 한다. 간단하게 소금이나 간장 양념을 해서 채소와 볶으면 즉석 볶음밥이 된다.

다진 채소 3종 세트(당근·양파·애호박)도 냉동실에 꼭 있는 재료다. 볶음밥이나 카레는 물론, 계란찜·계란말이에도 소량씩 넣는다. 손질은 다지기 기계로, 장 본 날 작정하고 하면 오래 걸리지 않는다.

돈가스·치킨가스는 아이들이 좋아해 냉동실 필수템이다. 돼지고기 안심이나 닭 안심을 소금과 후추로 간한 뒤 밀가루, 계란, 빵가루 순으로 입혀서 종이호일로 한 장씩 감싸 냉동해둔다. 필요할 때 두세 장 꺼내 튀기면 된다. 간식으로 토르티야에 채소와 함께 넣어도 좋다.

유부초밥은 밥하기 힘든 날 꺼낸다. 우동과 함께 내면 한 끼가 된다. 그냥 내놓기 허전할 때는 볶은 소고기나 참치마요를 얹어 풍성하게 만든다.

불고기는 양념해서 직접 만들기도 하고, 대용량 양념 제품을 소

분해두기도 한다. 500그램 단위로 냉동해두면 반찬으로도, 전골로도, 샌드위치 속으로도 활용할 수 있다.

이외에도 고등어, 갈치, 생새우살, 만두, 핫도그 등은 돌아가며 채워 넣는다. 아이들이 배고프다고 할 때, 냉동실에서 바로 꺼내 조리할 수 있다는 건 정말 든든하다.

책상 위 정리법

책상이 어지러우면 집중이 안 된다. 작업할 일이 생기면 책상 위를 가장 먼저 정리하게 된다. 아이들 방에도 책상이 있어서 정리 기준을 함께 적용하고 있다.

책상 위에는 가능한 한 물건을 올려두지 않는다. 책, 메모지, 펜, 서류 뭉치들은 모두 제자리가 정해져 있어, 원래 자리에 돌려놓기만 하면 된다. 만약 제자리가 없는 물건이라면 오히려 더 쉽다. 그냥 빈 상자에 쓸어 담기만 하면 되니까. 이렇게 하면 정리 시간이 5분도 채 걸리지 않는다.

그렇다고 이 상태가 처음부터 가능했던 것은 아니다. 불필요한 물건을 비우는 데 오랜 시간이 걸렸고, 남은 물건을 수납할 수 있도록 책상에 맞는 수납도구를 찾는 데에도 노력이 필요했다. 작은 서랍형 수납장엔 클립, 테이프 같은 잡동사니를 넣고, 서랍이 없는 책상 옆에는 이동식 트롤리를 두어 책이나 자주 쓰는 문구류를 정리했다. 책상 아래나 옆은 물건으로 가득할지라도, 책상 위는 항상 비워두는 것이 원칙이다. 자주 쓰는 노트북, 필기류, 전자기기는 한 바구니에 넣어 꺼내기 쉽게 해두었다. 필요한 걸 바로 찾을 수 있는 구조를 만든 것이다.

공간 정리를 끝냈다면, 이제 집중을 방해하는 건 오직 한 가지, 핸드폰이다. 그거만 안 들면, 책상은 공부하기에 충분히 좋은 환경이다.

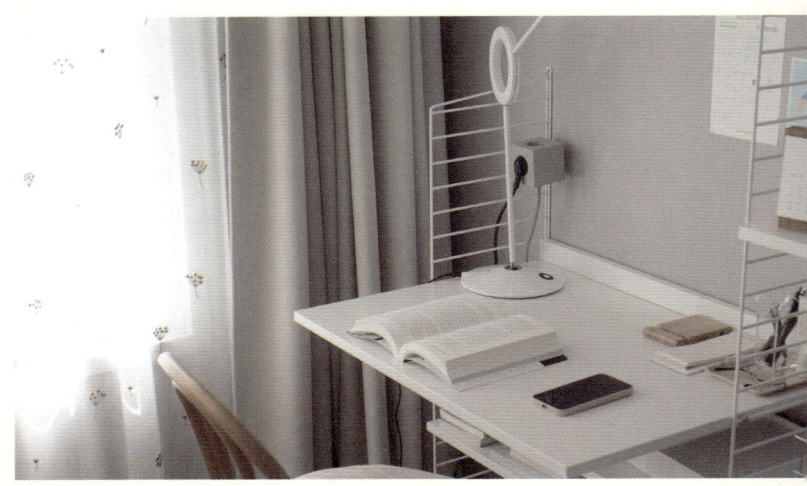

- 물건은 책상 위가 아니라 제자리에

  : 정리의 기본은 '자리 만들기'가 아니라 '자리 지키기'

- 정리 시간은 5분 이내로

  : 상자에 쓸어 담는 방식도 OK, 기준은 '즉시 시작 가능' 상태

- 수납도구 활용

  : 서랍형 수납장, 이동식 트롤리, 바구니로 자주 쓰는 물건

- 시야에서 보이지 않게 정리

  : 책상 아래나 옆은 괜찮지만, 앉았을 때 눈앞은 비워두기

- 아이 책상은 타협이 필요

  : 전시용 케이스 마련으로 감정 + 정리 모두 만족

자꾸만 열어보고 싶은 공간

살림을 하다 보면 괜히 자랑하고 싶은 공간이 생긴다. 나에겐 냉동실, 다용도실, 베란다 창고가 그렇다. '나 잘했지?' 싶은 마음에 사진을 찍어 엄마나 남편에게 보내기도 한다. 칭찬이라도 받으면 다른 곳도 그렇게 만들고 싶어지는 의욕이 생긴다.

이 공간들의 공통점은 하나. 정돈된 시스템이 있다는 것. 어떤 물건이 어디 있는지 정확히 알고, 새로운 물건을 넣고 꺼내는 것도 어렵지 않다. 시간을 들여, 내 손으로 만들어낸 공간이기 때문에 더 애착이 간다.

냉동실 — 타임캡슐에서 수납 명당으로

한때는 타임캡슐 같았다. 돌잔치 떡, 낯선 식재료, 유통기한이 지난 것들이 튀어나오던 시절도 있었다. 정리를 결심하고 모든 걸 꺼내 칸마다 자리를 정했다. 봉지나 반찬통으로는 한계가 있어 냉동 전용 용기와 라벨지로 시스템을 새로 짰다. 지금은 냉동실 문을 열 때마다 기분이 좋다.

다용도실 — 가장 자주 들락거리는 공간

세탁기가 있는 다용도실은 가장 자주 오가는 공간이다. 그래서 가장 먼저 눈에 띄는 '보이는 것'에 신경 썼다. 수납함을 같은 종류, 같은 색상으로 통일하고, 청소·세탁·주방 용품을 종류별로 정리해 넣었다. 정리한 뒤에는 물건을 찾는 시간이 줄었고, 중복 구매 없이 계획적인 소비가 가능해졌다. 남편과 아이들도 스스

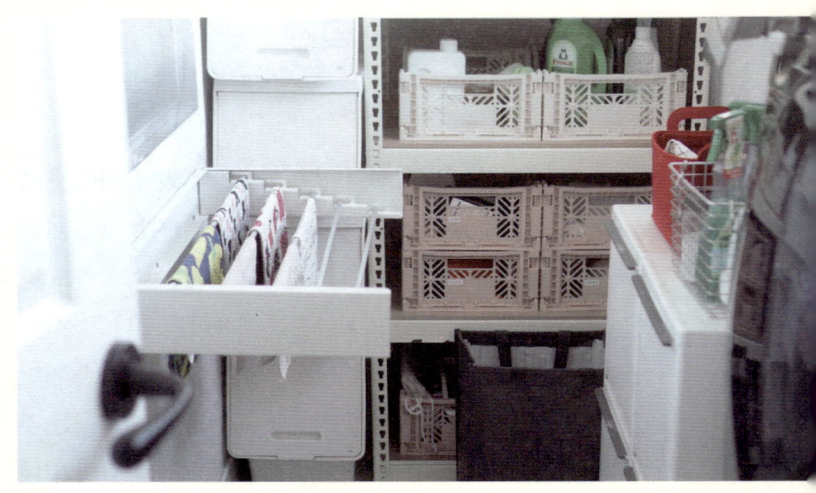

로 필요한 것을 꺼낼 수 있게 되어 살림 스트레스가 줄었다.

베란다 창고 — 가끔 쓰는 물건도 쉽게

자주 열지 않는 공간이라 대충 두어도 괜찮다 생각했지만, '꺼낼 때 불편함'이 쌓이니 결국 정리가 필요했다. 이젠 여행가방, 텐트, 계절용품이 필요한 순간에 치우지 않고도 바로 꺼낼 수 있도록 정리했다.

이렇게 집 안 곳곳에 자신 있게 보여줄 수 있는 공간이 늘어나면 보이지 않는 곳도 잘 관리되고 있다는 살림 자신감이 생긴다. 단정함은 겉으로만 드러나는 것이 아니라, 내가 그 공간을 얼마나 알고 다룰 수 있는가에서 비롯된다.

멀티탭 숨기기

거실에 있는 멀티탭은 무인양품의 스틸박스에 넣어 정리했다. 깔끔해 보이는 것은 물론이고, 바퀴를 달아 이동이 쉬워지고, 자석 고리로 전선을 걸어두니 사용하기 훨씬 편해졌다. 보기에도, 기능적으로도 만족도가 높은 수납이다.

정리함처럼 보이지 않는 디자인 제품도 있다. 두꺼운 외국 원서처럼 보이는 책 모양 정리함은 커버 디자인이 감각적이고, 선반에 올려두면 장식품처럼 보인다. 작은 조명을 올리면 누구도 그 안에 멀티탭이 숨어 있다고 눈치 채지 못할 정도다.

컴퓨터 책상 위에는 외부 스위치가 있는 멀티탭 정리함도 유용하다. 모니터를 올릴 정도로 견고한 구조에, 전원을 껐다 켰다 할 수 있는 조작성까지 갖췄다. 책상 위 공간 활용과 실용성을 모두 충족한다.

반대로, 굳이 숨기지 않아도 자랑하고 싶을 만큼 예쁜 멀티탭도 있다. 아볼트나 사무엘스몰즈 같은 브랜드의 제품은 컬러도 다양하고 디자인도 세련됐다. 정사각형에 자석이 있어 스틸 가구에 부착하거나, 양면테이프로 붙여 벽이나 가구 표면에 노출해도 인테리어를 해치지 않는다. 플러그 부분이 안 보이도록 설계된 제품은 책상 위에 그대로 올려두어도 단정해 보인다.

멀티탭 정리함 추천

- 무인양품 스틸박스
  : 바퀴가 있어 청소 편리, 자석으로 전선 정리

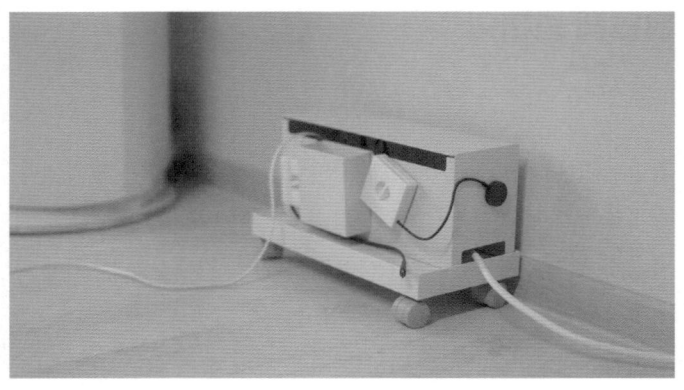

- 책 모양 디자인

    : 장식품처럼 활용 가능

- 에이블루 박스탭

    : 책상 위 정리함 겸 전원 스위치 기능

디자인 멀티탭 브랜드

- 아볼트
- 사무엘스몰즈
- 아이정 / 바나코 / 아이디바 / 네모탭

멀티탭 거치대 활용

- 책상·선반에 부착 가능, 투명 양면테이프 사용
- 벽지는 손상되니 부착 금지
- 침대 프레임 뒤에 부착 시 전원 관리 편리

세트를 버리는 것보다 비싼 단품 하나

정리정돈에 관한 책을 보면 늘 등장하는 말, '비움'. 물건을 줄여야 한다는 데 동의하지만, 처음부터 쉬운 일은 아니었다. 그러나 한정된 공간을 잘 사용하고 진짜 필요한 것들을 관리하기 위해선 결국 비워야만 했다.

자리만 차지하면서 쓰지 않았던 물건, 존재조차 잊고 있던 물건, 한때 잘 썼지만 더는 쓰지 않는 물건들을 비우면서 아깝고 후회스러운 마음이 들기도 했다. 하지만 이 과정을 통해 얻은 가장 큰 수확은 '물건을 구입하는 기준'이 생겼다는 것이다.

아이들 물건을 무료배송 기준에 맞추거나 '혹시 모르니' 두세 개씩 샀던 일들. 결과는 늘 똑같았다. 하나만 쓰고 나머지는 비움. 외출용 가위, 낱말카드 스티커 등 결국 하나만 썼다. 필요 이상으로 샀다가 정리하면서 깨달은 건, "많이 살 필요 없다"는 단순한 진리였다.

또 하나. '세트로 사지 않아도 된다'는 사실. 혼수로 냄비, 칼, 그릇 등 세트로 샀지만 결국 쓰는 건 정해져 있었다. 친정엄마의 조언도 있었지만, 내 생활에 맞지 않으면 쓰지 않게 된다. 그렇게 몇 년 들고만 있다가 결국 나눔했다.

지금 생각해보면, 처음엔 불편할 수 있어도 그때그때 필요한 걸 골라 사는 게 훨씬 낫다. 비싸게 단품을 사는 게 아깝게 세트를 비우는 것보다 낫다는 걸 배웠다. 실제로 그렇게 산 물건은 더 아끼고 잘 쓰게 된다.

비움은 '있는 것'을 '잘 쓰는 것'과도 연결된다. 예쁜 노트를 모으는 취미가 있었지만 정작 쓰지 않았다. 비우기 아까워서 꺼내 쓰기로 했다. 메모, 식단표, 업무 노트로 조금씩 쓰다 보니 쌓인 노트도 줄고, 쓸 때마다 뿌듯했다.

열쇠고리, 스티커, 엽서, 편지지처럼 아깝다는 이유로 못 쓰던 것들. 시간이 지나니 더 못 쓰게 되었다. 예뻤을 때 썼다면 기분이라도 좋았을 텐데, 결국은 자리만 차지했다.

불필요한 물건을 정리하다 보면 '여기에 이런 게 있었어?' 싶은 물건도 발견한다. 자괴감도 들지만, 지금이라도 찾아서 쓰게 되었으니 다행이다. 본래 용도에 맞게 제자리에 두고 잘 쓰면 된다. 비운 뒤엔 늘 "좀 더 빨리 비울 걸"이라는 후회는 해도, 비운 것 자체를 후회한 적은 없다. 이 과정을 통해 '나는 무엇을 좋아하는 사람인지' '어떤 기준으로 물건을 고르는지' 분명해졌다. 미니멀한 디자인, 관리하기 쉬운 기능, 단품 위주, 진짜 마음에 드는 것, 그게 내 기준이다.

버리거나 나눈 것들을 돈으로 따지면 적잖은 수업료다. 하지만 그 덕분에 앞으로의 소비가 훨씬 단단해졌다. 낭비를 줄이고 내 공간을 채우는 안목을 키운 셈이다.

단정한 집을 만드는 생활습관

어질러지는 순간을 되짚어보면 답이 보인다. 식사 준비 중 꺼낸 식재료, 조리도구, 그릇. 아이들이 숙제 후 꺼내는 작은 장난감, 책상 위에 쌓인 메모지와 필기도구들.

처음부터 모든 공간을 단정하게 만들겠다는 욕심은 내려놓는다. 아이들이 등교한 뒤, 자기 전처럼 일정한 시간을 정해 정리하겠다고 마음먹는 것이 훨씬 현실적이다. 예를 들어 하루 30분, 특정 서랍이나 책장 하나씩. 편안한 공간에서 가족이 쉴 수 있다면, 그 수고는 충분히 보람 있다.

습관 만들기	정리 시간, 공간을 정해 하루 30분만 정돈하기
심리적 기준 낮추기	'하나만 지키기'로 시작: 식탁 위, 책상 위 중 한 곳만 비워두기
제자리 만들기	물건이 애매하면 버리기보다 '어디 둘지'를 먼저 결정하기
보이는 곳 중심 정리	식탁·책상·가구 위를 먼저 정리하면 시각적 단정함이 생김
가구 색·배치 정돈	같은 톤, 유사한 높낮이 / 시선에 들어오는 순서로 배치
긴급 대처법	급할 땐 '빈 상자 정리'로 임시 해결도 가능

다림질에서 벗어나는 현실적인 방법

남편이 남자친구였을 때, 흰 셔츠에 슬림한 정장을 입고 나온 모습에 새삼 반했던 날이 있다. 그때는 몰랐다. 그 흰 셔츠가 매일 아침 혹은 저녁마다 나를 괴롭힐 존재가 될 줄은.

- 완벽한 다림질보다 '덜 주름진 옷' 만들기
  - : 세탁 직후 옷을 바로 꺼내 옷걸이에 걸고 손으로 쫙쫙 펴기
  - : 빨래를 개면서도 손 다림질로 마무리
- 다림질의 우선순위 알기
  - : 소매보다는 옷깃·등판 등 눈에 띄는 부분을 집중
  - : 마지막에 가장 중요한 부분을 다려야 주름이 안 생김
- 완벽 대신 실용을 택할 용기
  - : 세탁소를 활용하거나, 캐주얼한 복장 전환도 방법
  - : 링클프리 셔츠, 스팀다리미 등 현실적인 도구 활용

집안일이 늘 신났던 건 아닙니다

집안일이 늘 신났던 건 아니다. 매일 청소해도 금세 다시 더러워지는 집을 보면, "내가 이걸 왜 하고 있지?" 하는 허탈함이 먼저였다. 그러다 어느 순간, "지금 하는 일을 잘 해내야 다른 일도 잘 해낼 수 있다"는 책 속 한 문장이 마음에 남았다. 어차피 해야 할 일이라면 이왕이면 잘해보자는 생각이, 살림에 마음을 붙이게 된 첫 계기였다.

깨끗하게 청소한 뒤 사진을 찍었다. 서랍 하나를 정리하고 나서도 정돈된 장면을 기록했다. 기록을 위해 억지로 몸을 움직인 날도 있었지만, 눈앞에 결과가 있으니 괜찮았다. 그러던 어느 날, 정돈된 거실에서 아이들이 게임을 하며 깔깔거리는 모습을 보았다. '청소하길 잘했다'는 생각이 처음으로 뿌듯하게 들었다. 내가 만든 공간에서 가족들이 편하게 지내는 모습은 예상하지 못한 보상이었다.

냉장고 정리를 해두면 식사 준비가 쉬워지고, 준비한 음식에 아이들이 "맛있다"고 말해주면 힘이 난다. 정리를 해뒀기에 장난감을 쉽게 꺼내고, '정리하자'는 말에 제자리에 가져다두는 아이들을 보며 '잘했다'는 생각이 든다. 살림은 결국 우리 가족을 위한 일이라는 걸 알게 됐다.

처음엔 낯설었던 일들이 손에 익기 시작했다. 청소도구를 생각하지 않아도 곧바로 움직일 수 있고, 채소를 손질해 이름표를 붙여 냉동실에 정리하면 그 가지런함에 스스로 만족한다. 냉동실 문을 괜히 열어보기도 한다. 지지부진하다고 느꼈던 일상이 사

실은 조금씩 성장하고 있었다.

처음엔 '재미를 찾자'는 마음으로 시작했지만, 지금은 가족들의 일상을 돌보며 의미를 찾고, 그 안에서 변화하는 나를 발견하고 있다. 여전히 살림은 반복되고 가끔은 지겹지만, 내 손으로 만든 단정한 공간에서 가족이 웃고 있다는 사실만으로 기분 좋은 순간들이 찾아온다.

비교보다 기록이 힘이 된다

신혼 시절, 여유로운 주말 낮잠을 자고 일어났더니 어느덧 저녁. 식사 준비를 하려 했지만 남편은 "배고프니까 배달 시키자"고 했다. 청소를 하려 해도 어디서부터 손대야 할지 막막했고, 물건 이 꽉 차서 닫히지 않는 서랍을 외면하고 살았다.

결혼 전엔 아무것도 하지 않아도 아침에 일어나면 밥상이 차려 져 있었고, 방은 늘 깨끗했다. 그때는 그저 당연한 줄 알았지, 엄마와 할머니의 노동이 거기 들어 있었음을 생각하지 못했다.

그런 내가 이제 집안일을 책임져야 하는 상황을 마주했다. 청소 기를 돌리고 설거지를 해도 뭔가 어설펐고, 솔직히 미룰 수 있다 면 미루고 싶었다. 그러다 우연히 본 문장 하나가 마음에 들어왔 다. "있는 자리에서 할 수 있는 만큼의 최선을 다하라." 지금 내 본업은 주부, 그러니 일단 잘해보자고 다짐했다.

문제는 몰랐다는 것. 엄마와 할머니의 살림을 본 적은 있어도, 배운 적은 없었다. 그래서 처음부터 배워야겠다는 마음으로 관 련 책을 읽고 〈살림경영클래스〉 같은 온라인 강의를 들었다. 물 건 관리부터 가계 운영까지, 살림을 집 경영으로 보는 시야가 생 기기 시작했다.

하지만 완벽해 보이는 집, 멋진 주부들과 나를 비교하며 자꾸 좌 절하기도 했다. 그럴 때 수영을 처음 배웠을 때를 떠올렸다. 물 속에서 숨쉬는 법부터 익히고 나서야 자유형이 가능했다. 살림 도 마찬가지였다. 고작 몇 달 노력한 내가 수년의 노하우를 따라 잡겠다는 게 어불성설이었다.

그래도 조금씩 변했다. 큰맘 먹고 냉장고 정리를 끝낸 날, 식재료를 손쉽게 꺼내 쓸 수 있었고, 청소한 거실에서 아이들이 편히 노는 모습을 보며 보람을 느꼈다. 아직 살림이 완전히 익숙해진 건 아니지만, '할 수 있는 것부터 하나씩'의 마음으로 해나가면, 분명 익숙해지는 날이 올 거라 믿는다.

매일 애써도 티가 안 나는 날도 있다. 다시 어질러지고, 반복되는 일상에 지칠 때도 있다. 그럴 땐 기록해둔 사진을 꺼내 본다. 정돈한 거실, 깨끗하게 정리한 서랍. 그리고 생각한다. '엄마와 할머니도 이런 시간을 견뎠겠지. 이젠 내 차례다.'

저녁 루틴을 지키는 이유

'집안일'은 유기적으로 연결되어 있다. 식사 준비 중에 설거짓거리가 생기고, 밥을 먹고 난 뒤 그릇을 씻지 않으면 다음 끼니에 애써 준비한 반찬을 다 놓지 못할 수도 있다. 식탁을 닦고, 식재료를 관리하는 일까지 이어지며, 저녁 살림은 아침부터 쌓인 일의 마무리이자 다음 날을 위한 준비가 된다. 선순환의 시작인 셈이다.

물론 해야 하는 일이라 자연스럽게 해낼 때도 있지만, "지금 이걸 치워, 말아" 사이에서 오락가락할 때도 있다. 그럴 때마다 다음 날 아침을 떠올리며 무거운 몸을 일으킨다. 어떻게 마무리하느냐에 따라 다음 날 하루의 시작이 달라지기 때문이다.

저녁 살림의 시작은 설거지다. 그릇을 씻고, 싱크대와 주변을 정리하면 주방이 정돈된다. 이때 아이들에게 거실에 있는 장난감을 정리해 오라고 하면 효과적이다. 빈 상자를 하나씩 나눠주고 담게 하면, 설거지를 마치고 거실로 나왔을 때 제법 깨끗해진 모습을 볼 수 있다.

아이들을 재운 뒤에는 욕실로 간다. 욕실 앞 빨래바구니에 있는 옷들을 세탁기에 미리 넣어두는 게 일과 중 하나다. 다음 날 아침, 버튼만 누르면 세탁이 시작되도록. 매일 세탁기를 돌리는 습관 덕분에 "입을 옷이 없다"는 아침의 난감한 순간을 피할 수 있다.

마지막은 욕실 청소. 특히 세면대와 변기를 간단히 청소한다. '간단히'라는 말이 어색하게 들릴 수도 있지만, 매일 반복하다

보면 정말 간단해진다. 전용 세제를 뿌리고, 행주로 닦은 뒤 물로 헹구면 끝. 샤워 전에 세제를 뿌려두고 샤워 후에 닦으면 수고를 덜 수 있다. 아이들에게 "더러우니 조심해"라는 말을 하지 않아도 되는 환경이 자연스럽게 만들어진다.

물론 이런 루틴을 매일 지키는 건 아니다. 때로는 "내일 아침에 하지 뭐"라는 생각으로 잠들기도 한다. 그러고 나면 아침에 다시 설거지를 하고, 세탁기를 돌리며 '어젯밤에 할걸' 하고 후회한다.

이 루틴을 지키고 싶은 이유는 간단하다. 아침에 반짝이는 싱크볼과 말끔한 집을 마주하면 기분이 상쾌해지기 때문이다. 덕분에 그날 하루의 일에 더 잘 집중할 수 있는 환경이 만들어진다.

아직 완벽하지는 않다. 하지만 세탁기를 준비해두고, 욕실을 정리하고, 하나하나 실천하면서 '몸이 먼저 움직이는' 날이 오길 기대하고 있다. 이미 반쯤은 그 경지에 도달했는지도 모르겠다.

식기는 이렇게 골라요!

어느 날, 정갈하게 차려진 상차림 사진을 봤다. 음식은 평범했지만, 그릇이 분위기를 살리고 대접받는 느낌을 주었다. 그때부터 그릇이 눈에 들어오기 시작했다. 물론 요리 실력을 키우는 것도 중요하지만, 같은 음식도 어떤 그릇에 담느냐에 따라 느낌이 확 달라진다는 걸 알게 됐다. 부족한 실력을 그릇이 어느 정도 보완해준다고나 할까.

처음부터 모든 그릇을 바꾸지는 않았다. 값비싼 브랜드 제품도 아니었다. 내 취향에 맞고, 자주 해 먹는 음식과 어울리며, 어떤 음식을 담아도 자연스러운 그릇들을 천천히 골라갔다. 가장 먼저 선택한 것은 타원형의 깊이 있는 그릇이었다. 볶음밥이나 덮밥처럼 한 그릇 음식에 딱 알맞았기 때문이다.

아이들에게는 본인이 좋아하는 색의 그릇을 직접 고르게 했다. 식사 때마다 "이건 내가 고른 거야" 하며 좋아하는 모습이 귀엽고, 왠지 밥도 더 잘 먹는 것 같았다. 잔치국수나 국을 담는 흰색 스프볼도 자주 쓴다. 본래는 양식기지만 국물이 있는 한식에도 잘 어울리고, 흰색이라 음식이 돋보여 더 만족스럽다.

아이들 그릇을 제외한 대부분의 식기는 흰색이다. 무늬 있는 그릇도 좋지만, 시각적으로 편안하고 음식과 잘 어울리는 흰 그릇을 선호한다. 브랜드가 달라도 색상이 같으면 자연스럽게 어우러지는 것도 장점이다.

손이 자주 가는 그릇의 모양은 타원형이나 직사각형. 생선구이나 유부초밥, 여러 반찬을 나란히 놓기 좋다. 취향이 반영된 그

룻에 음식을 담으면, 단순한 식사도 특별하게 느껴진다. 좋아하는 그릇으로 그릇장이 채워졌을 때의 만족감, 그 그릇에 음식을 담고 싶어서 요리가 즐거워지는 경험은 살림을 이어가게 하는 원동력이 된다.

- 자주 해 먹는 음식과 어울릴 것
    : 볶음밥, 덮밥엔 타원형 / 생선구이, 유부초밥엔 직사각형
- 색상은 흰색 위주로
    : 눈에 편하고, 어떤 음식과도 잘 어울림
- 아이들 취향도 반영
    : 좋아하는 색 그릇을 고르게 하면 식사 시간도 즐거워짐
- 양식기라도 한식에 활용 가능
    : 스프볼은 국이 있는 한식에도 유용
- 좋아하는 살림살이는 요리를 부른다
    : 내가 고른, 마음에 드는 그릇은 살림에 활력을 준다

수납함이 짐이 되지 않으려면

집 정리를 하다 보면 가장 많이 비우게 되는 물건 중 하나가 바로 '수납함'이다. 물론 수납함 자체가 쓸모없는 건 아니다. 넓은 공간을 구획하고, 단정해 보이게 정리하는 데 큰 도움이 된다. 하지만 시간이 지나 아이들이 자라고, 관심사가 바뀌고, 물건의 종류가 달라지면 그 수납함이 오히려 애물단지가 될 수도 있다. 공간에 안 맞아 무용지물이 되거나, 그 안에 무엇을 넣어야 할지 애매해지는 것이다.

그래서 수납함을 고를 때는 '지금'만이 아니라 '앞으로도' 잘 쓸 수 있을지를 기준으로 삼는다. 무엇보다 먼저 해야 할 일은 수납함을 사는 게 아니라, 넣을 물건을 확실히 정하는 것이다. 비우지 않고 넣기만 하면 언젠가는 수납함과 함께 비워야 할 날이 온다. 당장 비우긴 어렵지만 보관하고 싶은 것이라면 '이 바구니 하나까지만'처럼 기준을 정하는 것이 중요하다.

수납함을 고를 때는 공간 사이즈를 정확히 재야 한다. 경첩에 걸리거나 꺼낼 때 걸리는 부분은 없는지 확인하고, 약 5밀리미터 정도 여유를 두는 것이 좋다. 서랍 속이나 수납장처럼 '숨어 있는 공간'에 넣을 수납함은 디자인보다 기능이 중요하지만, 선반처럼 드러나는 공간에 둘 수납함이라면 같은 종류로 통일하는 편이 보기 좋다.

추가로 구입할 일이 생길 수도 있으므로, 단종 가능성이 적은 제품이나 색상을 선택한다. 같은 제품이 아니더라도 '같은 색'으로 맞추는 것만으로도 정리된 인상을 준다.

굳이 수납함을 새로 구입하지 않아도 된다. 내구성 좋은 상자나 종이 가방을 재사용해도 충분하다. 비용 부담도 덜고, 나중에 버릴 때 죄책감도 적다. 플라스틱 우유통은 적당히 잘라 욕실이나 서랍 속 작은 물건을 담기에 좋고, 종이 우유팩은 텀블러 정리에 활용할 수 있다. 선물용 상자는 서랍 속 구획을 나누는 데 적당하고, 튼튼한 종이 가방은 잡동사니 정리에 유용하다.

어떤 수납함이든 잘만 쓰면 정리정돈에 도움이 된다. 하지만 정리함만 있으면 정리가 될 거라는 막연한 기대감으로 덜컥 사두면, 그 수납함도 언젠가는 비워야 할 짐이 될 수 있다. 수납을 위한 수납이 되지 않도록, 먼저 정리할 물건과 공간을 점검하고 '나중까지 잘 쓸 수 있는 수납'을 고민해야 한다.

스테인리스 용품 잘 쓰는 법

주방용품은 스테인리스 재질을 선호한다. 반찬통, 조리도구, 프라이팬, 냄비 등 주방 곳곳에 스테인리스 제품이 많다. 반찬통은 냄새 배지 않고 깨질 염려가 없고, 조리도구는 튼튼하고 오래 쓸 수 있다. 지금 사용하는 스테인리스 프라이팬도 친정엄마가 20년 전에 구입한 것이다. 오래가고 질리지 않는다는 게 가장 큰 장점이다. 다만 관리가 필요하다.

물 얼룩은 설거지 후 물기가 마르며 생긴다. 마른 행주로 닦으면 예방할 수 있지만 매번 닦기 어렵다면 식초나 구연산수를 활용하면 된다. 무지개 얼룩은 식초 한두 방울을 떨어뜨려 문지르면 말끔히 지워진다. 그래도 남아 있으면 식초를 적신 키친타월을 얼룩 부위에 덮고 5~10분 정도 두었다가 헹궈낸다. 반짝이는 광이 되살아난다.

스테인리스팬 조리는 특히 예열이 중요하다. '강불로 달군 뒤, 불을 낮추고 기름을 둘러 팬 전체에 열을 퍼뜨린 다음 조리 시작'이 내 방식이다. 이 과정을 거치면 팬 위에서 계란프라이가 미끄러지듯 움직이는 순간이 온다. 그때의 쾌감은 꽤 크다. "오늘은 성공했군!"

그래도 가끔은 음식이 눌어붙거나 탈 때가 있다. 이럴 땐 스테인리스 전용 수세미로 박박 문지르거나, 물과 전용 세제를 넣고 한소끔 끓이면 다시 광을 되찾을 수 있다.

이렇게 보면 스테인리스 용품 관리가 까다롭다고 느낄 수 있지만, 사실 그렇지 않다. 코팅팬처럼 조심스럽게 쓸 필요가 없고,

주기적으로 교체할 필요도 없다. 설거지 마무리에 식초 헹굼을 더하고, 타거나 눌어붙었을 때 물과 세제를 넣고 끓이기만 해도 충분하다.

이제 눌어붙지 않게 조리하는 기술만 조금 더 익히면 된다. 괜히 스테인리스 관리법을 잘 알게 된 게 아니다. 오래 써야 하니까, 더 잘 쓰고 싶은 마음으로 여기까지 왔다.

- 물 얼룩 제거
  : 설거지 후 마른 행주로 닦기 / 식초나 구연산수 사용
- 무지개 얼룩
  : 식초 한두 방울 문지르기, 그래도 안 없어지면 식초 적신 키친타월 덮고 5~10분
- 눌어붙은 팬
  : 스테인리스 전용 수세미 또는 물+세제 넣고 끓이기
- 예열 노하우
  : 강불로 예열→약불→기름을 두르고 잠시 후 재료 올리기
- 사용 제품
  : 스크러바 수세미, 마마포레스트 파워버블 클린파우더

습기와의 싸움＝환기+제습+예방

하루 한 번은 꼭! 환기 루틴

공기가 머무는 곳엔 습기도 머문다. 붙박이장, 서랍, 주방 상하부장 등 평소 잘 열지 않는 문까지 활짝 열어 환기시킨다. 장마철엔 하루에 두세 번이라도 공기 순환시키기.

제습기 활용법

집 안 곳곳을 다 커버할 수는 없으니 바퀴 달린 이동형 제습기 사용. 습도 높은 둘째 방엔 매일 2시간씩 돌린다. 장마철에는 방마다 이동하며 집중 관리. 물통에 모인 물을 보면 '내가 이걸 안 했으면 어땠을까' 싶은 마음이 든다.

제습제, 공간마다 다르게

- 서랍이나 수납함 안엔 젤리형 제습제
  : 흔들어도 새지 않아 안심, 옷장에도 OK
- 붙박이장 구석엔 플라스틱 제습통 + 염화칼슘 리필
  : 직접 채워 쓰면 경제적, '밀봉' 중요! 전용 커버 구입해 덮으면 안정감도 좋아짐

겨울철 결로 관리

아침마다 창틀에 맺힌 물방울 닦기: 즉시 환기. 난방으로 실내외 온도차가 커지는 계절엔 더 철저하게. 특히 베란다 창, 안방 창, 북향 방은 매일 점검.

이미 생긴 곰팡이는?

- 벽·실리콘·줄눈엔 전용 곰팡이젤 추천

  : 흘러내리지 않고, 제자리에 잘 붙어 효과 좋음. 강력한 제거가

  필요할 땐 락스 희석해서 사용. 설명서에 나온 비율을 지키고,

  환기는 필수.

육아와 살림 사이에서 배운 것들

아직 기어다니지도 못하는 첫째와 함께 정신없이 지내던 시절, 어느 날 온라인 커뮤니티에서 이런 글을 본 적이 있다. "아기 키우는 집은 하루에 바닥 청소를 몇 번이나 하세요?" 댓글은 폭발적이었다. 아침저녁으로 청소한다는 이들부터 하루 한 번도 많다는 의견, 청소할 여유조차 없다는 지친 목소리까지. 어떤 이는 청소 서비스를 이용한다고도 했다.

그때의 나는 "아이 돌보는 것만으로도 벅찬데, 청소할 여유는 없다"는 쪽이었다. 살림에 익숙하지 않은 상태에서 육아까지 함께 해야 하는 상황. 우선순위는 울면서 존재감을 드러내는 아기였다. 낮잠 자는 시간도 있었고, 항상 엄마만 찾는 건 아니었지만, 내가 가진 모든 에너지를 육아에 쏟다 보니 살림까지 손쓸 여유는 없었다. 에너지 분배 같은 건 몰랐던 시절이다.

다른 집을 보며 '어떻게 저렇게 하지' 싶다가, 결국 할 수 없다는 막막함 때문에 아무 시도조차 하지 않았던 날들도 많았다. 완벽을 기대한 마음이 오히려 발목을 잡았다.

지금 돌아보면, 완벽할 수 없으니 작게라도 시작해보라고, 그때의 나에게 말해주고 싶다. 처음부터 높은 목표를 세우면 오히려 의욕이 떨어진다. 운동장 몇 바퀴 뛰었다고 다음 날 마라톤에 나갈 수는 없는 일이다. 그럴 땐 기준을 낮추자. 가구 위의 물건 몇 개를 정리하는 것, 안 쓰는 물건 3개를 버리는 것. 그런 소소한 목표를 해내는 경험이 다음 일을 할 수 있는 힘이 된다.

잘하려는 마음보다는 '일단 해보는 마음', 모든 걸 하려는 생각보다는 '지금 할 수 있는 것부터'. 이 마음이 여유 없던 나를 움직였고, 그렇게 살림은 조금씩 내 생활로 들어왔다. 지금의 나는 하루에 두 번 바닥 청소를 하는 사람이 되어 있다.

조용하고 간단한 도구부터 시작하기
먼지 청소포는 청소기보다 소음이 적고, 세탁도 필요 없어 여유가 없을 때 적합하다. 살림과 육아가 조금 익숙해졌다면, 세탁해서 반복 사용하는 청소걸레로 바꿔도 좋다.

하루 루틴을 한 가지씩 늘리기
예를 들어, 아침엔 세탁기 돌리기, 저녁엔 빨래 개기. 하나가 익숙해지면 다음 행동을 더 해보기. 이렇게 차곡차곡 쌓다 보면, "신을 양말이 없다"는 말은 듣지 않게 된다.

아이 낮잠 시간, 꼭 일하지 않아도 된다
아이 옆에 누워 조용히 눈을 감고 있는 것만으로도 좋은 휴식이 된다. 마음도, 몸도 쉬어가는 시간. 그리고 잊지 말자. 아이가 곁에서 새근거리며 자는 모습을 볼 수 있는 날은, 생각보다 많지 않다.

물건보다 마음 때문에

유치원 상담 날, 선생님이 말했다. "어머님, 아이가 놀이 후 정리를 정말 잘해요." 나는 갸우뚱했다. 집에선 정리를 귀찮아하고, 자발적으로 하는 모습을 본 적이 없기 때문이다. 교실을 둘러보니, 정돈된 교구와 장난감이 눈에 들어왔다. 종류별로 구분돼 있고, 아이들이 쉽게 알아볼 수 있도록 그림 라벨이 붙어 있었다. 우리집은? 장난감의 정해진 자리가 없었다. 그때그때 보이는 바구니나 책상 서랍에 넣어두곤 했다. 이런 환경에서 아이가 스스로 정리를 잘하길 기대했던 내가 이상했던 거다. 아이의 물건부터 제자리를 만들어줬다. "이 인형은 어디에 두면 좋을까?" 너무 막연하지 않도록, 아이 방이나 거실 한쪽처럼 범위를 정해주고, 관련 물건은 같은 칸에, 애매한 건 따로 보관하는 상자를 만들었다.

아이들이 거실에 장난감을 늘어놓고 놀 땐 정리하라는 말은 하지 않는다. 대신 놀이가 끝날 무렵, "이제 마무리하자" 하고 빈 상자를 건넨다. 모든 걸 하나씩 옮기긴 힘들어해도, 박스에 담는 건 금세 한다. 그리고 가끔 묻는다. "이 중에 정말 가지고 싶은 건 뭐야?" 처음엔 "다"라더니, 몇 번 반복하자 자주 안 갖고 노는 걸 스스로 골라내기 시작했다.

나는 물건을 소중히 여기는 마음을 길러주고 싶다. 아이의 정리 정돈이 완벽하지 않아도 괜찮다. 정리된 공간이 왜 좋은지, 제자리가 있다는 게 어떤 의미인지, 자신이 쓰는 공간을 가꾸는 감각을 경험하게 해주고 싶다. 정리는 결국 마음을 다루는 일이니까.

오늘도 나는 서랍을 하나 연다

며칠째 방치된 짐들, 겨우 조리 공간만 남은 주방 상판, 책장 위에 눕혀 쌓인 책들, 무엇이 들어 있는지도 모를 베란다 창고. 볼 때마다 '정리해야지' 생각하지만 어디서부터 시작해야 할지 몰라 손을 못 댄 날이 많았다. "해야 하는데…" 하며 생각만 무한 반복.

하지만 하루 종일 집 정리에만 매달릴 수는 없다. 아이들은 엄마를 찾고, 식사 준비도 해야 하고, 그 사이에도 집은 계속 어질러진다. 그래서 시작한 게 '하루 한 공간 정리하기'다.

'주방 정리'는 너무 크다. 대신 '주방 오른쪽 상부장 정리'처럼 구체적으로 구역을 나눴다. 막막함은 줄고, 끝이 보이니 할 수 있겠다는 마음이 생겼다. 도면을 펼쳐 공간을 나누고, 하루 1시간 정도면 부담 없이 정리할 수 있도록 계획을 짰다.

정리할 공간만 보고, 다른 곳은 쳐다보지 않았다. 대신 '오늘 맡은 곳'만은 끝맺음까지 해냈다. 비워야 할 물건은 그날 처리했고, 꺼낸 물건은 다시 자리를 만들어 수납장 안에 넣었다. 완벽하진 않아도 완료하는 데 집중했다.

시작이 어려웠을 뿐, 생각보다 정리는 어렵지 않았다. 하루아침에 집이 바뀌진 않았지만, 전보다 훨씬 정돈되고 있다는 걸 사진을 보며 확인할 수 있었다. 정리할 때마다 부담감은 줄었고, 필요한 물건도 금방 찾게 되었다. 지금은 열지 않아도 붙박이장 오른쪽 서랍 안에 뭐가 있는지 안다.

무엇보다 소비 습관이 바뀌었다. '이걸 샀다가 자리만 차지하진

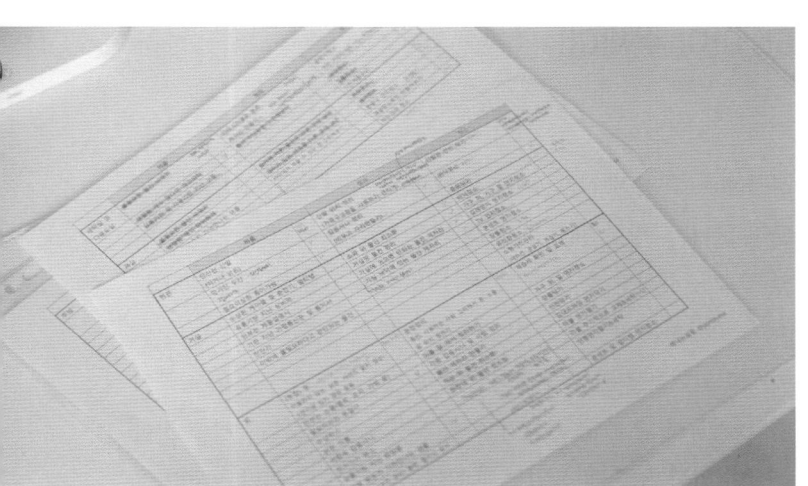

않을까' 한번 더 생각하게 됐다. 그리고 놀랍게도, 쓰고 나면 제자리에 가져다놓는 사람이 되었다. 예전의 내가 수년간 듣고도 바꾸지 못했던 습관을, 이젠 딸에게 잔소리하고 있다.

이런 변화는 하루아침에 오지 않았다. 여전히 진행 중이다. 하지만 매일 10분이라도 움직였더니 분명히 달라졌다. 멈추지 않으면, 달라진다.

오, 마이 수세미!

생활용품 중 자신 있게 "이게 좋아요"라고 말할 수 있는 물건은 많지 않다. 다양한 제품을 오래 써본 경험이 있어야 비교할 수 있으니까. 하지만 수세미만큼은 나만의 확고한 취향이 생겼고, '내가 좋아하는 수세미는 이것'이라고 말할 수 있다.

예쁘고 귀여운 코바늘 수세미는 주방에 두는 것만으로도 기분이 좋다. 거품도 잘 나고 기름기도 잘 닦이지만, 실오라기가 빠지는 단점이 있다. 여름에 묵었던 펜션에선 그물망 수세미를 봤는데, 건조가 빨라 위생적이지만 거품이 잘 안 나고 너무 얇았다.

효율을 중시하는 친구는 일회용 수세미를 썼다. 세제가 미리 묻어 있어 물만 묻히면 바로 쓸 수 있어 간편했다. 사용 후 청소용으로 돌려쓰거나 바로 버릴 수 있다는 점도 효율적이었다.

시댁에서는 양면 수세미를 쓰는데, 거친 쪽으로 애벌설거지 후 부드러운 면으로 마무리한다. 사용감은 좋지만 음식물이 끼거나 이염이 되는 단점도 있었다. 친정에서는 다양한 수세미를 사용하고, 헹굼은 반드시 젖은 행주로 한다. 비눗기가 잘 빠지고 헹굼 시간이 줄어든다.

지금 내가 쓰는 건 진짜 '수세미'다. 식물 수세미를 말려 껍질을 벗긴 것을 내 손에 맞게 잘라 사용한다. 물에 젖으면 부드러워지고, 거품도 잘 나며 오염도 잘 빠진다. 자연 소재라 마음도 편하다.

좋은 수세미의 기준은 다양하다. 거품, 건조력, 기름기 제거, 위생, 소재, 관리 편의성 등 좋은 수세미에 '정답'은 없다. 소모품이

니 만큼 내 손에 잘 맞고, 소재가 안전한 것이 중요하다.

- 코바늘 수세미

  : 예쁘고 기분 좋지만 실오라기 빠짐 주의

- 그물망 수세미

  : 건조 잘되고 위생적, 하지만 거품은 덜 남

- 일회용 수세미

  : 간편함 최고, 주방세제 없이도 OK

- 양면 수세미

  : 애벌+마무리 다용도, 음식물 끼임 있음

- 식물 수세미(루파)

  : 자연 소재, 거품 잘 나고 위생적

진짜 설거지의 마무리는 여기까지

설거지의 기준은 사람마다 다르다. 남편이 "설거지 끝냈다"고 말해도, 배수구에 음식물 찌꺼기가 그대로 있는 걸 보면 '진짜 끝난 게 맞나' 싶다. 고맙다고 말하면서도, 나는 배수구까지 치우고 싱크대 주변을 닦아야 비로소 설거지가 끝났다고 느낀다. 배수구 청소의 중요성을 알게 된 건 우연히 열어본 배수구 안에 각종 물때와 까만 곰팡이 자국을 본 이후다. 과탄산소다를 뿌리고 뜨거운 물을 흘려보낸 끝에야 겨우 닦을 수 있었고, 그날 이후 설거지 루틴이 달라졌다. 음식물 쓰레기를 바로바로 버리고, 배수구까지 함께 관리하기 시작했다.

이제는 매일 닦다 보니 특별한 세제 없이도 관리가 쉬워졌다. 그릇을 닦은 뒤에는 싱크대도 주방세제로 한 번 닦는다. 기름기가 적은 날에는 물로 헹구고, 물기를 행주로 닦아 마무리한다. 물기를 그대로 두면 하얀 얼룩이 생기기 때문. 이렇게 마무리된 싱크대는 다음 날 다시 일하기 좋은 환경이 된다.

며칠만 방심해도 싱크대는 금세 지저분해진다. 그럴 땐 스틸울 수세미를 꺼낸다. 세제가 들어 있고 연마 효과가 있어서 스테인리스 재질의 싱크대를 광나게 관리할 수 있다.

마지막 단계는 물기 제거. 부드러운 면 행주, 흡수력이 좋은 스펀지, 미니 스퀴지를 활용해 마무리하면 완벽하다. 그러고 나서 음식물 쓰레기를 비우면, 드디어 오늘의 설거지가 끝난다.

반짝이는 싱크대를 바라보고 있으면 하루쯤은 그대로 유지하고 싶어진다.

- 음식물 쓰레기

  : 그때그때 버린다

- 배수구 청소

  : 과탄산소다+뜨거운 물로 주기적 관리

- 싱크대

  : 주방세제로 닦고 물기 제거

  : 오염 심할 땐 스틸울 수세미 사용

  : 행주·스펀지·미니 스퀴지로 마무리

  : 음식물 쓰레기통까지 비워야 '진짜 끝'

정리의 핵심은 '적정량' 설정하기

세탁세제를 아무리 기울여도 나오지 않을 때, 빈 통을 뒤집어 마지막 한 방울까지 모은 다음 다용도실에서 여분 하나를 꺼낸다. 이렇게 다 쓰고 하나를 꺼내면 바로 하나를 주문하는 방식. 처음부터 체계적으로 했던 건 아니다.

다용도실은 부엌 옆 작은 베란다 공간이다. 팬트리처럼 철제 선반을 놓고 세제, 고무장갑, 수세미 같은 생필품을 보관하고 있다. 정리 시스템이 없었을 땐 필요한 물건이 몇 개 남았는지도 몰랐고, 마트에서 1+1 행사만 보면 무작정 사들였다. 결국 뒤죽박죽된 다용도실에서 물건을 찾는 일이 점점 더 귀찮아졌고, 비슷한 물건이 쌓이기 시작했다.

이 악순환을 끊기 위해 전체 물건을 꺼내 상태를 확인하고, 버릴 것과 남길 것을 구분했다. 쓰지 않는 섬유유연제, 어디에 뒀는지 몰랐던 동화 CD 등 숨은 물건도 나왔다. 선반은 용도별로 나누었다. 세탁용은 세탁용끼리, 청소용은 청소용끼리, 애매한 건 '잡동사니' 수납함에.

그리고 적정 수량을 정했다.

세탁세제는 3개
청소용 세제는 4개
고무장갑과 수세미는 6개월 치

이후부터는 할인 행사에도 흔들리지 않는다. 필요한 만큼만 사

고, 사용하는 양을 기록해두면 소비 패턴이 보인다. '이 세제는 1.5리터 한 통을 한 달 반 동안 쓰는구나' 같은 식이다.

따지고 보면, 요즘은 필요한 물건을 빠르게 배송받을 수 있다. 굳이 많은 재고를 보관하지 않아도 된다. 그럼에도 여러 개를 사고 싶다면, 그만큼 보관할 공간과 적정량을 정해두는 것이 좋다. 이름표를 붙여두면 가족 누구나 쉽게 찾고 꺼낼 수 있다. 지금은 다용도실을 열 때마다 '블랙홀'이 아니라 '정돈된 시스템'이 보인다. 관리가 되는 공간은 만족감을 준다.

살림은 팀플이다!

창틀의 먼지는 내가 청소하고 싶다. 가구 위에 쌓인 먼지들은 직접 청소하고 싶다. 욕실의 물때나 곰팡이를 내 손으로 없애고 싶다. 더러운 곳이 내 노력으로 깨끗해지는 과정에서 쾌감을 느낀다. 곧바로 눈에 보이는 변화가 있으니 보람도 있다. 때에 맞게 적절한 청소도구와 세제를 골라서 청소했을 때 오염이 없어지는 것을 보면 뿌듯하다. 솔질을 하고 걸레질을 하는 반복적인 일을 하다 보면 머릿속도 같이 깨끗해지는 기분이어서 청소는 내 손으로 직접 하고 싶다.

살림 가전을 잘 활용하는 남편은 정리를 잘한다. 세탁기와 식기세척기가 작동하는 시간에 식탁 위에 올려져 있는 것들을 제자리에 착착 가져다놓고 거실에 있는 물건들도 안 보이게 잘 숨긴다. (여기에 대해 이견은 있지만 일단 보이지 않게는 잘한다.) 남편은 정리를 잘하고 나는 청소하는 것을 좋아하니 잘 맞는 한 팀이다.

잡동사니 정리를 어려워하는 당신에게

잡동사니 정리가 늘 어렵다고 느껴졌다. 큰 물건이나 제자리가 확실한 것들은 쉽게 정리할 수 있다. 문제는 어디에 두어야 할지 애매한 것들이다. '모르겠다, 일단 여기 둬야지' 하고 놓아둔 것들이 어느새 거실 구석, 서랍 속, 책상 위를 채운다. 정리를 다 했다고 생각했는데 잡동사니들을 마주하면 그제야 정리의 시작 같고, 동시에 끝이 안 보이는 느낌이 들기도 한다.

쓰임도 있고, 제자리도 있는 물건

정리할 필요조차 없다. 그냥 잘 쓰고, 쓰고 나면 제자리에 돌려놓으면 된다. 제자리를 찾지 못해 헤매는 일도 없고, 시간도 오래 걸리지 않는다.

쓰임은 있지만, 제자리가 없는 물건

문제는 이 부류다. 이럴 땐 '어디에서, 언제, 누가 사용하는가'를 기준으로 자리를 만들어준다. 예를 들어, 손톱깎이는 온 가족이 사용하는 물건이라 거실장에 두었다. 모두가 쉽게 찾을 수 있는 곳이다. 최적의 자리를 단번에 찾기 어렵다면, 일단 정해두는 게 중요하다. 불편하다 느끼면 나중에 옮기면 된다. 크기가 작거나 쓰임이 분명치 않으면 '잡동사니 박스'를 활용해 임시로 모아두자. 한곳에 모아두기만 해도 어수선함은 줄어든다.

쓰임은 없지만, 한자리에 오래 있는 물건

의외로 많다. 눈에 익숙해져서 그 자리에 있는 게 당연하게 여겨진다. 하지만 사용하지 않는 물건에 수납 공간을 내어줄 필요는 없다. 공간은 한정되어 있고, 쓸모 있는 물건을 위한 여백을 만드는 것이 훨씬 유익하다.

쓰임도 없고, 자리를 떠도는 물건

이건 가장 골치 아픈 유형이다. 버리려고 꺼냈다가 '언젠가 쓸지도 몰라' 하는 마음에 다시 옮겨두고, 이 방 저 방을 떠돈다. 쓰임도 없고, 위치도 없고, 애매한 감정만 남긴다. 이런 물건은 과감하게 비울 용기가 필요하다.

소중한 물건이라면 버리는 대신 다르게 남기도록 하자. 그 의미에 걸맞은 자리를 마련해주는 것이다. 잘 보이는 곳에 전시하거나, 예쁘게 보관하거나. 보관하기 어렵다면 사진을 찍고 간단한 글로 기억을 남기는 방법도 있다. 물건은 없어도 기억은 남는다.

정리를 해도 티가 안 나는 이유

정리하는 데 시간을 썼는데도 집이 여전히 산만해 보일 때, 종종 이런 의문이 든다. 내가 뭘 놓치고 있는 걸까? 그 이유는 대부분 '물건이 눈에 너무 많이 보인다'는 데 있다. 특히 잡동사니는 아무리 줄을 세워도 정돈된 느낌을 주기 어렵다.

정리의 핵심은 '제자리'

물건의 제자리가 없을 때, 정리는 매번 새로 하는 일이 된다. '이건 어디 두지?'라는 고민을 계속 반복하게 되는 것이다. 정리의 지속성을 높이려면 물건마다 자기 집, 즉 제자리를 만들어줘야 한다. 작은 틈이라도 괜찮다. 귀찮아도 일단 제자리를 정해두면, 다음 정리는 훨씬 수월해진다. 한번 정해진 자리를 매번 바꾸지 않고 유지하는 것도 중요하다. 그래야 다시 찾을 때 헷갈리지 않는다. 수납의 기능은 결국 반복의 편안함에서 나온다.

통일감은 깔끔함을 만든다

밖에 꺼내놓을 수밖에 없는 물건이 있다면, 색이나 형태를 통일하면 된다. 같은 톤의 바구니, 비슷한 디자인의 용기만으로도 정돈된 인상을 줄 수 있다. 정리란, 결국 '보이게 두더라도 안 보이는 듯'한 착시를 만드는 일이기도 하다.

사진은 정리의 거울이다

무엇이 문제인지 모를 땐 사진을 찍어보자. 우리가 매일 마주하

는 공간은 익숙해서 오히려 보이지 않는다. 하지만 사진 속 풍경
은 거리감을 만들어줘서, 정리의 사각지대를 발견할 수 있다. 책
장에 엉뚱한 물건이 섞여 있다든가, 안 쓰는 물건이 공간을 차지
하고 있다든가. 사진이 알려주는 건, 우리가 정리에 실패한 곳이
아니라 정리의 출발점이다.

종이가방 정리하고 활용하기

가끔은 무생물도 증식하나 싶다. 종이가방이 그렇다. 처음에는 신발장 한 귀퉁이에 듬성듬성 꽂혀 있던 게, 어느새 빽빽하게 차올라 두 손으로 골라 꺼내야 할 지경이 된다. 그래서 웬만하면 종이가방을 받지 않기로 했다. 장바구니가 없을 땐 가방 속에 어떻게든 넣는다. 그럼에도 선물을 받으면 예쁜 종이가방이 생긴다. 결국 또 쌓이게 된다. 그래서 규칙을 만들었다.

신발장 한쪽, 파일박스 하나 분량만 보관하자.

개수를 세지 않고 공간으로 기준을 정했다. 조금이라도 넘치면, 낡은 것부터 골라낸다. 버릴 게 없다면 존재 이유를 다시 생각한다. 예뻐서 모셔두기만 하던 종이가방이 공간을 잡아먹고 있었다는 걸 알게 된 순간, "예뻐봤자 종이가방이지. 쓰자"는 마음으로 바뀌었다. 아이들 준비물을 넣을 때 아낌없이 꺼내 쓰고, 중고거래 포장용으로도 잘 고른다.

당장 쓸 일이 없다면 종이접기를 한다. 접어두면 정리도 되고, 다음에 수납함으로도 쓸 수 있다. 특히 빳빳한 종이가방은 수납박스로 활용도가 높다. 공간에 맞춰 접거나 잘라 한쪽이 뚫린 박스 모양을 만들고, 서랍 구획을 나누거나 잡동사니를 모아두는 용도로 쓰면 좋다. 신발장 안에는 공구박스, 베란다 창고에는 만들기 재료를 담은 박스도 있다.

짙은 갈색 크라프트 종이가방은 흙이 묻은 감자나 고구마, 당근

을 담기에 좋다. 냉장고 채소칸에도 잘 맞고, 지저분해지면 버리고 새로 만들면 되니 부담 없이 쓸 수 있는 장점이 있다.

- 공간 기준 정하기
    : 신발장 한쪽, 파일박스 하나 등 공간으로 제한
- 쌓지 말고 아낌없이 쓰기
    : 아이 준비물, 중고거래 포장 등에 적극 활용
- 수납함으로 재활용
    : 자르거나 접어 서랍 구획 나누기, 잡동사니 정리에 유용
- 채소 보관에도 유용
    : 크라프트 종이가방은 흙 묻은 식재료 정리에 적합
- 아깝다고 쌓아두지 않기
    : 모셔두지 말고, 꺼내 쓰자

파자마는 하루의 원동력

여행을 앞두고 그날을 기다리는 시간이 설레듯, 나는 하루를 시작하기 전과 마무리한 뒤 파자마를 입는 시간을 기다린다. 부드러운 촉감, 마음에 드는 색상과 패턴의 파자마를 꺼내 입고 뽀송한 침대에 눕는 그 순간이 하루의 보상이 된다.

남편이 생일선물로 무엇이 갖고 싶냐고 물었을 때, 한 치의 망설임 없이 좋은 파자마를 사달라고 했다. 전업주부가 되고 외출보다 집에서 보내는 시간이 많아졌고, 예전엔 블라우스와 원피스를 고르던 시선이 이제는 집에서 입을 옷으로 옮겨왔다. 자연스러운 변화였다.

하루를 마친 뒤 파자마를 고르고 갈아입는 일은 내게 하루에 '경계'를 긋는 일이다. 살림에는 명확한 끝이 없다. 싱크대를 닦고 나면 눈에 띄는 컵, 바닥 먼지, 빨래 바구니가 다시 나를 부른다. 그래서 파자마로 갈아입는다는 건, 내가 오늘 할 일을 다 마쳤다는 자기 선언이다. 이왕이면 그 순간이 즐겁고 상쾌했으면 좋겠다. 그래서 그날 할 일을 되도록 그날 다 마무리하려고 한다.

깔끔한 바닥을 밟으며 옷장에서 포근한 잠옷을 꺼내고, 개운하게 씻은 뒤 갈아입으면 마음에 걸리는 것이 하나 없는 기분 좋은 밤이 된다. 내가 나에게 주는 최고의 선물이다.

이번 생일에는 줄무늬 40수 면 긴소매 파자마와 남색의 면+모달 혼방 반소매 파자마를 새로 장만했다. 새 파자마를 입은 내 모습을 보기만 해도 기분이 좋다. 매일 밤, 기분 좋게 입기 위해 오늘도 나의 하루를 잘 살아내자 다짐한다.

설거지 비누를 추천합니다

결혼하기 전, 아니 불과 몇 년 전까지만 해도 비누를 쓸 생각을 하지 않았다. 손세정제는 되도록이면 거품 나는 것으로, 이왕이면 세련된 용기에 담긴 것이 좋았고, 샴푸는 머릿결을 위해서라도 당연히 액체 샴푸를 써야 한다고 생각했다. 지금은 설거지할 때 비누를 사용하고, 샴푸도 비누로 바꿨다. 얼마 전부터는 바디워시도 비누로 된 걸 쓰고 있다.

시작은 설거지 비누였다. 대용량 세제를 구입해서 빈 통에 소분해서 사용하는데, 어느 날은 빈 통을 씻고, 건조하고, 다시 주방 세제를 채우는 과정이 유독 번거롭게 느껴졌다. 조금만 방심하면 세제통 바닥에 물때와 곰팡이가 생기는 것도, 세제가 나오는 부분에 뭉쳐져 있는 세제 덩어리도 눈에 거슬렸다.

그릇이 뽀드득하게 잘 닦일까 의구심이 든 것도 사실이지만 설거지 비누로 처음 그릇을 닦고 나서 생각이 완전히 바뀌었다. 거품이 잘 나고 기름기도 잘 닦였다. 맨손으로 설거지를 해도 피부에 자극적이지 않았다. 따로 관리해야 할 세제통이 없다는 것도 마음에 들었다.

설거지 비누에 대한 좋은 인상은 다른 비누에 대한 관심으로 이어졌다. 샴푸바에 도전! 머리가 긴 편이라 비누로 머리를 감으면 머릿결이 상하고 엉킬까 봐 걱정했는데, 샴푸 전용으로 나온 비누는 달랐다. 물론 액체 샴푸와 비교하면 상대적으로 부드러움이 덜하지만 머리카락을 말리고 나서 손으로 머리를 빗어보니 의외로 부드러웠다.

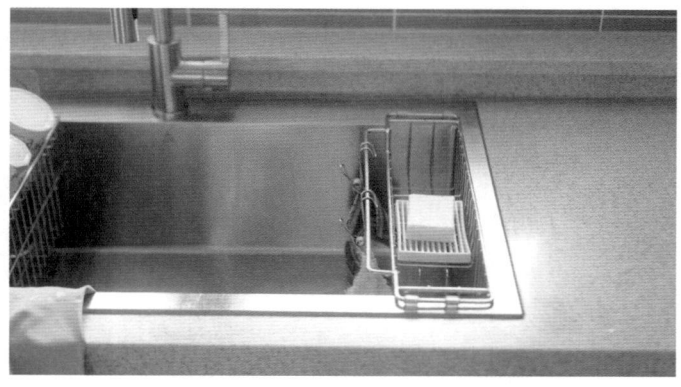

솔직히 환경을 생각한다는 이유로 비누를 쓰기 시작한 것은 아니다. 플라스틱 통 바닥에 생기는 곰팡이 때문이었다. 다 쓰고 버려야 하는 것이 없으니 편해서 좋았다. 보관할 때 공간을 많이 차지하지도 않는다. 철저히 귀찮음에서 벗어나기 위한 선택이었는데, 플라스틱 쓰레기도 줄일 수 있어서 좋다.

다만 비누는 보관에 신경 써야 한다. 자석 비누홀더를 이용해 바닥에서 띄워줘야 한다. 비누 받침대도 비누가 닿는 곳이기 때문에 주기적으로 청소해야 한다. 나는 페트병 뚜껑을 비누에 끼워서 바닥에 올려놓는다. 설거지 비누는 구멍이 뚫려 있는 실리콘 비누 받침대를 사용하고 있다. 물이 고이는 곳이 없고, 실리콘이라 관리하기도 편하다. 설거지하면서 한 번씩 헹구면 그만이다.

가장 오래 머무는 공간에 투자하기

한때는 비싸서 감히 꿈도 꾸지 못했던 모듈형 선반 시스템이 지금 우리집 안방에 있다. 책상, 책장, 수납 서랍, 행거를 조합해 한쪽 벽면을 완전히 채웠고, 처음으로 '이건 내 공간'이라고 말할 수 있는 자리를 만들었다.

그 전엔 책상은 책상대로, 수납장은 수납장대로, 행거는 행거대로 따로 구입해 나란히 놓아 썼다. 같은 색으로 통일은 했지만, 어디까지나 따로 구매한 가구들이라는 건 금세 티가 났다. 불편하진 않았지만, 더 좋아질 수 있다는 생각조차 하지 않았다.

마음에 드는 것을 망설이지 않고 선택한 경험은 오랜만이었다. 설치된 가구는 기대 이상이었다. 내가 가장 많이 머무는 공간이 나만의 자리처럼 느껴졌다. 늘 눈에 들어오는 자리이기에 더 자주 정리하고, 꽃도 올려보고, 괜히 한 번 더 청소하게 된다. 주방도, 거실도 아닌, 온전히 내 시간을 보낼 수 있는 공간이 좋다.

물건 하나가 공간의 성격을 바꾸고, 그 공간이 집에 대한 애정을 키운다. 명품 가방이 아니라 명품처럼 느껴지는 나만의 공간. 이만한 투자는 아깝지 않았다.

모듈형 선반 시스템 가구 제안

- 용도 통합
  : 책상, 수납, 행거를 한 번에 구성해 공간 활용도를 높인다.
- 시각적 통일감
  : 같은 색과 재질로 맞추면 공간이 정돈되어 보인다.

- 내 자리 만들기

  : 집에 머무는 시간이 많은 사람일수록 '내가 편한 공간'을 확보

  하는 것이 중요하다.

- 선택의 기준

  : 오직 기능과 외관이 마음에 들어 선택한 것이라면 가격보다 만

  족도가 오래간다.

청소는 타이밍이다

지저분한 걸 보고 마지못해 청소를 시작하기도 하고, 습관처럼 그냥 하기도 한다. 청소하는 걸 싫어하진 않지만, 그렇다고 귀찮지 않은 건 아니다. 청소를 해야겠다는 생각을 하고 청소도구를 가지러 가는 길에 다른 것에 정신이 팔리면, 그 마음이 식어버린다. 그래서 나는 청소도구의 위치를 신경 써서 정한다. '청소해야겠다'는 마음이 들었을 때 바로 손이 닿는 곳, 그게 핵심이다.

욕실 청소도구는 욕실 안에

욕실은 곰팡이 방지와 불쾌한 냄새를 막는 게 중요하다. 큰 노력을 들이지 않아도 쾌적한 상태를 유지하려면 욕실 청소도구를 욕실 안, 벽에 걸어두는 것만으로도 충분히 효과적이다. 세면대에 얼룩이 보이면 바로 행주와 전용 세제를 꺼내 닦는다. 변기세정제를 뿌린 뒤, 변기 옆에 둔 스프레이 건으로 헹구면 변기청소도 끝. 바닥은 가끔 손잡이가 긴 청소솔로 닦는다. 이 청소솔도 벽에 걸려 있다. 습기 때문에 청소도구를 베란다에 두는 집도 있지만, 나에겐 욕실이 최선의 장소다. 걸어두는 이유는 바닥과의 접촉을 줄여 청결하게 보관할 수 있기 때문이기도 하다.

머리카락 청소는 테이프클리너가 제격

머리를 말린 뒤 떨어진 머리카락은 눈에 잘 띈다. 드라이어 옆에 테이프클리너를 둔다. 손잡이가 길어서 허리를 굽히지 않아도 청소할 수 있고, 바로 옆에 침대가 있어 침구 위 먼지나 머리

카락을 정리하기도 좋다. 아이들 방에도 각각 하나씩 두었다. 이 방 저 방 옮기지 않아도 되고, 각자 방에서 바로 쓸 수 있다.

주방 청소도구는 싱크대 하부장 안에

설거지를 끝내면 싱크대 주변까지 정리하고 싶어진다. 틈새솔과 전용 세제는 싱크 볼이 있는 하부장 안에 둔다. 손만 뻗으면 꺼낼 수 있고, 다섯 걸음 안에서 모든 청소도구를 찾을 수 있어 동선이 짧다.

청소도구는 꼭 어디에 둬야 한다는 정답은 없다. 아무것도 보이지 않는 깔끔함을 중요하게 생각하는 사람도 있고, 바로 꺼내 쓸 수 있도록 '보이는 수납'을 선호하는 사람도 있다. 중요한 건 '나에게 맞는 방식'을 찾는 것. 좁은 집이든 넓은 집이든 내가 청소할 거라면, 내가 가장 편한 위치에 두는 것이 최선이다.

김치 국물 한 방울과 수세미 하나

제로웨이스트나 친환경 삶에 큰 관심이 있던 건 아니었다. 개인의 작은 노력이 지구에 어떤 영향을 줄 수 있을까 회의적이기도 했다. 김치 국물 한 방울이 바닷물의 맛을 바꿀 수 없듯, 나 혼자 친환경적인 삶을 살아서 뭐가 달라질까 싶었다.

그러나 지금은 다르다. 친환경적인 삶을 산다고 말하긴 어렵지만, 예전처럼 '나와는 상관없는 일'이라 치부하지 않는다. 할 수 있는 만큼은 해보자는 마음으로, 시도할 만한 것은 시도해본다. 그 첫 시작이 '진짜 수세미'였다.

수세미는 식물이다. 식물 '수세미'의 열매를 말린 것으로, 처음 받았을 땐 바게트빵처럼 딱딱했다. 사용 전엔 퇴행한 것 같다는 생각이 들었지만, 막상 설거지를 해보니 지금껏 써본 어떤 수세미보다도 사용감이 좋았다.

물에 적시면 부드러워져 그릇에 흠집을 내지 않고, 음식물이 잘 빠지며, 걸어두면 금방 마른다. 가공된 네모 형태보다 수세미 열매 원형을 그대로 자른 것이 더 쓰기 편해 그걸로 쓴다. 딱딱한 상태에서는 빵칼로 자르거나, 삶은 뒤 부드러워진 걸 잘라도 된다.

한 달 정도 사용하면 흐물흐물해지는데, 이때 새것으로 바꿔 쓰면 된다. 사용하는 동안 미세플라스틱이 나올 걱정도 없고, 다 쓰고 나면 배수구 한 번 닦은 뒤 버리면 된다.

나는 친환경 실천을 목적으로 수세미를 시작했지만, 지금은 단지 좋아서 계속 쓰고 있다. 이 작은 실천이 지구에 얼마나 도움

이 될지는 모르겠지만, 누군가 내 모습을 보고 관심을 가진다면
그것만으로도 의미가 있다.
무엇보다 수세미는 정말 좋아서, 그저 한번 써보라고 추천하고
싶은 물건이다.

우리집의 좋은 점

신혼집은 실평수 13평 남짓한 복도식 아파트였다. 방 두 개 중 큰 방은 퀸사이즈 침대를 넣으면 꽉 찼고, 작은 방은 책상을 두고 서재처럼 썼다. 거실에는 2~3인용 소파를 겨우 둘 수 있었지만, 지하철역이 도보 3분 거리여서 남편의 출퇴근이 20분이면 가능했다. 첫째 아이를 키우며 비좁게 느껴져도 만족하며 살았던 이유다.

둘째 임신 후, 더 넓은 집에서 두 아이를 키우고 싶어 이사를 결심했다. 남편의 출퇴근 시간을 1시간 이내로 유지할 수 있는 지역을 중심으로 예산에 맞는 집을 찾았고, 최종적으로 공원과 체육시설이 가까운 동네를 선택했다. 지하철역까지는 마을버스를 타야 했지만, 우리가 할 수 있는 최선의 선택이었다.

이사 후의 집은 신혼집보다 약 세 배 넓다. 실내 구조는 바꾸지 못했지만 내부 인테리어 공사로 낡은 곳을 보완했고, 살면서 중문을 설치하고 창을 교체했다. 가족의 동선에 맞게 수납을 정리하고 불필요한 물건은 주기적으로 비우며 한정된 공간을 쾌적하게 유지하고 있다.

지금 이 집에서 우리가 누릴 수 있는 것들을 최대한 누리며 산다. 주말마다 공원과 체육시설을 이용해 자전거를 타고, 줄넘기를 하고, 스케이트를 타며 아이들과 즐겁게 시간을 보낸다. 걸어서 갈 수 있는 거리에 이런 시설이 있다는 것만으로도 지금의 선택에 만족하고 있다.

집의 위치는 바꾸기 어렵지만, 물건의 위치는 바꿀 수 있다. 작

은 변화로 생활의 질을 높이는 데 집중하고 있다. 방이 하나 더 있고 주방이 넓은 집으로 이사 가고 싶은 마음은 있지만, 지금 이 집에서 좋은 점을 발견하고 만들어가는 중이다.

지은이 소개

The
Book
of
Living

이지영 (정리왕)

공간 크리에이터. tvN 예능 프로그램 〈신박한 정리〉의 전문가, 유튜브 〈정리왕(나가 놀기 위해 하는 정리)〉으로 널리 알려져 있다. 정리정돈, 인테리어 등을 주제로 한 강연을 통해서 수많은 이들의 일상을 바꾼 대한민국 대표 크리에이터이다. 언제나 한 사람의 인생을 진심으로 대하며, 생활과 공간을 컨설팅한다. 지금은 한 달에 20일은 혼자 서울에서, 10일은 남편, 딸, 아들과 함께 대구에서 보내며 바쁘게 지내고 있다. 그에게 집이란 언제나 돌아가고 싶은 곳이다. 자기 자신을 돌보는 가장 구체적인 방법으로서의 살림을 솔직하게 담았다. 지은 책으로는 『당신의 인생을 정리해 드립니다』 등이 있다.

정두미 (두룸)

살림 에디터. 인스타그램에서 진행한 '매월 1일 살림 챌린지'로 유명하다. 스마트한 살림을 위한 디테일을 소개하며 많은 이들로부터 뜨거운 호응을 받았다. 동갑내기 남편, 딸 둘과 함께 7년째 한 아파트에서 살고 있다. 단 하루를 보내더라도 그곳이 나다운 집이기를 바라며, 가족의 취향을 듬뿍 반영한 '우리'만의 공간을 만들어가고 있다. 더 손쉬운 방법은 없을까, 더 편리한 도구가 있지 않을까, 더 훌륭한 제품은 어디에서 찾을 수 있을까, 연구하고 탐색하고 결국 찾아낸다. 선택과 집중을 통한 효율적인 살림의 세계로 안내한다. 지은 책으로는 『진짜 기본 청소책』 등이 있다.

강동혁 (오하셀)

예쁘게 사는 아저씨. 고양이 한강이, 금강이와 서촌의 오래된 빌라에서 6년째 살고 있다. 인플루언서들이 가장 먼저 찾는 공간 스타일리스트로 유명하다. 하지만 그의 집에 초대를 받은 사람들은 하나같이 살림 책을 내야 한다고 입을 모은다. 홍익대학교에서 제품 디자인을 공부하고, 보태니컬아트와 다양한 취미 미술을 다루는 화실을 운영했다. 지금은 오하셀이라는 이름으로 인테리어, 조경, 에어비엔비 컨설팅, 홈스타일링 등 그야말로 공간과 관련된 거의 모든 일을 하고 있다. 지은 책으로는 『오늘 하는 셀프 인테리어』 등이 있다.

강효진 (보통엄마 jin)

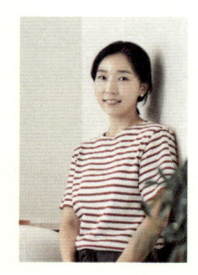

엄마들의 워너비. 유튜브 〈보통엄마 jin〉을 통해 '단정한 일상과 단순한 살림'을 전하는 크리에이터로 잘 알려져 있다. 둘째 아이를 낳으며 직장을 그만두고 전업주부가 되었는데, 어느덧 엄마들이 닮고 싶어 하는 엄마가 되었다. 이른 아침 달리기를 하고 돌아와 자고 있는 아이들의 얼굴을 볼 때가 하루 중 가장 좋아하는 순간이다. 최근에는 특히 자신을 잊고 산 지 오래된 엄마와 주부들이 자신을 통해 스스로 삶을 돌아보며 동기부여를 하게 되었다는 말에 감사함을 느낀다. 남편, 아들 셋과 함께 7년째 한동네에 살고 있다. 좋은 집은 잘 살아낸 삶의 얼굴이 된다고 믿고 있다. 지은 책으로는 『마음이 단단해지는 살림』 등이 있다.

이혜림 (메이)

미니멀리스트. 5년차 텃밭러. 군더더기 없이 사는 삶을 지향한다. 브런치 〈어느 날 멀쩡하던 행거가 무너졌다〉가 100만 뷰를 기록했다. 이 책을 쓰며 새집으로 이사를 했고, 남편과 뱃속의 아기와 함께 살고 있다. 단정한 공간에서 삶의 감각이 더 넓어진다고 생각한다. 미니멀 청소법에서 가계부 생활, 옷장 정리에서 텃밭 라이프까지 삶을 다듬는 방식으로서의 살림을 제안하며, 예쁘게 보이는 것보다 내가 편한 살림, 무리하지 않고 딱 80퍼센트만 하는 살림을 소개한다. 지은 책으로는 『나만의 리틀 포레스트에 산다』, 『어느 날 멀쩡하던 행거가 무너졌다』, 『걷는 것을 멈추지만 않는다면』 등이 있다.

장석현 (해내는살림 제이현)

후천적 집순이. 최근 부쩍 살림에 자신감이 붙었다. 수많은 사람들이 그의 살림 일지를 다운받고 있다. 집 정리를 하고 청소를 하면서 알았다. 집에 있는 게 싫은 게 아니라, 어지러운 곳에 있는 게 싫은 거였다. 하루를 마치고 파자마로 갈아입는다는 건, 내가 오늘 할 일을 다 마쳤다는 자기 선언이다. 이왕이면 그 순간이 즐겁고 상쾌했으면 좋겠다. 그래서 그날 할 일을 되도록 다 마무리하려고 한다. 남편, 아들, 딸과 함께 한 아파트에 10년째 거주하고 있다. '깔끔한 집'이 목적이 아니라 그 집에서 우리 가족이 행복한 시간을 보내기 위한 수단이라 생각하면 매일 하는 살림, 좀 더 힘내서 할 수 있지 않을까? 오늘도 살림의 기쁨을 발견하는 중이다.

살림의 책

이지영·정두미·강동혁
강효진·이혜림·장석현 지음

초판 1쇄 발행 2025년 9월 11일
초판 2쇄 발행 2025년 9월 24일

발행 책사람집
디자인 오하라
제작 세걸음

ⓒ 2025, 이지영, 정두미
강동혁, 강효진
이혜림, 장석현

ISBN 979-11-94140-10-8 (03590)

책사람집

출판등록 2018년 2월 7일
(제 2018-000269호)
주소 서울시 마포구 토정로 53-13 3층
전화 070-5001-0881
이메일
bookpeoplehouse@naver.com
인스타그램
instagram.com/book.people.house/